国家出版基金资助项目
Projects Supported by
the National Publishing Fund

"十四五"国家重点
出版物出版规划项目

数字钢铁关键技术丛书 ｜ 主编 王国栋

矿山采动岩体稳定性
智能监测、表征及预警

Intelligent Monitoring，Characterization，
and Early Warning of Rock Mass Stability in Mining Operations

杨天鸿　赵　永　张鹏海　周靖人　著

（彩图资源）

北　京
冶 金 工 业 出 版 社
2023

内 容 提 要

本书围绕矿山采动过程中岩体稳定性问题，系统总结了以微震监测动态数据为驱动，为实现矿山采动岩体监测、损伤表征及灾害预警而提出的新思路、新方法和新技术。具体内容包括：矿山采动微震数字信号处理技术、采动岩体破裂机制及震源参数计算理论与分析方法、以微震数据为驱动的裂隙网络表征模型及岩体力学参数标定模型、矿山采动岩体稳定性预警体系及安全预警云平台等矿山安全开采共性关键技术；"石人沟铁矿围岩损伤监测及裂隙通道形成机理""大孤山铁矿边坡滑坡智能监测与预警"等工程实践案例。

本书可供从事采矿工程、岩土工程、安全科学与工程等领域研究和学习的广大科技工作者和高等学校师生参考。

图书在版编目 (CIP) 数据

矿山采动岩体稳定性智能监测、表征及预警/杨天鸿等著. —北京：冶金工业出版社，2023.7

（数字钢铁关键技术丛书）

ISBN 978-7-5024-9702-6

Ⅰ.①矿…　Ⅱ.①杨…　Ⅲ.①矿山—岩石—结构稳定性—安全监测　Ⅳ.①TD76

中国国家版本馆 CIP 数据核字（2023）第 254389 号

矿山采动岩体稳定性智能监测、表征及预警

出版发行	冶金工业出版社	**电　话**	(010)64027926
地　址	北京市东城区嵩祝院北巷 39 号	**邮　编**	100009
网　址	www.mip1953.com	**电子信箱**	service@ mip1953.com

策　划　卢　敏　责任编辑　卢　敏　张佳丽　美术编辑　吕欣童
版式设计　郑小利　责任校对　石　静　李　娜　责任印制　窦　唯
北京捷迅佳彩印刷有限公司印刷
2023 年 7 月第 1 版，2023 年 7 月第 1 次印刷
787mm×1092mm　1/16；19.25 印张；464 千字；292 页
定价 128.00 元

投稿电话　(010)64027932　投稿信箱　tougao@cnmip.com.cn
营销中心电话　(010)64044283
冶金工业出版社天猫旗舰店　yjgycbs.tmall.com
（本书如有印装质量问题，本社营销中心负责退换）

"数字钢铁关键技术丛书"
编辑委员会

"数字钢铁关键技术丛书"
总　序

钢铁是支撑国家发展的最重要的基础原材料，对国家建设、国防安全、人民生活等具有重要的战略意义。人类社会进入数字时代，数据成为关键生产要素，数据分析成为解决不确定性问题的最有效新方法。党的十八大以来，以习近平同志为核心的党中央高瞻远瞩，抓住全球数字化发展与数字化转型的重大历史机遇，系统谋划、统筹推进数字中国建设。党的十九大报告明确提出建设"网络强国、数字中国、智慧社会"，数字中国首次写入党和国家纲领性文件，数字经济上升为国家战略，强调利用大数据和数字化技术赋能传统产业转型升级。国家和行业"十四五"规划都将钢铁行业的数字化转型作为工作的重点方向，推进生产数据贯通化、制造柔性化、产品个性化。

钢铁作为大型复杂的现代流程工业，虽然具有先进的数据采集系统、自动化控制系统和研发设施等先天优势，但全流程各工序具有多变量、强耦合、非线性和大滞后等特点，实时信息的极度缺乏、生产单元的孤岛控制、界面精准衔接的管理窠臼等问题交织构成工艺-生产"黑箱"，形成了钢铁生产的"不确定性"。这种"不确定性"严重制约钢铁生产的效率、质量和价值创造，直接影响企业产品竞争力、盈利水平和原材料供应链安全。

钢铁行业置身于这个世界百年未有之大变局之中，也必然经历其有史以来的最广泛、最深刻、最重大的一场变革。通过这场大变革，钢铁行业的管理与控制将由主要解决确定性问题的自动控制系统，转型为解决不确定性问题见长的信息物理系统（CPS）；钢铁行业发展的驱动力，将由工业时代的机理驱动，转型为"抢先利用数据"的数据驱动；钢铁行业解决问题的分析方法，将由机理解析演绎推理，转型为以数据/机器学习为特征的数据分析；钢铁过程主流程的控制建模，将由理论模型或经验模型转型为数字孪生建模；钢铁行业全流程的过程控制，必然由常规的自动化控制系统转型为可以自适应、自学习、自组织、高度自治的信息物理系统。

　　这一深刻的变革是钢铁行业有史以来最大转型的关键战略，它必将大规模采用最新的数字化技术架构，建设钢铁创新基础设施，充分发挥钢铁行业丰富应用场景优势，最大限度地利用企业丰富的数据、诀窍和先进技术等长期积累的资源，依靠数据分析、数据科学的强大数据处理能力和放大、倍增、叠加作用，加快建设"数字钢铁"，提升企业的核心竞争力，赋能钢铁行业转型升级。

　　将数字技术/数字经济与实体经济结合，加快材料研究创新，已经成为国际竞争的焦点。美国政府提出"材料基因组计划"，将数据和计算工具提升到与实验工具同等重要的地位，目的就是更加倚重数据科学和新兴计算工具，加快材料发现与创新。近年来，日本 JFE、韩国 POSCO 等国外先进钢铁企业，已相继开展信息物理系统研发工作，融合钢铁生产数据和领域经验知识，优化生产工艺、提升产品质量。

　　从消化吸收国外先进自动化、信息化技术，到自主研发冶炼、轧制等控制系统，并进一步推动大型主力钢铁生产装备国产化。近年来，我们研发数字化控制技术，有组织承担智能制造国家重大任务，在国际上率先提出了"数字钢铁"的整体架构。

　　在此过程中，我们组成产学研密切合作的研究队伍"数字钢铁创新团队"，选择典型生产线，开展"选矿-炼铁-炼钢-连铸-热轧-冷轧-热处理"全流程数字化转型关键共性技术研究，提出了具有我国特色的钢铁行业数字化转型的目标、技术路线、系统架构和实施路线，围绕各工序关键共性技术集中攻关。在企业的生产线上，结合我国钢铁工业的实际情况，提出了低成本、高效率、安全稳妥的实现企业数字化转型的实施方案。

　　通过研究工作，我们研发的钢铁生产过程的数字孪生系统，已经在钢铁企业的重要工序取得突破性进展和国际领先的研究成果，实现了生产过程"黑箱"透明化，其他一些工序也取得重要进展，逐步构建了各层级、各工序与全流程 CPS。这些工作突破了复杂工况条件下关键参数无法检测和有效控制的难题，实现了工序内精准协调、工序间全局协同的动态实时优化，提升了产品质量和产线运行水平，引领了钢铁行业数字化转型，对其他流程工业的数字化转型升级也将起到良好的示范作用。

　　总结、分析几年来在钢铁行业数字化转型方面的工作和体会，我们深刻认识到，钢铁行业必须与数字经济、数字技术相融合，发挥钢铁行业应用场景和数据资源的优势，以工业互联网为载体、以底层生产线的数据感知和精准执行为基础、以边缘过程设定模型的数字孪生化和边缘–产线的 CPS 化为核心、以数字驱动的云平台为支撑，建设数字驱动的钢铁企业数字化创新基础设施，加速建设数字钢铁。这一成果，已经代表钢铁行业在乌镇召开的 "2022 全球工业互联网大会暨工业行业数字化转型年会" 等重要会议上交流，引起各方面的广泛重视。

截至目前，系统论述钢铁工业数字化转型的技术丛书尚属空白。钢铁行业同仁对原创技术的期盼，激励我们把数字化创新的成果整理出来、推广出去，让它们成为广大钢铁企业技术人员手中攻坚克难、夺取新胜利的锐利武器。冶金工业出版社的领导和编辑同志特地来到学校，热心指导，提出建议，商量出版等具体事宜。我们相信，通过产学研各方和出版社同志的共同努力，我们会向钢铁界的同仁们、正在成长的学生们奉献出一套有里、有表、有分量、有影响的系列丛书。

期望这套丛书的出版，能够完善我国钢铁工业数字化转型理论体系，推广钢铁工业数字化关键共性技术，加速我国钢铁工业与数字技术深度融合，提高我国钢铁行业的国际竞争力，引领国际钢铁工业的数字化转型和高质量发展。

中国工程院院士 王国栋

2023 年 5 月

前　言

随着开采深度的增加，矿山灾害的发生更加频繁且机理越来越复杂，我国是世界上遭受工程地质灾害最为严重的地区之一。矿山工程岩体所处地质环境非常复杂，使得从理论上准确地对岩体稳定性进行分析变得十分困难，必须依靠现场智能化监测手段。微震监测技术作为满足岩体安全监测监控系统要求的有力工具，已在国内矿山中大规模应用。通过对矿山岩体采动过程中释放的微震信息深入分析，可在一定程度上解译矿岩失稳致灾机理。然而，当前的研究多集中于对微震事件定位和震源参数进行规律性总结，降低了矿岩失稳机理解译与预测的准确性。基于现行理论与技术还难以全面解决矿山岩体采动致灾机理和灾害防控的问题，本书作者主要从事动力扰动诱发岩体灾变机理与预警、微震监测理论与应用等研究，对矿山岩体采动失稳监测、致灾机理与预测预警有着非常深入的思考、研究与实践。

全书共分 11 章。第 1 章为绪论。第 2 章介绍了矿山微震监测的数字信号处理相关技术，包含了数字信号原理、微震监测信号去噪、到时自动拾取、定位算法等内容。第 3 章主要介绍岩体破裂机制分析理论与方法。第 4 章介绍了矿山岩体微震事件的震源参数计算理论，推导了适用于矿山现场的岩体破裂尺度以及开度量化方法。第 5 章主要提出了根据微震数据表征矿山采动诱发裂隙的方法，构建了基于微震反演的裂隙网络模型以及优势通道识别算法，并通过实例工程验证了方法的合理性。第 6 章主要介绍了基于微震数据的损伤模型构建方法。第 7~11 章为应用研究，介绍了：石人沟铁矿围岩损伤监测及预警指标体系建立研究；夏甸金矿采动岩体稳定性智能监测及试验采场结构评估研究；张马屯铁矿采动围岩损伤破坏突水通道监测及形成机理研究；大孤山铁矿边坡岩体滑坡监测及智能预警云平台建设；小纪汗煤矿开采覆岩破断过程动态监测及预警指标体系研究。其中，第 1 章由杨天鸿、张鹏海、赵永、周靖人编写，第 2 章、第 9 章由赵永、周靖人编写，第 3~7 章由赵永、张鹏海、周靖人编写，第 8 章由赵永、田阔编写，第 10 章由张鹏海、刘飞越编写，第 11 章由李杨、汪弘、赵永川编写，全书由杨天鸿教授进行统稿。

　　本书的研究内容是团队十几年来潜心研究成果的总结，先后得到国家重点基础研究发展计划项目（"973"计划）子课题——典型矿区高强度开采下岩层破坏与裂隙渗流规律（No. 2013CB227902）、国家重点研发计划项目子课题——露天矿超高边坡滑坡灾变机理与防控技术（No. 2016YFC0801602-1）、国家自然科学基金联合基金项目——积水采空区围岩导水通道形成机理及突水、疏放渗流规律研究（No. U1710253）、国家自然科学基金青年基金项目——岩石破裂的声发射前兆现象及其显现机理（No. 51604062）、国家自然科学基金青年基金项目——微震数据驱动下的采动岩体损伤–渗透性演化模型及突水失稳预测方法（No. 52004052）的资助。本书编写和出版过程中，侯宪港博士研究生、邓文学博士研究生、刘一龙博士研究生、马庆山硕士研究生、侯俊旭硕士研究生、胡美婷硕士研究生、王圆文硕士研究生做了很多工作，得到了东北大学朱万成教授、徐涛教授的悉心指导和帮助，在此表示衷心感谢。

　　本书力求在理论推导上严谨而不烦琐，现场应用叙述力求简明扼要，数据分析尽量做到思路清晰、深入浅出，便于读者认识矿山岩体采动失稳致灾过程中的监测、损伤表征、预警预测的科学问题，为防治矿山岩体失稳诱发的工程灾害、保证矿山安全生产、减少人员财产损失奠定基础，同时提升工程技术人员解决现场问题的能力。

　　由于作者水平有限，书中不足之处，恳请读者批评指正。

作　者
2023 年 6 月

目　　录

1　绪论 ··· 1

　1.1　矿山采动岩体稳定性国内外研究现状 ·· 1

　　1.1.1　工程岩体稳定性监测技术 ··· 1

　　1.1.2　微震监测技术研究进展 ··· 2

　　1.1.3　工程岩体裂隙表征方法研究 ··· 7

　　1.1.4　工程岩体失稳预测预警方法 ··· 9

　1.2　本书的主要研究内容 ··· 12

　参考文献 ··· 12

2　矿山采动岩体微震数字信号处理技术 ·· 20

　2.1　数字信号原理 ··· 20

　　2.1.1　信号采样 ··· 21

　　2.1.2　几种重要的函数和信号 ··· 22

　　2.1.3　信号的基本运算 ·· 25

　2.2　微震信号去噪与数字滤波器设计 ·· 30

　　2.2.1　时域滤波 ··· 31

　　2.2.2　理想频域滤波 ·· 31

　　2.2.3　巴特沃斯 IIR 低通滤波器 ·· 32

　2.3　微震信号到时自动拾取 ··· 34

　　2.3.1　包络线阈值法 ·· 34

　　2.3.2　长短时窗均值比法（STA/LTA） ··· 34

　　2.3.3　时间序列自回归模型法（AR-AIC） ·· 35

　　2.3.4　耗散阻尼能法（P-phase Picker） ·· 37

　2.4　微震信号的时、频参数 ··· 41

　　2.4.1　微震信号时域参数 ·· 41

　　2.4.2　微震信号频域参数 ·· 42

　2.5　传感器阵列排布分析 ··· 44

　　2.5.1　误差空间估算 ·· 44

　　2.5.2　系统敏感度估算 ·· 47

　2.6　微震事件定位算法 ··· 51

　　2.6.1　最小二乘法 ··· 52

    2.6.2　盖格算法 ……………………………………………………… 52

    2.6.3　主事件定位法 ………………………………………………… 53

    2.6.4　双差定位法 …………………………………………………… 54

    2.6.5　定位效果的试验对比 ………………………………………… 56

  参考文献 …………………………………………………………………… 58

3　基于微震监测的岩体破裂机制分析理论与方法 …………………… 61

  3.1　岩石破裂源矩张量理论 ……………………………………………… 61

  3.2　岩体破裂震源模型及破裂类型划分 ………………………………… 67

    3.2.1　岩体破裂震源模型 …………………………………………… 67

    3.2.2　岩体破裂类型划分 …………………………………………… 71

  3.3　基于多通道奇异谱分析的矩张量反演 ……………………………… 74

    3.3.1　奇异谱分析的基本原理 ……………………………………… 75

    3.3.2　MSSA 与混合矩张量联合反演 ……………………………… 83

  参考文献 …………………………………………………………………… 88

4　矿山采动岩体微震事件的震源参数计算理论与方法 ……………… 92

  4.1　微震源的辐射花样 …………………………………………………… 92

  4.2　微震源辐射能量量化方法 …………………………………………… 95

  4.3　岩体破裂尺度的量化方法 …………………………………………… 96

    4.3.1　传统岩体破裂尺度量化模型 ………………………………… 96

    4.3.2　考虑破裂面表面能的岩体破裂尺度量化模型 ……………… 97

  4.4　破裂面位错及开度的量化方法 …………………………………… 100

  参考文献 ………………………………………………………………… 101

5　微震派生裂隙网络模型构建及矿山围岩损伤渗流通道识别方法 … 102

  5.1　岩体破裂震源机制与应力的关系 ………………………………… 102

  5.2　主应力已知条件下的裂隙识别 …………………………………… 103

    5.2.1　剪切破裂机制下的裂隙识别准则 ………………………… 103

    5.2.2　张拉破裂机制下的裂隙识别准则 ………………………… 104

    5.2.3　压缩破裂机制下的裂隙识别准则 ………………………… 105

  5.3　主应力未知条件下的裂隙识别 …………………………………… 105

    5.3.1　剪切破裂机制下的主应力反演 …………………………… 105

    5.3.2　多种破裂机制下的主应力反演 …………………………… 106

    5.3.3　算法实现 …………………………………………………… 107

  5.4　微震派生裂隙渗流网络模型构建 ………………………………… 108

    5.4.1　微震派生裂隙空间关系判断 ……………………………… 108

    5.4.2　微震派生裂隙网络模型图结构概化 ……………………… 109

　　5.4.3　微震派生裂隙网络模型渗流路径识别 ……………………………… 111
　5.5　微震派生裂隙渗流网络模型渗流计算 …………………………………… 113
　5.6　微震派生裂隙渗流网络模型主通道识别 ………………………………… 115
　5.7　工程案例验证 ……………………………………………………………… 116
　　5.7.1　张马屯铁矿帷幕突水工程背景 ………………………………………… 116
　　5.7.2　微震数据 …………………………………………………………………… 117
　　5.7.3　渗流通道识别 ……………………………………………………………… 117
　参考文献 ………………………………………………………………………… 119

6　基于微震数据与数值模拟的矿山岩体损伤演化动态表征方法 ……………… 122
　6.1　引言 …………………………………………………………………………… 122
　6.2　基于微震辐射能的岩体损伤模型建立 …………………………………… 123
　　6.2.1　考虑损伤的各向同性可释放应变能 …………………………………… 123
　　6.2.2　震源参数选取 ……………………………………………………………… 125
　　6.2.3　损伤模型建立 ……………………………………………………………… 126
　6.3　基于多微震参数的岩体损伤模型建立 …………………………………… 127
　　6.3.1　震源参数与岩体内部损伤演化关系 …………………………………… 127
　　6.3.2　损伤模型建立 ……………………………………………………………… 129
　6.4　基于微震派生裂隙的损伤模型建立 ……………………………………… 129
　参考文献 ………………………………………………………………………… 131

7　石人沟铁矿围岩损伤智能监测及预警指标体系研究 …………………………… 134
　7.1　工程概况及微震监测系统 ………………………………………………… 134
　　7.1.1　工程概况 …………………………………………………………………… 134
　　7.1.2　结构面调查 ………………………………………………………………… 136
　　7.1.3　微震监测系统建立 ………………………………………………………… 137
　7.2　基于微震参数的围岩损伤过程分析 ……………………………………… 139
　　7.2.1　震源参数时间演化规律 ………………………………………………… 139
　　7.2.2　震源参数空间演化规律 ………………………………………………… 140
　7.3　围岩破裂机制分析 ………………………………………………………… 142
　7.4　微震派生裂隙网络模型构建 ……………………………………………… 144
　7.5　围岩渗透特性分析 ………………………………………………………… 146
　　7.5.1　考虑微震派生裂隙的渗透率张量计算方法 …………………………… 146
　　7.5.2　围岩渗透率分析 …………………………………………………………… 147
　　7.5.3　围岩渗透率张量分析 ……………………………………………………… 149
　7.6　渗流通道形成过程分析 …………………………………………………… 152
　　7.6.1　渗流通道形成过程及水压力分布 ……………………………………… 152
　　7.6.2　渗流主通道分析 …………………………………………………………… 153

7.7 数值模型建立及关联系数求解 ⋯⋯⋯⋯⋯⋯⋯⋯⋯⋯⋯⋯⋯⋯ 156

   7.7.1 数值模型建立 ⋯⋯⋯⋯⋯⋯⋯⋯⋯⋯⋯⋯⋯⋯⋯⋯⋯⋯⋯⋯ 156

   7.7.2 关联系数求解 ⋯⋯⋯⋯⋯⋯⋯⋯⋯⋯⋯⋯⋯⋯⋯⋯⋯⋯⋯⋯ 158

7.8 基于损伤模型的围岩损伤演化过程分析 ⋯⋯⋯⋯⋯⋯⋯⋯⋯⋯⋯ 158

   7.8.1 损伤系数演化过程分析 ⋯⋯⋯⋯⋯⋯⋯⋯⋯⋯⋯⋯⋯⋯⋯⋯ 158

   7.8.2 损伤张量演化过程分析 ⋯⋯⋯⋯⋯⋯⋯⋯⋯⋯⋯⋯⋯⋯⋯⋯ 159

7.9 围岩剪切破裂区演化过程分析 ⋯⋯⋯⋯⋯⋯⋯⋯⋯⋯⋯⋯⋯⋯⋯ 161

7.10 预警指标体系研究 ⋯⋯⋯⋯⋯⋯⋯⋯⋯⋯⋯⋯⋯⋯⋯⋯⋯⋯⋯ 162

   7.10.1 境界顶柱破坏过程中微震参数的变化 ⋯⋯⋯⋯⋯⋯⋯⋯⋯ 162

   7.10.2 境界顶柱的稳定性评价 ⋯⋯⋯⋯⋯⋯⋯⋯⋯⋯⋯⋯⋯⋯⋯ 166

参考文献 ⋯⋯⋯⋯⋯⋯⋯⋯⋯⋯⋯⋯⋯⋯⋯⋯⋯⋯⋯⋯⋯⋯⋯⋯⋯ 167

8 夏甸金矿采动岩体稳定性智能监测及试验采场结构评估研究 ⋯⋯⋯⋯⋯ 170

8.1 矿区概况 ⋯⋯⋯⋯⋯⋯⋯⋯⋯⋯⋯⋯⋯⋯⋯⋯⋯⋯⋯⋯⋯⋯⋯ 170

8.2 矿区微震监测系统建立 ⋯⋯⋯⋯⋯⋯⋯⋯⋯⋯⋯⋯⋯⋯⋯⋯⋯⋯ 171

8.3 微震监测精度验证与波形处理 ⋯⋯⋯⋯⋯⋯⋯⋯⋯⋯⋯⋯⋯⋯⋯ 173

   8.3.1 波速确定 ⋯⋯⋯⋯⋯⋯⋯⋯⋯⋯⋯⋯⋯⋯⋯⋯⋯⋯⋯⋯⋯ 173

   8.3.2 微震监测系统定位精度验证 ⋯⋯⋯⋯⋯⋯⋯⋯⋯⋯⋯⋯⋯ 173

8.4 开采扰动下的采场围岩微震活动性响应特征 ⋯⋯⋯⋯⋯⋯⋯⋯⋯ 176

   8.4.1 微震事件时空演化过程及空间分布特征 ⋯⋯⋯⋯⋯⋯⋯⋯ 176

   8.4.2 试验采场围岩体的微震响应 ⋯⋯⋯⋯⋯⋯⋯⋯⋯⋯⋯⋯⋯ 182

8.5 开采扰动下的采场围岩稳定性分析 ⋯⋯⋯⋯⋯⋯⋯⋯⋯⋯⋯⋯⋯ 188

   8.5.1 采场围岩稳定性数值模拟 ⋯⋯⋯⋯⋯⋯⋯⋯⋯⋯⋯⋯⋯⋯ 188

   8.5.2 基于微震参数的岩体损伤动态反演 ⋯⋯⋯⋯⋯⋯⋯⋯⋯⋯ 197

   8.5.3 基于Mathews稳定图法的采场稳定性分析 ⋯⋯⋯⋯⋯⋯⋯ 201

8.6 矿房结构参数优化 ⋯⋯⋯⋯⋯⋯⋯⋯⋯⋯⋯⋯⋯⋯⋯⋯⋯⋯⋯ 203

参考文献 ⋯⋯⋯⋯⋯⋯⋯⋯⋯⋯⋯⋯⋯⋯⋯⋯⋯⋯⋯⋯⋯⋯⋯⋯⋯ 206

9 张马屯铁矿采动围岩损伤破坏突水通道监测及形成机理研究 ⋯⋯⋯⋯ 207

9.1 矿山概况和微震监测系统简介 ⋯⋯⋯⋯⋯⋯⋯⋯⋯⋯⋯⋯⋯⋯⋯ 207

9.2 数据分析和讨论 ⋯⋯⋯⋯⋯⋯⋯⋯⋯⋯⋯⋯⋯⋯⋯⋯⋯⋯⋯⋯ 209

   9.2.1 微震事件的时空分布规律分析 ⋯⋯⋯⋯⋯⋯⋯⋯⋯⋯⋯⋯ 209

   9.2.2 震源参数时空演化规律 ⋯⋯⋯⋯⋯⋯⋯⋯⋯⋯⋯⋯⋯⋯⋯ 212

   9.2.3 震源机制分析 ⋯⋯⋯⋯⋯⋯⋯⋯⋯⋯⋯⋯⋯⋯⋯⋯⋯⋯⋯ 213

9.3 通道形成机理 ⋯⋯⋯⋯⋯⋯⋯⋯⋯⋯⋯⋯⋯⋯⋯⋯⋯⋯⋯⋯⋯ 215

9.4 数值模拟解译渗流通道形成过程和机理 ⋯⋯⋯⋯⋯⋯⋯⋯⋯⋯⋯ 218

   9.4.1 数值模型 ⋯⋯⋯⋯⋯⋯⋯⋯⋯⋯⋯⋯⋯⋯⋯⋯⋯⋯⋯⋯⋯ 218

   9.4.2 边界条件 ⋯⋯⋯⋯⋯⋯⋯⋯⋯⋯⋯⋯⋯⋯⋯⋯⋯⋯⋯⋯⋯ 219

9.4.3　应力场及损伤区分布 ……………………………………… 220

参考文献 ………………………………………………………………… 221

10　大孤山铁矿边坡岩体滑坡监测及智能预警云平台建设 ……… 222

10.1　矿区概况与工程地质调查 …………………………………… 222

　　10.1.1　大孤山矿区概况 …………………………………… 222

　　10.1.2　工程地质调查与岩石力学实验 …………………… 225

10.2　监测系统的布置与数据解译 ………………………………… 227

　　10.2.1　长期监测项目 ……………………………………… 227

　　10.2.2　临滑监测项目 ……………………………………… 229

10.3　基于微震数据的边坡岩体稳定性评价 ……………………… 232

10.4　露天矿滑坡案例库建立及预警指标体系构建 ……………… 233

　　10.4.1　滑坡案例库的建立 ………………………………… 233

　　10.4.2　类似滑坡的获取 …………………………………… 239

　　10.4.3　预警指标体系的建立 ……………………………… 240

10.5　滑坡预测预警及可视化平台 ………………………………… 241

　　10.5.1　云平台的架构 ……………………………………… 242

　　10.5.2　矿山地质力学观测模块 …………………………… 243

　　10.5.3　监测数据可视化查询模块 ………………………… 245

　　10.5.4　岩体破坏失稳监测预警模块 ……………………… 246

　　10.5.5　云平台的实现 ……………………………………… 246

参考文献 ………………………………………………………………… 248

11　小纪汗煤矿开采覆岩破断过程动态监测及预警指标体系研究 … 250

11.1　小纪汗煤矿及11203工作面概况 …………………………… 250

　　11.1.1　小纪汗煤矿概况 …………………………………… 250

　　11.1.2　11203工作面概况 ………………………………… 251

11.2　高强度开采工作面微震活动时空演化规律及岩层破断预警指标研究 … 253

　　11.2.1　微震监测系统布置 ………………………………… 253

　　11.2.2　高强度开采条件下工作面微震活动分布规律 …… 255

　　11.2.3　基于微震参数的关键层破断判别方法 …………… 270

11.3　考虑微震效应的煤层采动覆岩断裂机理研究 ……………… 275

　　11.3.1　数值模型建立 ……………………………………… 275

　　11.3.2　基于微震数据反演的岩体力学参数确定 ………… 276

　　11.3.3　煤层采动覆岩破断分析 …………………………… 284

参考文献 ………………………………………………………………… 290

1 绪 论

近年来，我国经济迅速增长，极大地带动了资源和能源的开发。国民经济持续快速发展，对矿产资源的需求量明显增多，但由于地表资源的不可再生性，经过多年的开采，短缺趋势日益显现，所以地下乃至深部矿产资源的开发是中国未来采矿的发展方向。以煤炭开采为例，2021 年我国原煤产量再创新高，全国原煤产量约为 41.3 亿吨。伴随着资源需求量和产能的上升，我国矿山中地质与工程灾害事故频发，造成人员伤亡、设备损失、工期延误和工程失效等大量不良后果。加之巨大的工程建设量，我国目前已是世界上遭受工程地质灾害最为严重的地区之一。据统计，2022 年全国非煤矿山共发生生产安全事故 199 起、死亡 273 人，同年全国煤矿发生生产安全事故 367 起，共造成 518 人死亡。矿山围岩复杂的地质结构、地下水侵蚀弱化及爆破扰动等，使得采矿作业过程中地压活动更加活跃，从而更易诱发大规模冒落[1-3]、突水等动力灾害[4-8]，将会给人员和财产带来重大的损失。随着开采深度的增加，原岩应力逐渐增加，矿山灾害的发生更加频繁且成因越来越复杂。因此，如何解译岩石内部破裂的力学机理与演化规律是亟待研究的重要课题。同时，工程岩体所处地质环境可能非常复杂，使得从理论上准确地对岩体稳定性进行分析变得十分困难，必须依靠现场智能化监测手段，并基于此建立预测预警模型与方法。

近些年，基于地球物理理论的高精度微震自动化监测技术为解决这个问题提供了科学手段，在《"十三五"国家科技创新规划》中大力推广普及"矿山六大系统"的建设，微震监测技术作为可满足地压监测监控系统要求的有力工具在国内矿山中开始大规模应用。通过对矿山岩体采动过程中释放的微震信息深入分析，可以一定程度上解译矿岩失稳致灾机理。然而，当前的研究多集中于对微震事件定位和震源参数进行规律性总结，大大降低了矿岩失稳机理解译与预测的准确性。基于现行理论与技术还难以全面解决矿山岩体采动致灾机理和灾害防控的问题。

为此，本书围绕矿山采动过程中岩体稳定性问题，以微震智能化监测为主要技术手段，试图解决矿山岩体采动失稳致灾过程中的裂隙动态演化、损伤动态表征的科学问题，建立微震数据与岩体损伤等岩体力学性质关联机制，并提出预警方法。通过现场智能监测与理论分析相结合，实现对采动岩体安全态势的智能化准确测控，对于防治岩体失稳诱发的地质灾害、保证矿山安全生产、减少人员财产损失，具有重要的工程应用价值与科学意义。

1.1 矿山采动岩体稳定性国内外研究现状

1.1.1 工程岩体稳定性监测技术

随着经济和技术的高速发展，我国围岩监测技术日趋成熟，监测设备和监测方法越来越多样化，智能化也在不断提升，岩体稳定性预测的能力也逐渐提高[9,10]。目前，较为常用的围岩稳定性监测技术有 GPS、摄影测量、地质雷达、激光测量和微震监测等，张鹏海[11]对现阶段常用的围岩检测技术进行了汇总，如表 1-1 所示。

表 1-1 围岩稳定性监测方法

监测内容	监测方法	优　点	缺　点
岩体位移	全站仪	可获得整体变形状态及绝对变形信息	不能实时监测，布点受地形地貌影响，表面监测
岩体位移	GPS	连续、实时测量，自动化程度高，监测范围广	受电波或电磁波的干扰，表面监测
岩体位移	激光位移传感器	高精度	局部监测，表面监测
岩体位移	摄影测量	可瞬间精确记录下被摄物体的信息及点位关系	不能实时监测表面监测
岩体位移	合成孔径雷达干涉测量	可连续、实时测量，监测范围大，不受云层及昼夜影响	表面监测
岩体位移	多点位移计	精度高，可自动监测	局部监测
岩体位移	光纤位移监测	不受温度、电子干扰，结构简单，体积小，灵敏度高	局部监测
岩体位移	钻孔倾斜仪	可测与孔轴线垂直向的位移	局部监测
岩体应力	测力计	可与锚杆、锚索等加固装置联合使用	局部监测
红外辐射	红外遥感	无需光源，全天时监测	受电波、电磁波的影响，不能连续监测
岩体破裂	微震监测	可监测岩体内部，监测范围广，可实时连续监测	安装监测过程相对复杂，费用较高，爆破、机械震动对监测有干扰

工程岩体破裂分布区域通常很难预测，需进行较大面积的实时监测。GPS、摄影测量、激光位移等监测手段对于岩体表面位移具有较高的精度，但不能深入监测区域内部，因此很难全面反映岩体的内部应力活动。测力计、位移计等对于局部重点区域岩体状态具有较好的监测效果，但监测范围有限，且有些危险区域人员难以进入，很难进行传感器布设，成为监测盲区，且智能化程度不高。

与传统的监测方法相比，微震监测范围更广，达到上千米，并且可以进行实时远程监测，自动化、智能化程度较高。与狭义无损监测手段相比，微震监测不需要主动破坏监测对象，但仍需要监测对象在监测过程中发生微破裂才有意义[12]。

1.1.2 微震监测技术研究进展

岩体在内、外力或温度变化等的作用下，内应力发生改变，引起岩体微裂隙的产生与扩展，这一过程伴随着弹性波的释放并在周围岩体内快速传播，这种弹性波称为微震[13]。微震信号的形成原理同声发射信号本质上是一致的，都代表着应力波在固体中传播的现象。与之对应的微震监测技术现已发展成为一种新型的高科技智能化监控技术。它是通过观测、分析生产活动中产生的微小地震事件，来监测其对生产活动的影响、效果及地下状态的地球物理技术。图 1-1 给出的是某金矿的地下开采微震监测原理图。当地下岩石由于人为因素或自然因素发生破裂、移动时，会产生一种微弱的地震波向周围传播，被布置在破裂区周围空间内的多组传感器所接收，数据采集器（NetADC）将传感器接收到的岩体破裂模拟信号转换成数字信号。微震处理器（NetSP）对传入的数字信号进行处理，触发采集，预触发滤波，缓冲数据，并经数据通信部分（DSL-MODEM 和 DSLAM）将数据传输到地面中央计算机进行后期自动计算地震源参数，包括位置、时间、辐射地震能量和同震非弹性变形等处理，确定破裂源位置、强度以及震源机制能信息。

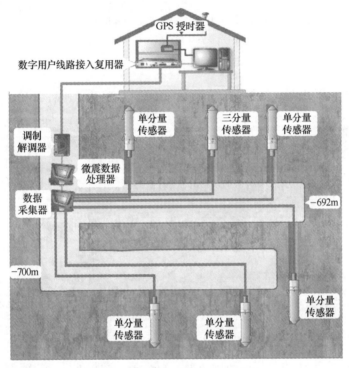

图 1-1 微震监测系统示意图[14]

地震是由于地壳中的应力突然释放而发生的，从而产生弹性扰动（或地震波），使地震源释放的能量沿地球表面和内部传播。图 1-2 中给出了 2010 年 4 月 9 日唐山市丰南区 M4.1 级地震时两个地震台站记录的波形，岩石破裂的声发射波形形状与自然地震和采矿诱发事件的波形形状非常相似，只是在振幅大小与频率上存在差异。本节整理了国内多个金属和非金属矿山的微震数据、岩石声发射数据以及汶川地震数据的震源参数，结果如图 1-3 和图 1-4 所示。由此可见，声发射、微震和地震是相似的现象，只是在尺度（空间、时间）、几何结构、载荷、边界条件和介质方面存在差异，可以认为声发射和微震是一种发生在更小尺度上的地震现象。大部分声发射和微震的技术和理论都是来自于天然地震。

微震监测技术一定程度上克服了传统监测方法的局限性，已逐渐得到世界各国的重视，并开始应用于众多岩体工程中[16-18]。微震监测技术是符合"六大系统"中地压监测监控系统的相关要求的得力工具，在国内矿山中也开始了大规模应用[19,20]。

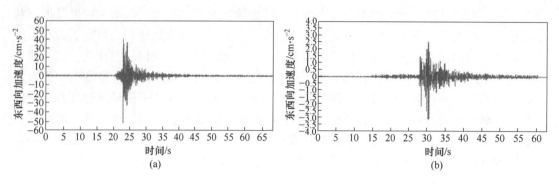

图 1-2　唐山市丰南区 M4.1 级地震加速度时程记录[15]

（a）胥各庄台；（b）静海台

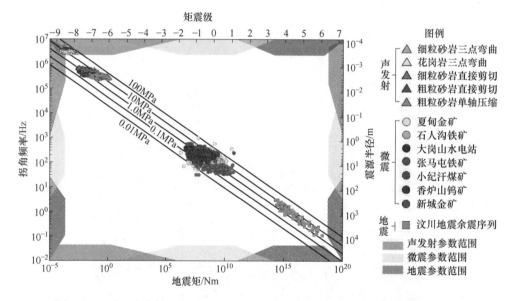

图 1-3　地震、声发射、微震的地震矩、拐角频率、震源尺度和矩震级参数对比

（扫描书前二维码看彩图）

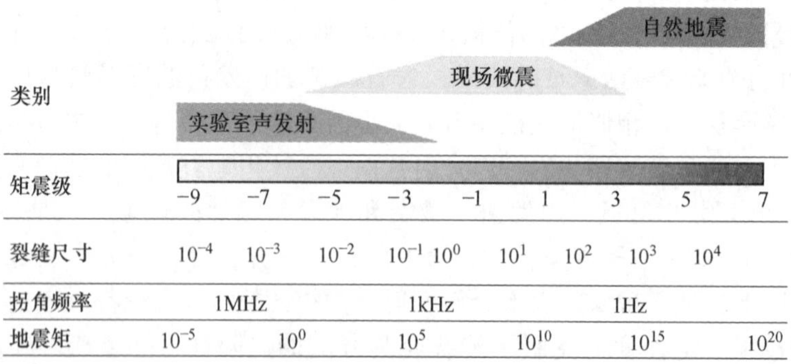

图 1-4　不同尺度下岩石破坏震源参数分布区间

（扫描书前二维码看彩图）

1.1.2.1 微震信号处理过程研究

矿山井下环境往往比较复杂，微震监测系统易受到设备运行、爆破、矿石铲运等动力扰动，诸多干扰信号会被误认为是微震信号，这对利用微震信号解译岩体破坏过程与机理极为不利。因此，微震波形识别对震源位置确定、震源参数计算及破裂机制反演都至关重要[21]。朱权洁[22]和赵国彦[23]等通过小波包分解及其衍生形式对微震和爆破信号进行了识别。尚雪义等[24]采用经验模态分解和奇异值分解相结合的方法对微震和爆破信号进行了识别，识别率可达93%。董陇军等[25]通过提取多个波形特征参数的方法对微震信号进行了识别，识别率可达94%。Li 等[26]通过波形参数分形的方法对微震和爆破信号进行了区分。Zhao 等[27]利用微震信号 P 波到时起跳的特征进行了信号识别。当获取到微震信号后，实现震源定位及震源机制分析的基础是获取 P 波到时。当前常用的 P 波到时拾取方法包括 Stevenson[28]提出的长短时均值比法（STA/LTA 法）和 Sleeman[29]提出的时间序列自回归模型法（AR-AIC 法）。学者们对这两种方法进行了不断的改进：王李管等[30]改进了 AR-AIC 方法的特征函数，提高了到时拾取的准确度。朱权洁等[31]通过区间搜寻方法与 AR-AIC 方法相结合，提高了到时拾取的准确度，并缩短了计算时间。张伟等[32]在 STA/LTA 方法基础上提出了变换时窗能量比法。Kalkan[33]提出了利用耗散阻尼能变化率的方法来拾取 P 波到时。由此可见，如何识别出准确的微震波形及获取准确的 P 波到时一直是学者们的研究热点。

1.1.2.2 微震参数研究

微震参数直接反映了岩体的应力、应变、刚度及损伤变化过程。Mendecki[34]提出了微震视体积、视应力的概念，发现岩体失稳破坏前的表征现象为：累积视体积上升，视应力下降。Zhang 等[35]利用能量、视应力、视体积等震源参数，研究了横切采空区的断层在活化过程中的微震参数时变特性。刘建坡等[36]采用累积视体积和能量指数对岩体破裂进行了预测研究，总结出岩爆和岩体破裂发生的前兆规律。冯夏庭等[37]通过累积视体积与能量指数的研究揭示了即时型岩爆及时滞型岩爆对深埋隧洞岩爆孕育规律与机制。Liu 等[38]通过由矩张量推导的地震应变率和地震应力分析了水电站坡体的岩体稳定性。Leśniak[39]通过分析波兰 Zabrze-Bielszowice 煤矿的微震事件时空分布规律建立了矿山围岩风险评估函数，为分析局部岩体稳定性提供帮助。基于微震参数与工程失稳破坏的规律，一些学者在工程灾害预报方面进行了一些研究，如蔡武等[40]根据微震时序、空间聚集系数及能量提出了冲击矿压时空预测的方法，并在河南省义马跃进煤矿得到应用；张鹏海[11]以室内声发射参数时序特征为基础提出了岩石破裂前兆规律研究，并在石人沟铁矿得到应用；刘超[41]以微震事件频度、能率和动态趋势建立了综合指标体系，在淮南矿区得到了较好应用。由此可见，微震参数可以反映岩体破裂的内在信息，可为工程岩体稳定性分析及工程灾害智能预警提供参考。

1.1.2.3 基于微震数据的岩石损伤表征方面

在矿山开采过程中，岩体力学参数是动态变化、不断劣化的，而以往采用固定的力学参数分析岩体的力学行为，结果往往难以符合实际情况。获取岩体力学参数行之有效的方法是进行大型现场试验[42]，但由于大规模的现场试验需要的时间长、费用高[43,44]。以室内岩石力学试验为基础，综合考虑节理裂隙、尺寸效应和地下水的影响，对岩体强度做出合理的估算已成为岩石力学中重要研究课题[45]。当前国内外岩体参数获取包括各种分级系统分析、经验公式分析等方法[46,47]，如 Q 分级系统[48]、岩体评价 RMR 方法[49]和地质强度指标 GSI 方法[50]。大多是通过对室内岩石力学试验获取的力学指标进行折减或统计分析，然而这仅仅考虑了岩体破坏的静态影响因素（水、地应力等），而忽略了岩体破坏的动态触发因素（爆破震动、工程开挖等）[8]。Hoek 等[51]在 Hoek-Brown 强度准则中提出扰动系数来表征爆破损伤和应力松弛对岩体的扰动程度，启发了学者们在研究岩体力学参数时对动态触发因素的思考。微震监测系统作为监测岩体动态损伤演化的有效手段，如果将监测数据与岩石力学分析有效地结合起来，动态修正岩体参数具有重要意义[52]。

近年来，学者们开始利用微震数据对岩体损伤和应力分布进行定量分析。Cai 等[53]结合工程实例，应用声发射监测技术实现了对隧道围岩强度分布的反演分析。Young[54]结合声发射和微震监测定量描述了隧洞开挖引起的岩体破裂密度和弹性模量变化；李连崇[55]借助微震数据修正岩体参数的思想，提出了基于微震信息的边坡滑动面标定的新思路。Xu 等[56]尝试将微震数据与 RFPA 数值模拟相结合，根据岩石能量耗散理论，提出考虑微震损伤效应的岩体劣化准则，对锦屏一级水电站边坡稳定性进行了分析。Zhou 等[57]根据矩张量得到的裂隙体积确定了损伤系数，并分析了岩体损伤过程。Zhao 等[58]通过对岩体破坏微震事件的分析，提出了多震源参数与岩体强度劣化程度之间的函数关系，并建立了基于微震监测信息的岩体强度参数表征方法。由此可见，越来越多的学者开始开展基于微震数据的岩体宏观力学参数反演的研究。当前，此方面的研究成果还不够成熟，有待进一步研究与改进。

1.1.2.4 基于微震数据的围岩破裂机制研究

微震数据包含了丰富的岩石破裂内在机理信息。近年来，在岩石力学领域，矩张量反演方法已成为研究岩石破裂机制的重要分析手段[34,59-61]。Ohtsu[62]首先将矩张量反演方法应用于室内混凝土的声发射试验中，并给出了破裂类型的划分方法及微裂隙法向和运动矢量的关系[80]。Ohno[63]和 Graham[64]通过弯曲试验和水压致裂试验，用声发射参数定义破坏类型的方法验证了 Ohtsu 所提方法的可行性。Charalampidou[65]等通过在岩石试件中预制缺口实现剪切与压缩两种机制下的破裂，验证了矩张量对岩石试验破裂机制解译的可行性。刘建坡等[66]利用矩张量反演研究了岩石在三点弯曲试验下的微破裂机制，验证了矩张量反演在解译岩石试件破裂机制中的应用性。

Ohtsu[62]通过室内试验的统计结果给出了区分剪切、张拉和混合破裂类型的公式；Hu 等[67]利用该公式分析了矿柱回收过程中的空区坍塌、巷道顶板垮落过程中岩体破裂机制问题；柴金飞等[68]将利用该公式对矿山突水的孕育过程进行了分析，拟合出岩体裂隙面的扩展趋势，标定了突水危险区，为矿山突水预报预警提供了辅助。明华军[69]认为 Ohtsu[62]提出的破裂类型判断公式不适用于深埋隧洞岩爆机制分析，提出了新的破裂类型判别方法，并对隧道开挖形成的裂隙面法向、运动方向进行了分析，其结果与现场勘测结果吻合性较好。Feignier 和 Young[70]为给出适用于矿山现场的破裂类型判断公式，在地下 −420m 的深部现场尺度的实验室进行隧道开挖，综合考虑地应力方位、内部裂隙观测及矩张量结果, 提出了地下采动引起的岩体破裂类型判断公式, 并在多个矿山得到良好应用[71-73]。Ford[74]和 Šilený[75]等指出矩张量反演是一个精密的过程, 需要震源定位准确、传感器的监测范围合理及波形数据噪声低。Linzer 等[76]指出由于矿山环境的复杂性, 噪声及传播介质会对微震波形幅值及 P 波到时拾取准确度造成严重影响, 这将导致矩张量反演结果有时并不可靠。因此, 可削弱噪声及传播介质影响的矩张量求解方法对矿山中岩体破裂机制的研究非常重要, 需要进行深入研究。

根据上述国内外研究成果可知, 微震监测已成为追踪岩体损伤演化过程、捕获裂隙时空分布、解译岩体破裂机制及识别岩体中流体迁移通道的有效手段。

1.1.3 工程岩体裂隙表征方法研究

天然岩体中断层、节理等裂隙对岩体力学性质和工程稳定性有着重要影响[51]。岩体的变形破裂实质是裂隙在工程扰动条件下的萌生、扩展及相互作用的过程, 这一过程伴随着强度、变形及渗透性的改变。对裂隙特征进行详细的评价是进行围岩稳定性评价及反演岩体力学参数的关键, 裂隙岩体力学参数的确定一直是计算岩体力学的难点[77]。

1.1.3.1 工程岩体裂隙观测方面

矿山采掘活动为岩石力学工作者揭露了不同尺度、不同形态的岩体结构面。全面、精细测量结构面几何信息, 是岩体工程特性表征、渗透性分析及稳定性评价的重要资料。目前国内外学者对于岩体裂隙的几何特征如长度、开度、方位等几何信息做了大量的研究工作[78,79], 提出了多种岩体裂隙采集方法, 主要分为四类: (1) 人工现场接触法, 如 Priest 和 Hudson[80]提出的测线法, Kulatilake[81]提出的统计窗法, 通过皮尺和罗盘人工现场逐一接触测量结构面信息, 该方法低效、费时费力, 难以满足现代快速施工的要求, 而且有些高陡岩体、深凹采空区难以全面接触, 测量数据代表性不强; (2) 钻孔定向取芯技术或孔内照相技术[82,83], 王川婴分别进行了数字式钻孔摄影系统[84]和数字式全景钻孔摄像系统的研究[85]。钻孔技术对于成孔的工艺和质量要求较高, 且获取岩体结构面信息规模小; (3) 摄影测量技术[86,87], 该方法基于数字图像与摄影测量的基本原理, 应用计算机三维成像技术、像素匹配、模式识别等多学科理论与方法, 可以瞬间获取受测体的大量几何信息, 是一种非接触测量方法。在工程领域, Ross-Brown 等[87]20 世纪 70 年代初首次应用摄影摄像图片解译节理的走向和迹线长度, 随后该方法在国内外得到了广泛应用[45,88-90]; (4) 激光扫描技术, Kocak 与 Caimi 等[91]于 1999 年首次将三维激光扫描技术应用于海底岩层露头的勘察中, 开创了该技术在岩土工程领域应用的先河, 目前该技术在边坡[92]、隧洞[93]、水电站[94]、地下矿山[95]等领域得到了广泛应用。

岩体的力学参数取决于岩块的力学参数和裂隙的发育程度及其性质, 依赖于裂隙统计数据的精细性、完备性和代表性。有效地捕捉裂隙演化过程对岩体力学性质研究非常重要, 然而岩体中一些裂隙不仅赋存于岩体内部, 还随着外力因素发生动态变化, 即岩体中的裂隙是动态演化的。初始研究条件下岩体裂隙可通过上述方法获得, 而后续因岩体损伤而发生的裂隙行为改变, 则很难通过上述方法进行裂隙行为描绘。这就需要其他手段来定量描述扰动条件下的裂隙变化行为及其对岩体性质的动态影响。近些年, 迅速发展的微震监测技术为此提供了解决方案。微震事件的形成表明岩体已发生破裂损伤, 表现在裂隙几何属性，岩体弹性模量、波速、渗透性及其他性质上发生了变化[96,97]。

　　近几年，在页岩气、石油、地热开发等深部工程中，一些学者开始利用微震数据进行裂隙行为描绘的研究，如2010年Maxwell等[98]利用震源位置、时间和诱发地震事件的震源机制信息来推断石油储层的结构随流体注入而发生的变化。2012年Detring等[99]通过微震定位及其演化过程对压裂区域裂隙的分布进行分析，为页岩气生产设计与优化提供依据，部分结果见图1-5。2014年Huang等[100]通过微震定位结合地质资料，预测复杂环境下的水力裂隙相互作用和由此产生的裂隙网络，对油田的增产设计和优化提供了指导意义。2017年Baig等[101]借助微震数据对压裂裂隙的张开与闭合行为进行了分析。当前利用微震监测数据来描绘裂隙行为的主要方法可总结为两类：一是只考虑微震事件的时空分布，通过地质资料分析结合微震事件定位来描绘裂隙[100,102-104]，此类方法忽略了裂隙的几何属性，只能得出定性结果。另一类是通过对微震事件进行震源机制分析后获取由微震事件派生的裂隙的方位等几何信息进行裂隙描绘，这种方法可以获取裂隙面的尺寸及方位[101,105-107]。然而，这类研究中忽略了张拉破裂的存在。除此之外，通过震源机制分析会得到可互换的裂隙面与辅助面，需要物理意义明确的准则来确定研究所需的裂隙面。

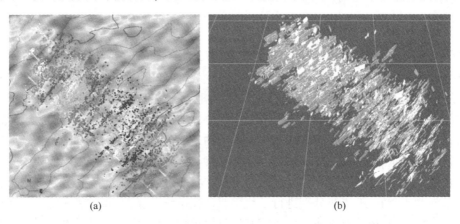

(a)　　　　　　　　　　　　　　　　(b)

图1-5　微震事件分布图(a)和由微震数据反演的裂隙分布(b)
(扫描书前二维码看彩图)

　　Candela等[108]2018年在Science中发表论文指出，可用微震监测数据对活化的裂隙进行描绘。然而，这方面研究尚处于探索阶段，在矿山、水电站、边坡、隧洞等工程领域同样存在着常见的裂隙萌生、扩展等发育现象，在这些工程领域中鲜见研究。

1.1.3.2　在裂隙岩体渗透率、损伤方面

　　裂隙岩体渗流分析的正确与否取决于控制方程中的各项参数，其中最困难且最重要的是渗透系数的确定。裂隙岩体是非均质各向异性的。因此，Snow[109]和Oda[110]等引入了裂隙岩体渗透张量的概念，以便更好地描述渗透系数的各向异性。裂隙岩体渗透张量的获取方法主要有实验室法、现场测试法、裂隙样本法和反演法[111]。目前，在工程上应用广泛的是现场测试法和裂隙样本法。

　　现场测试法是根据野外压水及抽水试验来确定岩体的渗透系数，它包括单孔压水试验、三段压水试验[112]、修正渗透张量压水试验[113]、三孔交叉压水试验[114]等。由于裂

隙岩体渗透性的离散程度大，使得现场测试法的试验结果具有尺寸效应。单孔压水试验得出的渗透系数是通过单位吸水率来计算渗透系数，所得 K 值是无方向性的标量，不能反映裂隙岩体渗透性的非均匀性和各向异性。而三段压水试验、修正渗透张量的压水试验等方法，试验成本较高且均具有自身的局限性，难以得到广泛应用。

裂隙样本法是现场收集和统计研究区域裂隙网络的倾向、倾角、开度、粗糙度、连通度等，然后依据单裂隙渗流理论和张量分析方法获得裂隙网络的渗透系数及主渗透方向等[115]，在国内外岩土工程领域得到了广泛应用[116-119]。裂隙样本法在理论上比较完善，其不足之处是：随着开挖扰动的进行，裂隙网络的尺度、方位、开度、连通性等将发生改变，而上述方法无法体现裂隙的动态变化性，不能准确地反映岩体的真实状况。因此，如果将微震监测和裂隙样本法两者结合起来，采用裂隙样本法确定岩体的初始渗透张量，并辅以微震监测数据进行修正，既能较好地反映岩体初始状态下的裂隙岩体渗透性又能将开挖扰动所引起的渗透性变化考虑进去。

损伤力学是研究材料和结构损伤、破坏过程的重要工具，在岩体力学领域得到应用，显示出良好发展前景。根据前人研究[120,121]，裂隙可视为岩体的初始损伤，裂隙样本法可确定工程岩体的初始损伤，如果将微震监测和裂隙样本法结合起来，采用裂隙样本法确定岩体的初始损伤，并辅以微震监测数据进行修正，既能较好地反映岩体初始状态下的裂隙岩体损伤状态又能将开挖扰动所引起的损伤变化考虑进去。由此可见，对微震数据进行深入研究，可实现对工程岩体渗透性和损伤的动态评估。

1.1.4 工程岩体失稳预测预警方法

通过对工程岩体进行力学参数分析、稳定性评价及损伤变形监测，最终目的是实现对工程岩体失稳的预测及预警，这既是保障矿山生产安全的关键问题，也是岩石力学领域的热点及难点问题。由于工程岩体结构及其力学响应行为十分复杂，要完全掌握工程岩体的损伤演化规律并对失稳现象发生的时间、空间位置及强度进行准确预测及预警报的难度极大。虽然有像新滩滑坡、锦屏水电工程引水隧洞岩爆等令人鼓舞的成功案例，但更多的是滑坡、冒顶灾害发生的惨痛教训。目前常用的预测预警方法主要有以下几种。

1.1.4.1 统计归纳法

统计归纳法中包括斋藤法、曲线拟合法等，它们以现象观察获得的规律或经验为基础对工程岩体未来变形或破坏的发展趋势作判断，该方法主要针对处于加速变形或损伤的工程岩体[122]。斋藤法以土体蠕变理论为基础，通过建立以应变速率为基本参数的蠕变方程对滑坡发生的时间进行预测。受启发于斋藤法，许多学者将蠕变理论与数值模拟相结合，尝试对力学性质更为复杂的工程岩体力学响应行为及破坏失稳时间进行分析预测[123,124]。曲线拟合法是利用工程岩体变形的时间序列监测曲线历史形态对曲线未来形态进行预测，进而实现对工程岩体破坏失稳的预测预警。Loew 等[125]曾通过对阿尔卑斯山脉历史滑坡的监测数据进行蠕变曲线拟合来确定预警阈值，成功预报了同一区域 2012 年出现的滑坡。Xu 等[126]结合多个重大滑坡的经验和教训，总结了滑坡时空演化变形规律并提出了基于切线角的边坡临滑预警指标。

1.1.4.2 时间序列分析法

时间序列分析是概率统计学科的一个分支，时间序列分析法运用概率统计的理论和方法来分析工程岩体边坡监测数据的时间序列，对其建立数学模型后借助一定规则来推测未来[127]。起初的时间序列分析法要求数据序列为平稳、正态的序列，而在工程岩体的实测数据中，测得位移等数据序列一般不可能为平稳、正态的随机序列，这些特点在一段时间内大大限制了时间序列模型在工程岩体失稳预测预警中的应用。但通过对算法的改进以及通过与其他理论的结合，该方法的适用条件被大大降低，比如郝小员等[128]以滑坡位移时序观测资料为依据，通过引入非平稳时间序列理论对边坡变形位移观测数据进行了分析。张正虎等[129]将灰色理论和传统的时间序列分析法相结合，用二次平滑法修正后的灰色模型提取边坡位移趋势项，使非平稳时序转化为平稳时序以进行时间序列分析。

1.1.4.3 非线性理论方法

随着系统科学和非线性科学的发展，非线性理论被引入到滑坡灾害的研究中，并提出了基于突变理论[130]、混沌理论[131]、重正化群理论[132]等非线性理论的滑坡预测模型。突变理论（catastrophe theory）是一门专门研究突变现象的数学学科，描述的是如何由一系列连续性的量变最终演变成跳跃式质变的理论。工程岩体在破坏失稳的短时间内由缓慢、渐进式变形损伤演变为快速、剧烈的动力灾害，这一特征与突变理论具备的突然跳跃性、发散性等特点十分吻合，因此该理论在工程岩体失稳的预测预警中应用得十分广泛。潘一山等[133]将突变理论中尖点突变模型应用于圆形硐室岩爆的研究，求解出了岩爆发生前后硐室周边的突跳收敛和所释放的能量。秦四清[134]运用突变理论建立了快速滑坡和慢速滑坡这两种滑坡模式发生的判据，提出了有关刚度效应失稳的新理论。Zhang 等[135]利用突变理论提出了改进的应变能突变判据，将势函数正则化后通过突变特征值来确定系统的稳定性，并结合边坡工程验证了该方法的有效性。工程岩体边坡岩体变形往往受不确定性的、内在或外在的随机因素影响，表现出不确定性与随机性（混沌现象）。由于工程岩体力学性质演变的复杂性及外界环境的多变性，要建立工程岩体损伤演化及失稳破坏孕育过程的非线性动力学方程绝非易事，但作为观念上的更新，对今后工程岩体失稳预测预警进一步的研究将产生很大影响。

1.1.4.4 人工智能方法

人工智能是自学习、非线性动态处理、演化识别、分布式表达等非一对一的映射研究方法的综合集成研究模式，是描述工程岩体特征及力学响应的新理论、新方法。这种方法可从积累的实例中学习挖掘出有用的知识，非线性动态处理可使认识通过不断地实践来接近实际，演化识别可以在事先无法假定问题精确关系的情况下找到合理的模型，分布式表达使得寻找和表达多对多的非线性映射关系成为可能。冯夏庭院士最早从 20 世纪末提出智能岩石力学理论框架[136]，系统建立了岩石力学智能分析方法，推动了工程岩体失稳智能预警方法的发展。但由于当时技术条件的不成熟，这一创新性的学术理念未获得很好的实践应用。随着近年来物联网、大数据、人工智能技术的迅猛发展，智能岩石力学在岩石工程，尤其是工程岩体失稳智能预警中的应用迎来了新的契机。

目前在工程岩体稳定性评价及失稳预测预警中广泛使用的智能方法包括以下几种。

(1) 粗糙集理论，在不需要任何先验知识的条件下将边坡稳定性影响因素的权重转化为粗糙集中属性重要性的评价问题进行求解[137,138]，但单纯使用粗糙集理论不一定能完全有效地描述边坡中的不精确或不确定问题[139]。

(2) 模糊逻辑理论，通过模拟人脑实施规则型推理，解决因"排中律"的逻辑破缺产生的种种不确定问题。利用其善于表达界限不清晰定性知识与经验的优势，通过与粗糙集理论的结合可以大大降低处理信息的维数，有效分析和发现不精确、不一致、不完整的工程岩体信息与工程岩体稳定性影响因素之间的隐含知识与潜在规律，从而得到客观的边坡稳定性评价[140,141]。

(3) 支持向量回归，该算法是将原始数据映射到高维特征空间并求解该空间中的线性回归问题。在工程岩体安全系数的计算中，该算法通过给定工程岩体稳定性影响因素的样本集，利用模型训练得出影响因素与工程岩体安全系数间的函数映射关系，具有较好的推广能力[142]。

(4) 蚁群算法，该算法是一种用来在图中寻找优化路径的机率型算法[143]。优点是鲁棒性较强、参数设置简单，可用于对工程岩体最小安全系数与最危险破裂面的搜索[144,145]。

(5) 贝叶斯算法，该算法利用概率统计知识对研究对象进行分类，具有方法简单、分类准确率高、速度快的特点。利用工程岩体稳定状态及主要影响因素可建立基于贝叶斯算法的工程岩体稳定性预测模型，可提高工程岩体可靠度评估结果的合理性[146]。

(6) 多元逻辑回归，可对受多因素影响的事物做出定量分析，是一种较为常用的基于多元统计理论的工程岩体失稳危险性评价方法，其特点在于实现简单，计算代价不高，速度快。

(7) 信息量法，利用信息量的大小来评价工程岩体稳定性影响因素、其所处状态与破坏失稳发生间的关系。该方法能够将不同因素统一到同一维度进行比较，通过与多元逻辑回归模型相结合可将严密的信息量计算结果以概率模式显示，使计算结果更加直观[147]。

(8) 决策树模型，在已知各种情况发生概率的基础上，通过构建决策树来求取净现值的期望值大于等于零的概率，进而实现工程岩体破坏失稳风险的评价。该方法简单、直观、准确率高，能够利用工程岩体破坏失稳主要影响因素对应的状态判断是否发生破坏失稳，是直观运用概率分析的一种图解法[148]。

(9) 深度学习，是指基于样本数据集通过一定的训练方法得到包含多个层级的深度网络结构的机器学习过程[149,150]。深度学习作为实现人工智能的一种方法，可以通过建立分析学习的神经网络以及大量边坡数据样本的训练模仿人脑的工作机制去解译工程岩体监测数据与工程岩体稳定状态间的潜在联系。比如 Niu[151]以陕南岩土接触带岩性、孔隙比、含水量、液指数、边坡和边坡高度因素反映滑坡的特点在土壤和岩石的接触区山区作为输入信号建立了基于神经网络的智能安全预警模型，发现该模型预测结果与实际结果吻合较好，可用于山区岩土接触带滑坡地质灾害的实际预测。随着滑坡案例数量的不断积累，深度学习在工程岩体稳定性评价及破坏失稳预测预警中具备的潜力被人们逐渐认识到。

1.2 本书的主要研究内容

本书围绕矿山采动过程中岩体稳定性问题，以微震智能化监测为主要技术手段，对矿山采动岩体安全监测、损伤表征以及智能预警进行了系统论述，增强了对采动岩体安全态势的智能化准确测控。具体内容包括：研究了矿山岩体内部微破裂孕育、发展、贯通直至宏观破坏的演化规律；发展了微震数据驱动下的围岩损伤及裂隙通道形成过程表征方法；建立了微震数据与岩体损伤等岩体力学性质关联机制；提出了集"时间序列曲线、力学机理分析、案例推理"于一体的岩体稳定性预警体系，并搭建了安全预警智能云平台；并将相关理论应用于"石人沟铁矿围岩损伤智能监测及预警指标体系""夏甸金矿采动岩体稳定性智能监测及试验采场结构评估""张马屯铁矿帷幕突水通道动态监测及形成机理""大孤山铁矿边坡滑坡智能监测与预警"等工程实践领域。

参 考 文 献

[1] 张耀平. 矿山空区诱发的岩移特征及覆盖层冒落效应研究 [D]. 长沙：中南大学，2010.

[2] 付华，陈从新，夏开宗，等. 金属矿山地下开采引起岩体变形规律浅析 [J]. 岩石力学与工程学报，2015 (9)：1859-1868.

[3] 何荣兴，任凤玉，谭宝会，等. 论诱导冒落与自然崩落 [J]. 金属矿山，2017 (3)：9-14.

[4] 范玮佳，赵明阶. 水岩作用对文笔沱滑坡群形成与演化的影响 [J]. 重庆交通大学学报 (自然科学版)，2008，27 (1)：80-84.

[5] 焦军凯，郑翠敏，李小东，等. 南李庄铁矿副井井筒掘砌防治水工程探索 [J]. 金属矿山，2015 (12)：10-14.

[6] 吴桂武，高建平，李玉刚，等. 黔东地区煤矿突水原因分析 [J]. 煤矿安全，2015 (2)：172-174，178.

[7] 高超. 金属矿山巷道突水原因分析及治理 [J]. 建井技术，2016 (5)：25-28.

[8] 师文豪，杨天鸿，常宏，等. 中关铁矿工作面顶板突水机理及防治对策 [J]. 采矿与安全工程学报，2016 (3)：403-408.

[9] 杨永波. 边坡监测与预测预报智能化方法研究 [D]. 武汉：中国科学院研究生院 (武汉岩土力学研究所)，2005.

[10] 孟祥铭. 现代监测手段在黑岱沟露天矿边坡中的应用研究 [D]. 包头：内蒙古科技大学，2012.

[11] 张鹏海. 基于声发射时序特征的岩石破裂前兆规律研究 [D]. 沈阳：东北大学，2015.

[12] GROSSE C U, OHTSU M. Acoustic emission testing [M]. Berlin：Springer Science & Business Media, 2008.

[13] 培杰，印兴耀，张广智，希尔伯特-黄变换地震信号时频分析与属性提取 [J]. 地球物理学进展，2007，22 (5)：1585-1590.

[14] Insitute of Mine Seismology. Underground hard rock [EB/OL]. (2018-05-10) [2023-07-11] http：//www.imseismology.org/underground-hard-rock/.

[15] 冉志杰，杨歧焱，周月玲，等. 唐山丰南 M4.1 级地震强震记录分析 [J]. 震灾防御技术，2012，7 (4)：367-376.

[16] AMINZADEH F, TAFTI T A, MAITY D. An integrated methodology for sub-surface fracture characterization using microseismic data：A case study at the NW Geysers [J]. Computers & Geosciences,

2013, 54 (54): 39-49.

[17] 马克, 金峰, 唐春安, 等. 基于微震监测的大岗山高拱坝坝踵蓄水初期变形机制研究 [J]. 岩石力学与工程学报, 2017, 36 (5): 1111-1121.

[18] PANTELIDIS L. Rock slope stability assessment through rock mass classification systems [J]. International Journal of Rock Mechanics & Mining Sciences, 2009, 46 (2): 315-325.

[19] ZHANG P, YANG T, YU Q, et al. Study of a Seepage Channel Formation Using the Combination of Microseismic Monitoring Technique and Numerical Method in Zhangmatun Iron Mine [J]. Rock Mechanics & Rock Engineering, 2016, 49 (9): 3699-3708.

[20] LI T, MEI T T, SUN X H, et al. A study on a water-inrush incident at Laohutai coalmine [J]. Int J Rock Mech Min, 2013, 59: 151-159.

[21] XUE Q F, WANG Y B, CHANG X. Fast 3D elastic micro-seismic source location using new GPU features [J]. Physics of the Earth and Planetary Interiors, 2016, 261: 24-35.

[22] 朱权洁, 姜福兴, 尹永明, 等. 基于小波分形特征与模式识别的矿山微震波形识别研究 [J]. 岩土工程学报, 2012 (11): 2036-2042.

[23] 赵国彦, 邓青林, 马举. 基于 FSWT 时频分析的矿山微震信号分析与识别 [J]. 岩土工程学报, 2015, 37 (2): 306-312.

[24] 尚雪义, 李夕兵, 彭康, 等. 基于 EMD_SVD 的矿山微震与爆破信号特征提取及分类方法 [J]. 岩土工程学报, 2016, 38 (10): 1849-1858.

[25] 董陇军, 孙道元, 李夕兵, 等. 微震与爆破事件统计识别方法及工程应用 [J]. 岩石力学与工程学报, 2016, 35 (7): 1423-1433.

[26] LI X L, LI Z H, WANG E Y, et al. Pattern recognition of mine microseismic and blasting events based on wave fractal features [J]. Fractals, 2018, 26 (3): 1850029.

[27] ZHAO G Y, MA J, DONG L J, et al. Classification of mine blasts and microseismic events using starting-up features in seismograms [J]. Transactions of Nonferrous Metals Society of China, 2015, 25 (10): 3410-3420.

[28] STEVENSON P R. Microearthquakes at Flathead Lake, Montana: A study using automatic earthquake processing [J]. Bulletin of the Seismological Society of America, 1976, 66 (1): 61-80.

[29] SLEEMAN R, Eck T V. Robust automatic P-phase picking: an on-line implementation in the analysis of broadband seismogram recordings [J]. Physics of the Earth and Planetary Interiors, 1999, 113 (1/2/3/4): 265-225.

[30] 王李管, 汪辉, 赵君杰. 单分量微地震信号的 P 波 S 波到时自动拾取方法 [J]. 科技导报, 2016, 34 (2): 184-189.

[31] 朱权洁, 姜福兴, 魏全德, 等. 煤层水力压裂微震信号 P 波初至的自动拾取方法 [J]. 岩石力学与工程学报, 2018, 37 (10): 2319-2333.

[32] 张伟, 王彦春, 段云卿, 等. 用变换时窗统计能量比法拾取地震初至波 [J]. 物探与化探, 2009, 33 (2): 178-180.

[33] KALKAN E. An automatic P-phase arrival-time picker [J]. Bulletin of the Seismological Society of America, 2016, 106 (3): 971-986.

[34] MENDECKI A J. Seismic Monitoring in Mines [M]. London: Chapman & Hall, 1997.

[35] ZHANG P, YANG T, YU Q, et al. Microseismicity Induced by Fault Activation During the Fracture Process of a Crown Pillar [J]. Rock Mech Rock Eng, 2015, 48 (4): 1673-1682.

[36] 刘建坡, 石长岩, 李元辉, 等. 红透山铜矿微震监测系统的建立及应用研究 [J]. 采矿与安全工程学报, 2012 (1): 72-77.

[37] 冯夏庭, 陈炳瑞, 明华军, 等. 深埋隧洞岩爆孕育规律与机制: 即时型岩爆 [J]. 岩石力学与工程学报, 2012 (3): 433-444.

[38] LIU X Z, TANG C A, LI L C, et al. Microseismic monitoring and 3D finite element analysis of the right bank slope, Dagangshan Hydropower Station, during reservoir impounding [J]. Rock Mech Rock Eng, 2017, 50 (7): 1901-1917.

[39] LEŚNIAK A, ISAKOW Z. Space-time clustering of seismic events and hazard assessment in the Zabrze-Bielszowice coal mine, Poland [J]. Int J Rock Mech Min, 2009, 46 (5): 918-928.

[40] 蔡武, 窦林名, 李振雷, 等. 微震多维信息识别与冲击矿压时空预测——以河南义马跃进煤矿为例 [J]. 地球物理学报, 2014 (8): 2687-2700.

[41] 刘超, 唐春安, 李连崇, 等. 基于背景应力场与微震活动性的注浆帷幕突水危险性评价 [J]. 岩石力学与工程学报, 2009 (2): 366-372.

[42] OKADA T, TANI K, OOTSU H, et al. Development of in-situ triaxial test for rock masses [J]. International Journal of the JCRM, 2006, 2 (1): 7-12.

[43] 蔡美峰. 岩石力学与工程 [M]. 北京: 科学出版社, 2002.

[44] LIU Y C, CHEN C S. A new approach for application of rock mass classification on rock slope stability assessment [J]. Engineering Geology, 2007, 89 (1/2): 129-143.

[45] YANG T, WANG P, XU T, et al. Anisotropic characteristics of jointed rock mass: A case study at Shirengou iron ore mine in China [J]. Tunnelling and Underground Space Technology, 2015, 48: 129-139.

[46] 胡盛明, 胡修文. 基于量化的 GSI 系统和 Hoek-Brown 准则的岩体力学参数的估计 [J]. 岩土力学, 2011, 32 (3): 861-866.

[47] CAI M, KAISER P K, MARTIN C D. Quantification of rock mass damage in underground excavations from microseismic event monitoring [J]. Int J Rock Mech Min, 2001, 38 (8): 1135-1145.

[48] BARTON N. Some new Q-value correlations to assist in site characterisation and tunnel design [J]. International Journal of Rock Mechanics & Mining Sciences, 2002, 39 (2): 185-216.

[49] BIENIAWSKI Z. Engineering classification of jointed rock masses [J]. Civil Engineer in South Africa, 1973, 15 (12): 343-353.

[50] HOEK E, BROWN E T. Practical estimates of rock mass strength [J]. International Journal of Rock Mechanics & Mining Sciences, 1997, 34 (8): 1165-1186.

[51] HOEK E, CARRANZA-TORRES C, CORKUM B. Hoek-Brown failure criterion—2002 edition [J]. Proceedings of NARMS-TAC, 2002, 1 (1): 267-273.

[52] ZHAO Y, YANG T, ZHANG P, et al. The analysis of rock damage process based on the microseismic monitoring and numerical simulations [J]. Tunnelling and Underground Space Technology, 2017, 69: 1-17.

[53] CAI M, MORIOKA H, KAISER P K, et al. Back-analysis of rock mass strength parameters using AE monitoring data [J]. Int J Rock Mech Min, 2007, 44 (4): 538-549.

[54] YOUNG R P, COLLINSB D S, REYES-MONTES J M, et al. Quantification and interpretation of seismicity [J]. International Journal of Rock Mechanics & Mining Sciences, 2004, 41: 1317-1327.

[55] 李连崇, 徐奴文, 唐春安, 等. 露天转地下开采边坡滑动面标定的新思路 [J]. 中国矿业, 2012 (1): 65-69.

[56] XU N W, DAI F, LIANG Z Z, et al. The Dynamic Evaluation of Rock Slope Stability Considering the Effects of Microseismic Damage [J]. Rock Mech Rock Eng, 2013, 47 (2): 621-642.

[57] ZHOU J R, WEI J, YANG T H, et al. Damage analysis of rock mass coupling joints, water and

microseismicity [J]. Tunnelling and Underground Space Technolog, 2018, 71: 366-381.

[58] ZHAO Y, YANG T, YU Q, et al. Dynamic reduction of rock mass mechanical parameters based on numerical simulation and microseismic data—A case study [J]. Tunnelling and Underground Space Technolog, 2019, 83: 437-451.

[59] TRIFU C I, URBANCIC T I. Fracture coalescence as a mechanism for earthquakes: Observations based on mining induced microseismicity [J]. Tectonophysics, 1996, 261 (1/2/3): 193-207.

[60] NOLEN-HOEKSEMA R C, RUFF L J. Moment tensor inversion of microseisms from the B-sand propped hydrofracture, M-site, Colorado [J]. Tectonophysics, 2001, 336 (1): 163-181.

[61] MARTÍNEZ-GARZÓN P, KWIATEK G, BOHNHOFF M, et al. Impact of fluid injection on fracture reactivation at the Geysers geothermal field [J]. Journal of Geophysical Research Solid Earth, 2016, 121: 7432-7449.

[62] OHTSU M. Acoustic emission theory for moment tensor analysis [J]. Research in Nondestructive Evaluation, 1995, 6 (3): 169-184.

[63] OHNO K, OHTSU M. Crack classification in concrete based on acoustic emission [J]. Construction and Building Materials, 2010, 24 (12): 2339-2346.

[64] GRAHAM C C, STANCHITS S, MAIN I G, et al. Comparison of polarity and moment tensor inversion methods for source analysis of acoustic emission data [J]. International Journal of Rock Mechanics & Mining Science, 2010, 47 (1): 161-169.

[65] CHARALAMPIDOU E M, HALL S A, STANCHITS S, et al. Characterization of shear and compaction bands in a porous sandstone deformed under triaxial compression [J]. Tectonophysics, 2011, 503 (1): 8-17.

[66] 刘建坡, 刘召胜, 王少泉, 等. 岩石张拉及剪切破裂声发射震源机制分析 [J]. 东北大学学报 (自然科学版), 2015, 36 (11): 1624-1628.

[67] HU G, YANG T, ZHOU J, et al. Mechanism of surrounding rock failure and crack evolution rules in branched pillar recovery [J]. Minerals, 2017, 7 (6): 96.

[68] 柴金飞, 金爱兵, 高永涛, 等. 基于矩张量反演的矿山突水孕育过程 [J]. 北京科技大学学报, 2015, 37 (3): 267-274.

[69] 明华军, 冯夏庭, 张传庆, 等. 基于微震信息的硬岩新生破裂面方位特征矩张量分析 [J]. 岩土力学, 2013 (6): 1716-1722.

[70] YOUNG R P, MAXWELL S C, URBANCIC T I, et al. Mining-induced microseismicity: Monitoring and applications of imaging and source mechanism techniques [J]. Pure and Applied Geophysics, 1992, 139 (3/4): 697-719.

[71] MCGARR A. Moment tensors of ten witwatersrand mine tremors [J]. Pure Applied Geophysics, 1992, 139 (3/4): 781-800.

[72] SEN A T, CESCA S, BISCHOFF M, et al. Automated full moment tensor inversion of coal mining-induced seismicity [J]. Geophys J Int, 2013, 195 (2): 1267-1281.

[73] LE GONIDEC Y, SAROUT J, WASSERMANN J, et al. Damage initiation and propagation assessed from stress-induced microseismic events during a mine-by test in the Opalinus Clay [J]. Geophys J Int, 2014, 198 (1): 126-139.

[74] FORD S, DREGER D, WALTER W. Network Sensitivity Solutions for Regional Moment-Tensor Inversions [J]. Bulletin of the Seismological Society of America, 2010, 100: 1962-1970.

[75] ŠÍLENÝ J, MILEV A. Seismic Moment Tensor Resolution on a Local Scale: Simulated Rockburst and Mine-induced Seismic Events in the Kopanang Gold Mine, South Africa [J]. Pure and Applied Geophysics,

2006, 163 (8): 1495-1513.

[76] LINZER L, MHAMDI L, SCHUMACHER T. Application of a moment tensor inversion code developed for mining-induced seismicity to fracture monitoring of civil engineering materials [J]. Journal of Applied Geophysics, 2015, 112: 256-267.

[77] 谢和平, 陈忠辉. 岩石力学 [M]. 北京: 科学出版社, 2004.

[78] 陈剑平, 石丙飞, 王清. 工程岩体随机结构面优势方向的表示法初探 [J]. 岩石力学与工程学报, 2005, 24 (2): 241-245.

[79] 王凤艳. 数字近景摄影测量快速获取岩体裂隙信息的工程应用 [D]. 长春: 吉林大学, 2006.

[80] PRIEST S D, HUDSON J A. Estimation of discontinuity spacing and trace length using scanline surveys [J]. International Journal of Rock Mechanics and Mining Sciences & Geomechanics Abstracts, 1981, 18 (3): 183-197.

[81] KULATILAKE P H S W. Estimating elastic constants and strength of discontinuous rock [J]. Journal of Geotechnical Engineering, 1985, 111 (7): 847-864.

[82] 葛修润, 王川婴. 数字式全景钻孔摄像技术与数字钻孔 [J]. 地下空间与工程学报, 2001, 21 (4): 254-261.

[83] 王川婴, 钟声, 孙卫春. 基于数字钻孔图像的结构面连通性研究 [J]. 岩石力学与工程学报, 2009, 28 (12): 2405-2410.

[84] 王川婴. 数字式钻孔摄像系统研究 [D]. 武汉: 中国科学院武汉岩土力学研究所, 1999.

[85] 王川婴, 葛修润, 白世伟. 数字式全景钻孔摄像系统研究 [J]. 岩石力学与工程学报, 2002, 21 (3): 398-403.

[86] 范留明, 李宁. 基于数码摄影技术的岩体裂隙测量方法初探 [J]. 岩石力学与工程学报, 2005, 24 (5): 792-797.

[87] ROSS-BROWN D M, ATKINSON K B. Terrestrial photogrammetry in open-pits: 1-description and use of the phototheodolite in mine surveying [J]. Transactions of the Institute of Mineralogists Metallurgists, 1972, 82 (791): A205-A213.

[88] 王述红, 杨勇, 王洋, 等. 基于数字摄像测量的开挖空间模型及不稳块体的快速识别 [J]. 岩石力学与工程学报, 2010, 29 (S1): 3432-3438.

[89] 赵兴东, 刘杰, 张洪训, 等. 基于摄影测量的岩体结构面数字识别及采场稳定性分级 [J]. 采矿与安全工程学报, 2014, 31 (1): 127-133.

[90] HANEBERG W C. Using close range terrestrial digital photogrammetry for 3-D rock slope modeling and discontinuity mapping in the United States [J]. Bulletin of Engineering Geology and the Environment, 2008, 67 (4): 457-469.

[91] KOCAK D M, CAIMI F M, DAS P S, et al. A 3-D laser line scanner for outcrop scale studies of seafloor features [C] //Oceans' 99. MTS/IEEE. Riding the Crest into the 21st Century. Conference and Exhibition. Conference Proceedings (IEEE Cat. No. 99CH37008), 1999: 1105-1114.

[92] 董秀军, 黄润秋. 三维激光扫描技术在高陡边坡地质调查中的应用 [J]. 岩石力学与工程学报 2006, 25 (S2): 3629-3635.

[93] 许度, 冯夏庭, 李邵军, 等. 激光扫描隧洞变形与岩体结构面测试技术及应用 [J]. 岩土工程学报, 2018, 40 (7): 1336-1343.

[94] 李小波. 三维激光扫描技术在坝基岩体结构面调查统计中的应用——以锦屏一级水电站为例 [J]. 四川水力发电, 2016, (6): 84-87.

[95] 荆洪迪. 基于三维激光扫描的岩体节理信息提取研究 [D]. 沈阳: 东北大学, 2013.

[96] DRESEN G, GUÉGUEN Y. Damage and rock physical properties [J]. International Geophysics Series,

2004, 89: 169-218.

[97] MAVKO G, MUKERJI T, DVORKIN J. The rock physics handbook: Tools for seismic analysis of porous media [M]. England: Cambridge University Press, 2009.

[98] MAXWELL S C, RUTLEDGE J, JONES R, et al. Petroleum reservoir characterization using downhole microseismic monitoring [J]. Geophysics, 2010, 75 (5): 75A129-75A137.

[99] DETRING J, WILLIAMS-STROUD S. Using Microseismicity to Understand Subsurface Fracture Systems and Increase the Effectiveness of Completions: Eagle Ford Formation [C] //Texas: SPE Canadian Unconventional Resources Conference, 2012.

[100] HUANG J, SAFARI R, BURNS K, et al. Natural-hydraulic fracture interaction: Microseismic observations and geomechanical predictions [C] //Unconventional Resources Technology Conference, Denver, Colorado, 2014: 1684-1705.

[101] BAIG A, URBANCIC T. Microseismic moment tensors: A path to understanding frac growth [J]. The Leading Edge, 2010, 29 (3): 320-324.

[102] SEIFOLLAHI S, DOWD P, XU C, et al. A spatial clustering approach for stochastic fracture network modelling [J]. Rock Mech Rock Eng, 2014, 47 (4): 1225-1235.

[103] WILLIAMS-STROUD S, OZGEN C, BILLINGSLEY R L. Microseismicity-constrained discrete fracture network models for stimulated reservoir simulation [J]. Geophysics, 2013, 78 (1): B37-B47.

[104] ALGHALANDIS Y F, DOWD P A, XU C. The RANSAC method for generating fracture networks from micro-seismic event data [J]. Mathematical Geosciences, 2013, 45 (2): 207-224.

[105] CORNETTE B M, TELKER C, DE LA PENA A. Refining discrete fracture networks with surface microseismic mechanism inversion and mechanism-driven event location [C] // SPE Hydraulic Fracturing Technology Conference, 2012.

[106] URBANCIC T I, BAIG A, GOLDSTEIN S B. Assessing stimulation of complex natural fractures as characterized using microseismicity: An argument the inclusion of sub-horizontal fractures in reservoir models [C]// SPE Hydraulic Fracturing Technology Conference, 2012.

[107] WARPINSKI N R, MAYERHOFER M, AGARWAL K, et al. Hydraulic-fracture geomechanics and microseismic-source mechanisms [J]. SPE Journal, 2013, 18 (4): 766-780.

[108] CANDELA T, WASSING B, TER HEEGE J, et al. How earthquakes are induced [J]. Science, 2018, 360 (6389): 598-600.

[109] SNOW D T. Anisotropie permeability of fractured media [J]. Water Resources Research, 1969, 5 (6): 1273-1289.

[110] ODA M. Permeability tensor for discontinuous rock masses [J]. Geotechnique, 1985, 35 (4): 483-495.

[111] 王鹏, 蔡美峰, 周汝弟. 裂隙岩体渗透张量的确定和修正 [J]. 金属矿山, 2003 (8): 5-7.

[112] 周维垣. 高等岩石力学 [M]. 北京: 水力电力出版社, 1990.

[113] 刘海军. 基于蒙特卡罗法的岩体裂隙网络模型及渗透张量的研究 [D]. 哈尔滨: 哈尔滨工业大学, 2011.

[114] 毛昶熙. 渗流计算分析与控制 [M]. 北京: 水力电力出版社, 1990.

[115] 李新强, 陈祖煜. 三维裂隙网络与多孔介质渗流的等效方法研究 [C] // 全国水利工程渗流学术研讨会, 2006.

[116] 王培涛, 杨天鸿, 于庆磊, 等. 基于离散裂隙网络模型的节理岩体渗透张量及特性分析 [J]. 岩土力学, 2013, 34 (S2): 448-455.

[117] 荣冠, 周创兵, 王恩志. 裂隙岩体渗透张量计算及其表征单元体积初步研究 [J]. 岩石力学与工程

学报, 2007, 26 (4): 740-746.

[118] YANG T H, JIA P, SHI W H, et al. Seepage-stress coupled analysis on anisotropic characteristics of the fractured rock mass around roadway [J]. Tunnelling and Underground Space Technolog, 2014, 43: 11-19.

[119] COLI N, PRANZINI G, ALFI A, et al. Evaluation of rock-mass permeability tensor and prediction of tunnel inflows by means of geostructural surveys and finite element seepage analysis [J]. Engineering Geology, 2008, 101 (3/4): 174-184.

[120] KAWAMOTO T, ICHIKAWA Y, KYOYA T. Deformation and fracturing behaviour of discontinuous rock mass and damage mechanics theory [J]. International Journal for Numerical and Analytical Methods in Geomechanics, 1988, 12 (1): 1-30.

[121] 师文豪, 杨天鸿, 王培涛, 等. 露天矿边坡岩体稳定性各向异性分析方法及工程应用 [J]. 岩土工程学报, 2014 (10): 1924-1933.

[122] 伍法权, 王年生. 一种滑坡位移动力学预报方法探讨 [J]. 中国地质灾害与防治学报, 1996 (S1): 38-41, 85.

[123] Tao X, Qiang X, Maolin D, et al. A numerical analysis of rock creep-induced slide: A case study from Jiweishan Mountain, China [J]. Environmental Earth Sciences, 2014, 72 (6): 2111-2128.

[124] 贺可强, 陈为公, 张朋. 蠕滑型边坡动态稳定性系数实时监测及其位移预警判据研究 [J]. 岩石力学与工程学报, 2016, 35 (7): 1377-1385.

[125] Loew S, Gschwind S, Gischig V, et al. Monitoring and early warning of the 2012 Preonzo catastrophic rockslope failure [J]. Landslides, 2017, 14 (1): 141-154.

[126] XU Q, YUAN Y, ZENG Y P, et al. Some new pre-warning criteria for creep slope failure [J]. Science China Technological Sciences, 2011, 54 (1): 210-220.

[127] 杨叔子, 吴雅, 轩建平. 时间序列分析的工程应用 [M]. 2版. 武汉: 华中理工大学出版社, 2007.

[128] 郝小员, 郝小红, 熊红梅. 滑坡时间预报的非平稳时间序列方法研究 [J]. 工程地质学报, 1999 (3): 279.

[129] 张正虎, 袁孟科, 邓建辉, 等. 基于改进灰色-时序分析时变模型的边坡位移预测 [J]. 岩石力学与工程学报, 2014, 33 (z2): 3791-3797.

[130] 黄润秋, 许强. 突变理论在工程地质中的应用 [J]. 工程地质学报, 1993, 1 (1): 65-73.

[131] 刘华明, 齐欢, 蔡志强. 滑坡预测的非线性混沌模型 [J]. 岩石力学与工程学报, 2003, 22 (3): 434-437.

[132] 秦四清, 张倬元, 王士天, 等. 应用重正化群理论探讨斜坡滑动面演化的普适性质 [J]. 地质灾害与环境保护, 1993 (1): 49-52.

[133] 潘一山, 章梦涛. 洞室岩爆的尖角型突变模型 [J]. 应用数学和力学, 1994, 15 (10): 893-900.

[134] 秦四清, 张倬元, 王士天. 顺层斜坡失稳的突变理论分析 [J]. 中国地质灾害与防治学报, 1993 (1): 40-47.

[135] Zhang J, Shu J, Zhang H, et al. Study on Rock Mass Stability Criterion Based on Catastrophe Theory [J]. Mathematical Problems in Engineering, 2015, 2015 (PT. 8): 1-7.

[136] 冯夏庭. 智能岩石力学导论 [M]. 北京: 科学出版社, 2000.

[137] 闫长斌. 边坡稳定性预测的粗糙集-距离判别模型及其应用 [J]. 工程地质学报, 2016, 24 (2): 204-210.

[138] 何忠明, 刘可, 付宏渊, 等. 基于集对可拓粗糙集方法的高边坡爆破施工安全风险评价 [J]. 中南大学学报 (自然科学版), 2017 (8): 259-265.

[139] 赵佩华, 张卫国. 粗糙集理论及其内在意义初探 [J]. 太平洋学报, 2008 (11): 66-72.

[140] 李兴, 张鹏. 基于模糊神经网络的高速公路边坡危险性评价与防护策略 [J]. 公路工程, 2018, 43 (5)：309-313.

[141] 陈乐求, 彭振斌, 陈伟, 等. 基于模糊控制的人工神经网络模拟在土质边坡安全预测中的应用 [J]. 中南大学学报, 2009 (5)：1381-1387.

[142] 王健伟, 徐玉胜, 李俊鑫. 基于网格搜索支持向量机的边坡稳定性系数预测 [J]. 铁道建筑, 2019, 59 (5)：94-97.

[143] Gutjahr W J. A Graph-based Ant System and its convergence [J]. Future Generation Computer Systems, 2000, 16 (8)：873-888.

[144] 石露, 李小春, 任伟, 等. 蚁群算法与遗传算法融合及其在边坡临界滑动面搜索中的应用 [J]. 岩土力学, 2009, 30 (11)：3486-3492.

[145] 徐飞, 徐卫亚, 王珂. 基于蚁群优化最小二乘支持向量机模型的边坡稳定性分析 [J]. 工程地质学报, 2009 (2)：111-115.

[146] 胡安龙. 基于贝叶斯的滑坡稳定性预测对比分析研究 [J]. 灾害学, 2016, 31 (3)：202-206.

[147] 樊芷吟, 苟晓峰, 秦明月, 等. 基于信息量模型与 Logistic 回归模型耦合的地质灾害易发性评价 [J]. 工程地质学报, 2018, 26 (2)：340-347.

[148] 付红伟, 张爱华, 张志强, 等. 决策树算法在数据挖掘中的研究与应用 [J]. 科技创业月刊, 2008 (7)：133-135.

[149] 敖志刚. 人工智能与专家系统导论 [M]. 合肥：中国科技大学出版社, 2002.

[150] 谢洪涛, 陈帆. 基于贝叶斯网络的土质边坡垮塌事故诊断方法 [J]. 中国安全科学学报, 2012 (9)：127-132.

[151] NIU H. Smart safety early warning model of landslide geological hazard based on BP neural network [J]. Safety Science, 2020, 123：104572.

2 矿山采动岩体微震数字信号处理技术

2.1 数字信号原理

声发射（AE，Acoustic Emission）是岩石破坏过程中产生的自然现象[1]。岩石破裂会造成快速的能量释放，释放的能量一部分由弹性波的形式向四周扩散[2,3]。声发射测试技术能够直接对该弹性波进行识别，并将弹性波信号转化为数字信号。通过一系列数字信号处理技术，可以得到丰富的破裂源信息，对于岩石破裂机制研究具有重要意义。

由于声发射是对破坏波进行监测，在一定程度上讲，是一种动态无损监测手段。相对于其他无损监测方法，室内声发射监测通常是在岩石试样加载过程中进行应用。岩石破裂是声发射监测的必要前提，因而声发射严格意义上不完全属于无损监测。但由于其能够方便地对岩石内部破坏特性进行检测分析，使其在各个领域得到广泛应用，如石油、水利大坝、地质、建筑、矿山等行业。声发射测试的一般原理如图 2-1 所示。

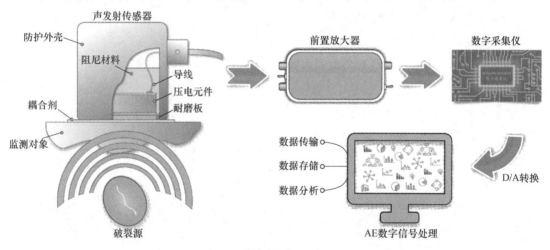

图 2-1　声发射测试基本原理

岩石内部局部缺陷受力超过其强度时，会发生微破裂，并释放声发射信号。声发射传感器放置在监测体表面，通过压电元件将质点振动信号转化为模拟电信号。前置放大器将传感器接收到的微弱电压信号进行放大之后，由数字采集仪将放大的模拟信号转换为数字信号（D/A 转换）。最后，声发射主机接收数字信号，将其写入硬盘以便进行数据处理分析。

下面将对数字信号的基本原理进行简述，并将其应用于声发射信号处理。所包含的声发射信号处理的基本内容包括数字滤波、波形识别、与到时拾取、重要波形参数提取、事件定位算法。

从广义来讲，任何带有信息的物理量和物理现象都能叫做信号，信号通常是随空间或时间等变化的有限实值函数。这里的实值主要表示信号的取值均为实数，大量运用复信号，是为了数学处理方便，自然界中观察到的信号到目前为止仍为实信号。有限性是指信号的能量、功率、带宽等必须是有限的，因为现实中没有无穷大的能量[4]。信号按照不同的分类可以归结为确定信号与随机信号、连续时间信号与离散时间信号、模拟信号与数字信号、能量信号与功率信号、一维信号与多维信号等[5]，如图2-2~图2-4所示。

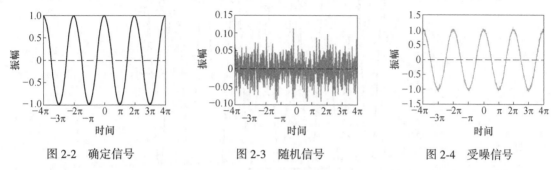

图 2-2 确定信号   图 2-3 随机信号   图 2-4 受噪信号

连续时间信号和离散时间信号之间通过采样相互关联。岩石中的弹性波可以看作时间和空间上的连续信号，通过声发射传感器接收并转换为模拟电信号，经过周期采样、量化和编码（A/D 转换）后，转换为数字信号，声发射信号为典型的数字信号。

2.1.1 信号采样

连续时间信号 $x(t)$ 在数学表达上与函数类似，离散时间信号一般用一系列离散的数表达，其中第 n 个数用 $x[n]$ 表示，较正式的写法为：

$$x = \{x[n]\}, \quad n \in \mathbb{Z} \tag{2-1}$$

离散信号通常是对连续信号进行周期采样得到的，设采样周期为 T，则离散时间信号和连续信号的关系可以写为：

$$x[n] = x(nT), \quad n \in \mathbb{Z} \tag{2-2}$$

式中，T 为采样周期，其倒数为采样频率 f_s，离散时间序列中每一个值，对应于连续信号中 nT 时刻对应的数值。后文中所提到的声发射信号均为通过连续采样得到的离散时间受噪信号。连续信号与离散信号示意图分别如图2-5和图2-6所示。

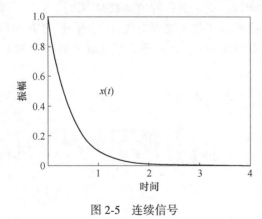

图 2-5 连续信号

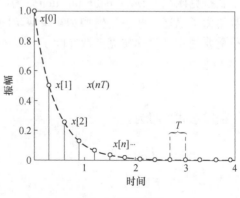

图 2-6 离散信号

不同的采样间隔对同一信号进行采样时，得到的结果会有所差别，如果采样间隔选择合理，会造成原信号严重失真，如图2-7所示。用 T_1，$T_2(T_2 > T_1)$ 的采样间隔对周期为 T_1 的正弦信号进行采样，得到离散序列的连线分别为直线和正弦函数，从图2-7以看到两个结果完全失真，没有很好地保留原有信号的信息。

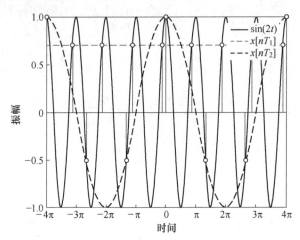

图2-7 采样频率导致信号失真

美国物理学家奈奎斯特总结提出了奈奎斯特采样定理[6]，指出在 A/D 转换过程中，采样频率 $f_s(f_s = \dfrac{1}{T})$ 大于原信号中最高频率 f_{max} 的两倍时，采样得到的数字信号可以完整保留原信号中的信息，一般应用中取 $5 \sim 10$ 倍 f_{max}。大量试验结果表明，岩石中声发射信号的频率一般为几百千赫兹[7]，因此，本书声发射试验中采样频率采用 1MHz。

2.1.2 几种重要的函数和信号

声发射信号分析还涉及部分常用的数字信号处理的基本函数和方法，包括狄拉克函数、单位冲激信号、单位阶跃信号、符号函数、脉冲信号等，本节将对其进行简要介绍。

2.1.2.1 狄拉克函数

狄拉克函数（Dirac delta function）为广义函数，满足其条件的函数并不真实存在。该函数是为了描述一些理论模型和解决数学问题提出，在数学物理方法、幅频分析等方面都有很重要的意义。狄拉克函数在除了 0 以外的数值均为 0，且在整个定义域上的积分为 1，数学表达为：

$$\delta(x) = 0, \ x \neq 0 \ 且 \int_{-\infty}^{+\infty} \delta(x)\mathrm{d}x = 1 \tag{2-3}$$

极限形式可写为：

$$D(x, \varepsilon) = \begin{cases} 0, & |x| \geq \varepsilon/2 \\ \varepsilon^{-1}, & |x| < \varepsilon/2 \end{cases} \Rightarrow \lim_{\varepsilon \to 0} D(x, \varepsilon) = \delta(x) \tag{2-4}$$

或

$$\delta(x) = \lim_{a \to 0^+} \frac{1}{a\sqrt{\pi}} \mathrm{e}^{-x^2/a^2} \tag{2-5}$$

其图像如图 2-8 所示。

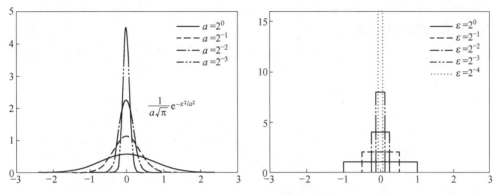

图 2-8 两种狄拉克函数图像

在考虑时间的三维空间中，δ 函数还可以作为点源，表示为：

$$\delta(\xi - \xi_0) = \delta(x - x_0)\delta(y - y_0)\delta(z - z_0)\delta(t - t_0) = \delta(\boldsymbol{r} - \boldsymbol{r}_0)\delta(t - t_0) \qquad (2\text{-}6)$$

式中 ξ——源的空间位置；

      ξ_0——坐标原点。

δ 函数一个很重要的运用就是其抽样性质[8]。如果 $f(t)$ 是有界函数，在 $t = 0$ 处连续，则有：

$$\int_{-\infty}^{+\infty} \delta(t)f(t)\,\mathrm{d}t = f(0) \qquad (2\text{-}7)$$

$$\int_{-\infty}^{+\infty} \delta(t - t_0)f(t)\,\mathrm{d}t = f(t_0) \qquad (2\text{-}8)$$

奇偶性：

$$\delta(-t) = \delta(t)$$

尺度变换：

$$\delta(at) = \frac{1}{|a|}\delta(t) \qquad (2\text{-}9)$$

$$\delta'(at) = \frac{1}{|a|} \cdot \frac{1}{a}\delta'(t) \iff \delta^{(n)}(at) = \frac{1}{|a|} \cdot \frac{1}{a^n}\delta^{(n)}(t) \qquad (2\text{-}10)$$

2.1.2.2 单位冲激信号

单位冲激信号（Kronecker function）为离散信号，与连续信号中的 Dirac 函数对应，其数学定义为：

$$\delta[n] = \begin{cases} 0, & n \neq 0 \\ 1, & n = 0 \end{cases} \qquad (2\text{-}11)$$

单位冲激信号是最简单的离散时间信号。与连续时间中的 $\delta(t)$ 相比，$\delta[n]$ 有确定的幅值 1，而 $\delta(t)$ 在 $t = 0$ 处趋向无穷。$\delta(t)$ 的图像如图 2-9 所示。

2.1.2.3 单位阶跃信号

单位阶跃函数（Heaviside step function）有多种定义方式，其中一种[9]是当自变量大于 0 取值为 1，小于 0 则取值 0，为零则函数值可任意取值，可以取 1，也可以取 0.5，数学上可以用取极限的方式表示为：

$$H(t) = \begin{cases} 0, & t < -\dfrac{1}{n} \\ \dfrac{1}{2} + \dfrac{n}{2}t, & -\dfrac{1}{n} < t < \dfrac{1}{n} \\ 1, & t > \dfrac{1}{n} \end{cases} \tag{2-12}$$

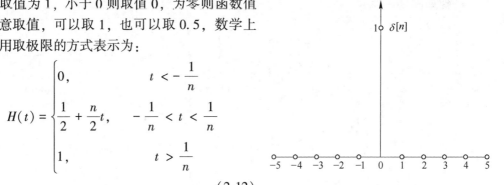

图 2-9 单位冲激信号函数图

由图 2-10 所示，当 n 趋于无穷时有：

$$\lim_{n \to \infty} H(t) = \begin{cases} 0, & t < 0 \\ \dfrac{1}{2}, & t = 0 \\ 1, & t > 0 \end{cases} \tag{2-13}$$

单位阶跃信号与单位阶跃函数一样，具有单边性质，可用于构成许多单边信号，其数学表达式为：

$$H[n] = \begin{cases} 0, & n < 0 \\ 1, & n \geqslant 1 \end{cases} \tag{2-14}$$

阶跃信号图像如图 2-11 所示。

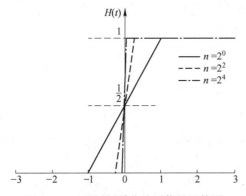

图 2-10 连续时间单位阶跃信号函数图

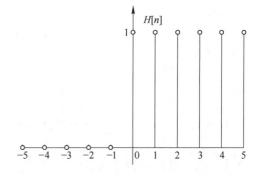

图 2-11 离散时间单位阶跃信号函数图

2.1.2.4 符号函数

符号函数 sgn（Sign function）一般用于判断实数的正负，当自变量小于 0 时取值为 -1，大于 0 时取值 1，等于 0 时取值为 0，数学表达式为：

$$\text{sgn}[n] = \begin{cases} -1, & n < 0 \\ 0, & n = 0 \\ 1, & n > 0 \end{cases} \quad \text{或} \quad \text{sgn}(t) = \begin{cases} -1, & t < 0 \\ 0, & t = 0 \\ 1, & t > 0 \end{cases} \tag{2-15}$$

其函数图像如图 2-12 和图 2-13 所示。

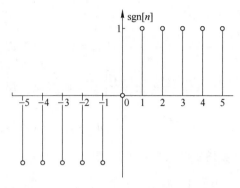

图 2-12 离散时间 sgn 信号函数图

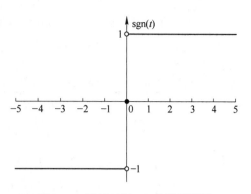

图 2-13 连续时间 sgn 信号函数图

符号函数与单位阶跃函数的关系为：

$$sgn(t) = 2H(t) - 1$$

2.1.2.5 脉冲信号

脉冲信号（Pulse signal）是一种离散时间信号，用 $p[n]$ 表示，用途非常广泛，其主要特点是只在部分区域有值，其他区域均为 0，声发射信号滤波时，常用的矩形脉冲信号数学表达式为：

$$p[n] = \begin{cases} 1, & M \leq n \leq N \\ 0, & 其他 \end{cases} \quad (M \leq N, M、N 均为整数) \tag{2-16}$$

声发射滤波时，常用的矩形脉冲信号图像如图 2-14 所示。矩形脉冲可视为信号的作用时间，常用于平滑信号和窗函数，在信号处理过程中经常使用。

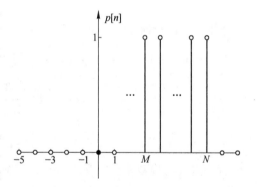

2.1.3 信号的基本运算

信号和函数类似，可以通过一些简单的基本运算构造出复杂信号，基本运算是数字信号处理的基础，本节主要简述信号变换和信号卷积等。

图 2-14 离散时间矩形脉冲信号函数图

2.1.3.1 信号变换

变换是指自变量发生改变，通过信号变换，可以将信号从时域转换到频域，是进行信号频域滤波和滤波器设计的基础。

A 连续傅里叶变换

傅里叶变换（Fourier transform）的基础为傅里叶级数，其思想主要是将一系列两两正交的三角函数列作为基底，此时可以将函数表示为正交三角函数的线性和的形式。给出一组三角函数正交系，$[-l, l]$ 为公共周期：

$$1, \cos\frac{\pi x}{l}, \sin\frac{\pi x}{l}, \cdots, \cos\frac{n\pi x}{l}, \sin\frac{n\pi x}{l}$$

当 $m \neq n$ 时各项之间的内积为 0 时表示基底之间正交：

$$\int_{-l}^{l} \cos\frac{n\pi x}{l}\sin\frac{m\pi x}{l}\mathrm{d}x = \int_0^l \left[\sin\frac{(m+n)\pi x}{l} - \sin\frac{(m-n)\pi x}{l} \right] \mathrm{d}x = 0 \tag{2-17}$$

$$\int_{-l}^{l} \cos\frac{n\pi x}{l}\cos\frac{m\pi x}{l}\mathrm{d}x = \int_0^l \left[\cos\frac{(m+n)\pi x}{l} + \cos\frac{(m-n)\pi x}{l} \right] \mathrm{d}x = 0 \tag{2-18}$$

$$\int_{-l}^{l} \sin\frac{n\pi x}{l}\sin\frac{m\pi x}{l}\mathrm{d}x = \int_0^l \left[\cos\frac{(m-n)\pi x}{l} - \cos\frac{(m+n)\pi x}{l} \right] \mathrm{d}x = 0 \tag{2-19}$$

因此，给各正交项加上系数，可以将函数展开成傅里叶级数：

$$f(x) = \frac{a_0}{2} + \sum_{n=1}^{+\infty} \left(a_n\cos\frac{n\pi x}{l} + b_n\sin\frac{n\pi x}{l} \right), \quad n \in \mathbb{N}^+ \tag{2-20}$$

$$f(t) = \frac{a_0}{2} + \sum_{n=1}^{+\infty} \left(a_n\cos n\omega_0 t + b_n\sin n\omega_0 t \right), \quad \omega_0 = \frac{\pi}{l}, \ n \in \mathbb{N}^+ \tag{2-21}$$

式中，a_n、b_n 称为傅里叶系数。为了便于表达，令周期 $T = 2l$，可以通过两边同时乘以 $\cos n\omega_0 t$ 与 $\sin n\omega_0 t$，并根据基底的正交性在周期 $[-T/2, T/2]$ 上逐项积分可以求得：

$$a_0 = \frac{2}{T}\int_{-\frac{T}{2}}^{\frac{T}{2}} f(t)\,\mathrm{d}t \tag{2-22}$$

$$a_n = \frac{2}{T}\int_{-\frac{T}{2}}^{\frac{T}{2}} f(t)\cos n\omega_0 t\,\mathrm{d}t, \quad n \in \mathbb{N}^+ \tag{2-23}$$

$$b_n = \frac{2}{T}\int_{-\frac{T}{2}}^{\frac{T}{2}} f(t)\sin n\omega_0 t\,\mathrm{d}t, \quad n \in \mathbb{N}^+ \tag{2-24}$$

同时，根据泰勒级数可以将 e^x、$\cos x$、$\sin x$ 展开有：

$$\mathrm{e}^x = 1 + x + \frac{x^2}{2!} + \cdots + \frac{x^n}{n!} \xrightarrow{x\,=\,-\mathrm{i}x} \mathrm{e}^{-\mathrm{i}x} = 1 - \mathrm{i}x - \frac{x^2}{2!} + \cdots + (-\mathrm{i})^n\frac{x^n}{n!} \tag{2-25}$$

$$\cos x = 1 - \frac{x^2}{2!} + \frac{x^4}{4!} - \frac{x^6}{6!} + \cdots \tag{2-26}$$

$$\mathrm{i}\sin x = \mathrm{i}x - \mathrm{i}\frac{x^3}{3!} + \mathrm{i}\frac{x^5}{5!} - \mathrm{i}\frac{x^7}{7!} + \cdots \tag{2-27}$$

上式中 i 为虚数单位，从上式可以得到以下公式：

$$\mathrm{e}^{-\mathrm{i}x} = \cos x - \mathrm{i}\sin x \xrightarrow{x\,=\,-\pi} \mathrm{e}^{\mathrm{i}\pi} + 1 = 0 \tag{2-28}$$

$$\sin x = \frac{\mathrm{e}^{\mathrm{i}x} - \mathrm{e}^{-\mathrm{i}x}}{2\mathrm{i}}, \quad \cos x = \frac{\mathrm{e}^{\mathrm{i}x} + \mathrm{e}^{-\mathrm{i}x}}{2} \tag{2-29}$$

上式又叫欧拉公式，是复变函数中的重要公式，可以将三角函数与复数域进行相互转换。傅里叶级数一般用于周期连续信号，对于非周期信号，可以将信号进行周期延拓，但一些信号很难进行延拓，例如指数信号等，因此更多情况下，假设信号周期 T 趋于无穷大，使之等效为周期信号[10]，这时：

$$f(t) = \frac{1}{T}\int_{-\frac{T}{2}}^{\frac{T}{2}} f(t)\,\mathrm{d}t + \sum_{n=1}^{+\infty} \left[\frac{\cos\dfrac{2\pi nt}{T}}{T}\int_{-\frac{T}{2}}^{\frac{T}{2}} f(t)\cos\frac{2\pi nt}{T}\mathrm{d}t + \frac{\sin\dfrac{2\pi nt}{T}}{T}\int_{-\frac{T}{2}}^{\frac{T}{2}} f(t)\sin\frac{2\pi nt}{T}\mathrm{d}t \right]$$

$$\tag{2-30}$$

从上式中可以看到，当 T 趋于无穷时，该式极限存在，其第一项必须为绝对可积的：

$$- \infty < \int_{-\frac{T}{2}}^{\frac{T}{2}} f(t) \, \mathrm{d}t < + \infty \implies \lim_{T \to +\infty} \frac{1}{T} \int_{-\frac{T}{2}}^{\frac{T}{2}} f(t) \, \mathrm{d}t = 0 \tag{2-31}$$

因此，$f(t)$ 的傅里叶级数不一定存在，其存在的充分条件（Dirichlet 条件）[11] 如下。

（1）$f(t)$ 必须在 Hilbert 空间中，满足 Lipschitz 条件，数学表示为：

$$\int_{-\infty}^{+\infty} |f(t)| \, \mathrm{d}t < + \infty, \quad f(t) \in L^2(\mathbb{R}) \tag{2-32}$$

（2）一个周期内，极值数目为有限个。

（3）一个周期内，如果存在断点，断点的数目应该是有限个。

声发射中的信号一般都能满足 Dirichlet 条件。

傅里叶变换是将三角函数作为基底，将信号表示为基底的加权和，即在三角正交空间中的坐标形式，这时将同一频率的正弦和余弦信号组合为新的复指数信号 $\mathrm{e}^{\mathrm{i}n\omega_0 t}$，将其作为基底，函数可看成不同频率的复指数信号的线性组合，组合之后的各个复指数信号的加权系数，即为该频率成分所占的"数量"。复指数信号（函数）事实上并不存在，是为了解决数学问题提出，其表达式由欧拉公式得到：

$$\mathrm{e}^{-\mathrm{i}\omega t} = \cos \omega t - \mathrm{i} \sin \omega t, \quad n \in \mathbb{N}^+ \tag{2-33}$$

复指数信号通过欧拉公式可以化为三角函数形式，其实部为余弦函数，虚部为正弦函数，示意图如图 2-15 和图 2-16 所示。$\mathrm{e}^{-\mathrm{i}\omega t}$ 可以看作空间上距离时间轴距离为 1 的点，绕时间轴以角速度 ω 逆时针旋转，其时间轨迹为螺旋线，垂直于时间轴平面为复平面（z 平面），点在复平面上的轨迹为单位圆。

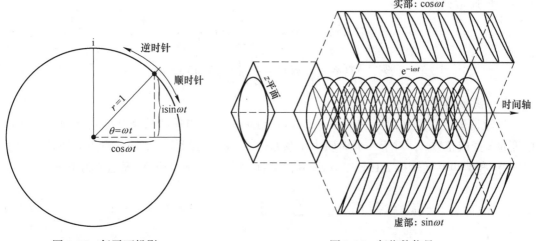

图 2-15　复平面投影　　　　　　　图 2-16　复指数信号

基于此，观察傅里叶级数中的系数 a_n、b_n，构造复指数函数：

$$\frac{a_n - b_n \mathrm{i}}{2} = \frac{1}{T} \int_{-\frac{T}{2}}^{\frac{T}{2}} f(t) \left(\cos \frac{2\pi n}{T} t - \mathrm{i} \sin \frac{2\pi n}{T} t \right) \mathrm{d}t = \frac{1}{T} \int_{-\frac{T}{2}}^{\frac{T}{2}} f(t) \mathrm{e}^{-\mathrm{i}\frac{2\pi n}{T} t} \mathrm{d}t, \quad n \in \mathbb{N}^+ \tag{2-34}$$

随着 n 的增大，复指数函数的频率逐渐变大，通过代换将其变为微分形式：

$$\omega = \frac{2\pi n}{T}, \ \mathrm{d}\omega = \frac{2\pi}{T}, \ T \to + \infty \Longrightarrow \frac{a_n - b_n \mathrm{i}}{2} = \frac{\mathrm{d}\omega}{2\pi} \int_{-\infty}^{\infty} f(t) \mathrm{e}^{-\mathrm{i}\omega t} \mathrm{d}t \tag{2-35}$$

由此可以将其代入傅里叶级数，将傅里叶级数写为复指数形式：

$$f(t) = \frac{1}{T} \sum_{n=-\infty}^{+\infty} \left[\int_{-\frac{T}{2}}^{\frac{T}{2}} f(t) \mathrm{e}^{-\mathrm{i}n\omega_0 t} \mathrm{d}t \right] \mathrm{e}^{\mathrm{i}n\omega_0 t} \tag{2-36}$$

$$f(t) = \sum_{n=0}^{+\infty} (a_n \cos\omega t + b_n \sin\omega t) = \sum_{n=0}^{+\infty} \left(a_n \frac{\mathrm{e}^{\mathrm{i}\omega t} + \mathrm{e}^{-\mathrm{i}\omega t}}{2} - \mathrm{i} b_n \frac{\mathrm{e}^{\mathrm{i}\omega t} - \mathrm{e}^{-\mathrm{i}\omega t}}{2} \right)$$

$$= \sum_{n=0}^{+\infty} \left[\left(\frac{a_n - \mathrm{i}b_n}{2} \mathrm{e}^{\mathrm{i}\omega t} + \frac{a_n + \mathrm{i}b_n}{2} \mathrm{e}^{-\mathrm{i}\omega t} \right) \frac{1}{\mathrm{d}\omega} \right] \mathrm{d}\omega$$

$$= \int_{0}^{+\infty} \frac{a_n - \mathrm{i}b_n}{2\mathrm{d}\omega} \mathrm{e}^{\mathrm{i}\omega t} \mathrm{d}\omega + \int_{-\infty}^{0} \frac{a_n - \mathrm{i}b_n}{2\mathrm{d}\omega} \mathrm{e}^{\mathrm{i}\omega t} \mathrm{d}\omega$$

$$= \int_{-\infty}^{\infty} \frac{a_n - \mathrm{i}b_n}{2\mathrm{d}\omega} \mathrm{e}^{\mathrm{i}\omega t} \mathrm{d}\omega = \frac{1}{2\pi} \int_{-\infty}^{\infty} \left[\int_{-\infty}^{\infty} f(t) \mathrm{e}^{-\mathrm{i}\omega t} \mathrm{d}t \right] \mathrm{e}^{\mathrm{i}\omega t} \mathrm{d}\omega$$

$$= \frac{1}{2\pi} \int_{-\infty}^{\infty} F(\omega) \mathrm{e}^{\mathrm{i}\omega t} \mathrm{d}\omega \Longleftrightarrow \frac{1}{2\pi} (F(\omega_1) \mathrm{e}^{\mathrm{i}\omega_1 t} +$$

$$F(\omega_2) \mathrm{e}^{\mathrm{i}\omega_2 t} + \cdots + F(\omega_k) \mathrm{e}^{\mathrm{i}\omega_k t}), \ \omega_k \in (-\infty, +\infty) \tag{2-37}$$

从上式中可以清楚地看到，将信号 $f(t)$ 分解为一系列不同频率的复指数信号 $\mathrm{e}^{\mathrm{i}\omega t}$ 的线性叠加，而 $F(\omega)$ 为各个复指数信号的系数，可以看做复指数空间中的坐标，实际上为 $f(t)$ 的频谱，该过程称为 $f(t)$ 的傅里叶变换，$\frac{1}{2\pi} \int_{-\infty}^{\infty} F(\omega) \mathrm{e}^{\mathrm{i}\omega t} \mathrm{d}\omega$ 称为傅里叶逆变换。傅里叶变换通常记为：

$$\mathscr{F}[f(t)] = F(\omega) = \int_{-\infty}^{\infty} f(t) \mathrm{e}^{-\mathrm{i}\omega t} \mathrm{d}t \tag{2-38}$$

$$\mathscr{F}^{-1}[F(\omega)] = f(t) = \frac{1}{2\pi} \int_{-\infty}^{\infty} F(\omega) \mathrm{e}^{\mathrm{i}\omega t} \mathrm{d}\omega \tag{2-39}$$

B 离散傅里叶变换

离散傅里叶变换（DFT，Discrete Fourier Fransform）与连续傅里叶变换相对应，式中的变量 t 变成整数 n，对于一个周期为正整数 N 的离散时间信号 $f[n]$ 的离散傅里叶变换（DFT）和傅里叶逆变换（IDFT，Inverse Discrete Fourier Transform）表达式为下式：

$$F[k] = \mathscr{F}[f[n]] = \sum_{n=0}^{N-1} f[n] \mathrm{e}^{-\mathrm{i}\frac{2\pi}{N}kn}, \quad 0 \leqslant k \leqslant N-1 \tag{2-40}$$

$$f[n] = \mathscr{F}^{-1}[F[k]] = \frac{1}{N} \sum_{k=0}^{N-1} F[k] \mathrm{e}^{\mathrm{i}\frac{2\pi}{N}kn}, \quad 0 \leqslant k \leqslant N-1 \tag{2-41}$$

式中的 k 相当于对信号进行复频域上的抽样，将 DFT 变换一下形式有：

$$\mathrm{e}^{-\mathrm{i}\frac{2\pi}{N}kn} = W_N^{kn} \Longrightarrow F[k] = \sum_{n=0}^{N-1} f[n] W_N^{kn}, \quad 0 \leqslant k \leqslant N-1 \tag{2-42}$$

这时可以写成矩阵形式为：

$$
\begin{pmatrix} F(0) \\ F(1) \\ F(2) \\ \vdots \\ F(N-1) \end{pmatrix} = \begin{pmatrix} W_N^0 & W_N^0 & W_N^0 & \cdots & W_N^0 \\ W_N^0 & W_N^1 & W_N^2 & \cdots & W_N^{N-1} \\ W_N^0 & W_N^2 & W_N^4 & \cdots & W_N^{2(N-1)} \\ \vdots & \vdots & \vdots & \ddots & \vdots \\ W_N^0 & W_N^{N-1} & W_N^{2(N-1)} & \cdots & W_N^{(N-1)(N-1)} \end{pmatrix} \begin{pmatrix} f(0) \\ f(1) \\ f(2) \\ \vdots \\ f(N-1) \end{pmatrix} \tag{2-43}
$$

虽然计算效率不够高，但式（2-43）的形式可以很容易计算离散傅里叶变换。1000 采样点时复数乘法百万次（N^2），加法百万次（$N-1$）^{2}。计算离散傅里叶变换的 Matlab 程序如下所示：

```
function Fk=dft (fn)
% 输入参数：fn 信号离散序列
% 输出参数：Fk 信号的离散傅里叶谱
N =length (fn);% 求信号序列长度
n =0 : N -1; k = n;
wn = exp (-1i * 2 * pi /N);
nk = n' * k;
wnnk = wn .^nk;% 计算系数矩阵
Fk = wnnk * fn';
end
```

C 希尔伯特变换

希尔伯特变换（Hilbert transform）[12]在声发射信号处理中很重要，能有效提取信号包络线，从而计算信号能量，并且能构造特征函数实现信号自动识别。与傅里叶变换一样，作希尔伯特变换的信号也必须满足 Lipschitz 条件。希尔伯特变换可以看作是将原实信号 $x(t)$ 与信号 $h(t) = 1/(\pi t)$ 做卷积。希尔伯特 $\mathcal{H}(t)$ 和逆希尔伯特 $\mathcal{H}^{-1}(t)$ 变换表达式如下所示：

$$
\begin{cases} \mathcal{H}(t) = \tilde{x}(t) = x(t) * h(t) = \int_{-\infty}^{+\infty} x(\tau)/(\pi(t-\tau)) \mathrm{d}\tau, \ x(t) \in L^2(\mathbb{R}) \\ \mathcal{H}^{-1}(t) = x(t) = -\int_{-\infty}^{+\infty} \tilde{x}(t-\tau)/(\pi\tau)\mathrm{d}\tau, \qquad\qquad x(t) \in L^2(\mathbb{R}) \end{cases} \tag{2-44}
$$

希尔伯特变换后的频谱可以通过傅里叶变换计算：

$$
\begin{cases} \mathcal{F}(\mathcal{H}(t)) = \mathcal{F}(x(t) * h(t)) = \mathcal{F}(x(t)) \mathcal{F}(h(t)) = -\mathrm{i} \cdot \mathrm{sgn}(\omega)X(\omega) \\ \mathcal{F}(x(t)) = X(\omega), \quad \mathcal{F}(h(t)) = \mathcal{F}(1/\pi t) = -\mathrm{i} \cdot \mathrm{sgn}(\omega) \\ \mathcal{F}(\mathcal{H}(t)) = -\mathrm{i}X(\omega), \ \omega > 0 \end{cases} \tag{2-45}
$$

式中　　$X(\omega)$ ——原信号频谱；

　　　　$\mathrm{sgn}(\cdot)$ ——符号函数。

由式可知，在考虑正频率时，对实信号 $x(t)$ 进行希尔伯特变换之后，其相位增加了 90°。声发射信号通常为监测信号，不存在复频率，因此为实信号。此时，可以以 $x(t)$ 作为虚部，$\tilde{x}(t)$ 作为虚部构造出解析信号：

$$\begin{cases} z(t) = x(t) + i\tilde{x}(t) \xrightarrow{\text{欧拉公式}} e^{i\varphi(t)} \\[2mm] A(t) = \sqrt{x^2(t) + \tilde{x}^2(t)} \\[2mm] \varphi(t) = \tan^{-1}\left(\dfrac{\tilde{x}(t)}{x(t)}\right) \end{cases} \tag{2-46}$$

式中 $A(t)$——复信号幅值，也可理解为原信号包络线；

$\varphi(t)$——信号相位。

2.1.3.2 信号卷积

卷积在信号处理中，是一个重要的概念，卷积公式和离散卷积和的表达式如式（2-47）~式（2-50）所示。信号和冲激信号的卷积为自己本身，与单位冲激响应的卷积为信号的系统响应。

$$y(t) = \int_{-\infty}^{+\infty} f(k)g(t-k)\mathrm{d}k = \int_{-\infty}^{+\infty} f(t-k)g(k)\mathrm{d}k \tag{2-47}$$

$$f(t) = \int_{-\infty}^{+\infty} f(k)\delta(t-k)\mathrm{d}k \tag{2-48}$$

$$x[n] = \sum_{k=-\infty}^{+\infty} x[k]\delta[n-k] \tag{2-49}$$

$$y[n] = \sum_{k=-\infty}^{+\infty} x[k]h[n-k] \tag{2-50}$$

卷积有一个十分重要的性质是其时域卷积特性：

$$\mathscr{F}[x*g] = \sum_{n=-\infty}^{+\infty}\left(\sum_{k=-\infty}^{+\infty} x[k]g[n-k]\right)e^{-jn\omega t} = \sum_{m=-\infty}^{+\infty} x[k]\sum_{n=-\infty}^{+\infty} g[n-k]e^{-jn\omega t}$$

$$\underline{m=n-k} \sum_{n=-\infty}^{+\infty} x[k]e^{-jn\omega t}\sum_{m=-\infty}^{+\infty} g[m]e^{-jm\omega t} = \mathscr{F}[x]\mathscr{F}[g] = X[\omega]G[\omega]$$

$$\tag{2-51}$$

式中，$x*g$ 为两个信号进行卷积运算；$X[\omega]$ 与 $G[\omega]$ 分别为信号 x 与信号 y 的频谱。因此可知，信号在时域上的卷积等价于其在频谱上的乘积，$x*g$ 得到的时域信号即为滤波之后的信号。这是数字滤波器的重要原理。

2.2 微震信号去噪与数字滤波器设计

声发射信号为复杂的岩石内部微破裂产生的波动信号，岩石并非完全弹性体，且环境噪声和表面反射均会使得声发射传感器接收到的信号中含有干扰信号，不便于信号分析，因此需要对声发射信号进行滤波处理。信号去噪是声发射数据处理的第一步。图 2-17 为一个典型的含噪声干扰的声发射波形，具有较大的信噪比（SNR，Signal-to-Noise Ratio）。书中所做的声发射试验采用 8 通道的单分量位移传感器，通过前文所述的傅里叶变换，可以得到信号频谱图，如图 2-18 所示。其中，在进行数据处理时只考虑正频率部分，即 1~

512kHz。由于信号进行傅里叶变换之后带有复频率，故需要进行取模。该室内声发射信号频谱中的主要成分为 1~400kHz。基于此，本节主要针对岩石声发射信号进行滤波器设计。

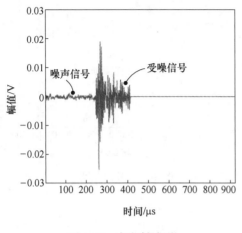

图 2-17　声发射波形　　　　　　　　图 2-18　声发射频谱

　　根据单位激冲响应的长度，可以将数字滤波器分为有限冲激响应（FIR，Finite Impulse Response）滤波器和无限冲激响应（IIR，Infinite Impulse Response）滤波器。从时域上滤波方法分类，主要有中值滤波、限幅滤波、滞后滤波、平均值滤波等。从频域上分类，可以将数字滤波器分为低通滤波器、高通滤波器、带通滤波器和阻带滤波器等。

2.2.1　时域滤波

　　中值滤波通过滑动窗口取中值，能较好地消除偶然因素引起的干扰，但是不适用于高频信号。限幅滤波则是本次幅值不能比上一次幅值高出设定阈值，否则取前一个幅值，以保证不会出现偶然的脉冲干扰，但声发射是高信噪比信号，显然不适合。滞后滤波会使信号相位滞后，且对参数取值有较大依赖性。相比来讲，平均滤波方法的最大缺点是计算量相对加大，不适合于实时滤波。本书为方便后续分析，对滤波方法的计算效率要求不高，主要关心滤波之后信号的质量，通过平均滤波可以在一定程度上消除随机噪声的干扰。

2.2.2　理想频域滤波

　　频域滤波即从信号频谱上来进行噪声滤除。通常情况下，噪声与微震信号在频率上有明显区别。噪声信号多为高频信号，因此通过带通或高通数字滤波可以有效消除噪声干扰。带通滤波器的性质为一定频率区间内波段可以通过，其他频率波段快速衰减。理想滤波器是频域滤波器中的一种，可以使频率在一定范围内的信号完全通过，在其他范围内完全衰减。其频响曲线为矩形窗函数，如图 2-19 所示为一个 150~400kHz 的带通理想滤波器的响应曲线。曲线中间为通带，两侧为阻带，阻带与通带之间为过渡带。理想滤波器过渡带为一条竖线，斜率为无穷大，通带与阻带之间缺乏平滑过渡。因此，使用带通滤波器滤波之后的信号出现频域截断（见图 2-20）。出现截断的后果是其时域信号会出现震荡，使得信号失真。

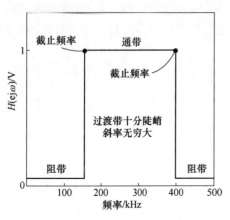

图 2-19 理想带通滤波器系统响应曲线

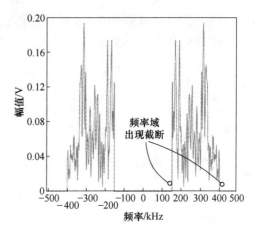

图 2-20 频谱截断

2.2.3 巴特沃斯 IIR 低通滤波器

为了避免出现频谱截断带来的信号震荡，应采用过渡带更加平滑的滤波器。切比雪夫滤波器的频率响应如图 2-21 所示，其频率响应与理想滤波器较为接近，具有陡峭的过渡带，阻带呈水平状。该滤波器的优点是可以有效滤除高频噪声，缺点是通带内不够平缓，存在一定程度的波动，使得通带内信号有失真。相比而言，巴特沃斯低通滤波器通带更加平坦（见图 2-22）。缺点为在相同滤波器阶数的情况下，巴特沃斯滤波器的过渡带相对较缓，使得信号在过渡带上有一定的失真。在进行声发射信号分析时，对信号波形要求较高，而对于计算效率需求不大。因此需要选用通带平缓的巴特沃斯滤波器，过渡带平缓程度可以通过适当提高滤波器阶数从而达到理想效果。

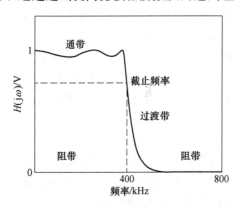

图 2-21 切比雪夫低通滤波器

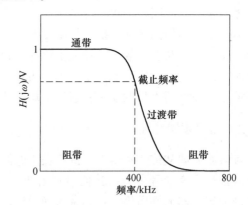

图 2-22 巴特沃斯低通滤波器

巴特沃斯 IIR 低通滤波器的幅度特性[5]可以表示为：

$$|H(j\omega)|^2 = \frac{1}{1 + (\omega/\omega_c)^{2N}}$$

(2-52)

式中　$|H(j\omega)|$——滤波器单位脉冲响应；

ω_c——幅值衰减为 $-3dB$ 时的频率；

N——滤波器阶数。

dB 是信号处理时使用的常用单位，当用于幅值时，其与伏特（V）间的量纲变换关系可以简单表示为 dB＝20lg(V/1mV)。－3dB≈0.7079V，可以理解为峰值为 1V 的频率为 ω_c 的输入电压经过滤波后衰减为 0.7079V。

室内试验表明，声发射有用信号主要集中在 0~400kHz[13-15]，不超过 500kHz。因此要求滤波器 ω_c 靠近 400kHz，到 500kHz 时幅值至少衰减至－20dB。阶数 N 过大会影响计算效率且会导致通带震荡，而太小则过渡带较长，达不到很好的滤波效果。通过对比选用 N＝12。不同阶数滤波器的响应曲线如图 2-23 所示。

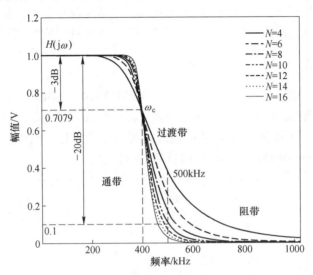

图 2-23　巴特沃斯低通滤波器激冲响应

滤波之后的信号频谱如图 2-24 所示。信号成分保持完整，频段外幅值快速衰减。频率为 0kHz 时为直流分量（DC，Direct Component），需要通过归零剔除，使信号中心轴对齐零点。图 2-25 为信号滤波后的时域波形，可以明显看出，滤波后噪声信号得到很好地抑制，信噪比明显提高。可见，利用巴特沃斯 IIR 低通滤波器进行去噪，可以有效地提高波形质量，达到很好的信噪分离效果，为之后的信息提取提供有力支撑。

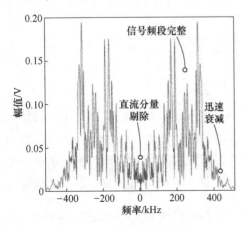

图 2-24　滤波后信号频谱

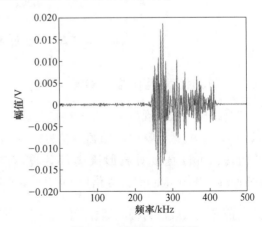

图 2-25　滤波后时域波形

2.3　微震信号到时自动拾取

信号到时有效拾取是声发射定位和矩张量分析的基础。由于信号数据量巨大，人工拾取效率很低，也较难取得很好的效果，因此，对信号的初至自动识别进行研究十分必要。目前信号初至识别的方法有许多，如阈值法、时间序列自回归模型法（AR-AIC）、长短时窗均值比法（STA/LTA）、分型分维法、神经网络法、卡尔曼滤波法、高阶统计法、极化分析法、相关法以及小波变换法等，均各有特点。本节仅就声发射分析中常用的四种方法方法展开讨论，包括包络线阈值法、STA/LTA 算法、AR-AIC 算法、耗散阻尼能法。

2.3.1　包络线阈值法

包络线阈值法一般用于到时初步提取。首先，利用式（2-44）和式（2-46）得到滤波后信号的包络线。将包络线归一化并设定阈值，以包络线第一次超出阈值作为信号的到达标志。其原理图如图 2-26 所示。通过对包络线的归一化，对于同样信噪比的信号，包络线阈值法能够使用同一阈值进行不同尺度信号到时拾取。

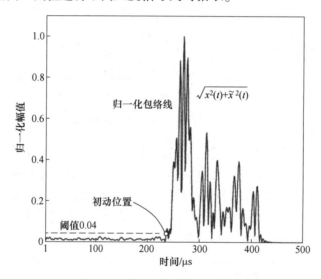

图 2-26　基于包络线的初动拾取

2.3.2　长短时窗均值比法（STA/LTA）

包络线阈值法实现简单、信号拾取效率高，但精度不高，对于信噪比变化大的情况适应性不足。针对低信噪比和低幅值信号，Trnkoczy[16]等提出 STA/LTA 法，该方法为一种动态方法，可以直接对波形流进行计算。该方法首先需要构建信号特征函数（CF，Characteristic Function）。此处借鉴 Liu 等[17]介绍的特征函数的构造方法，以希尔伯特变换构造的信号包络线作为特征函数。信号 $x[n]$ 通过 Hilbert 变换 $\tilde{x}[n]$ 构建其特征函数为：

$$CF = \sqrt{x[i]^2 + \tilde{x}[i]^2}, \ i = 1, \cdots, n \tag{2-53}$$

式中　　n——波形采样点数；

　　　　$\tilde{x}[i]$——第 i 个 Hilbert 变换值。

　　短时窗均值（STA）和长时窗均值（LTA）之比 Thr 定义为：

$$\text{Thr}[i] = \frac{\text{STA}[i]}{\text{LTA}[i]} = \frac{\displaystyle\sum_{j=i}^{i+N_{\text{STA}}-1} CF[j] \cdot \frac{1}{N_{\text{STA}}}}{\displaystyle\sum_{j=i+N_{\text{STA}}-N_{\text{LTA}}}^{i-1} CF[j] \cdot \frac{1}{N_{\text{LTA}}}} \qquad (2\text{-}54)$$

式中　　$CF[j]$——第 j 个特征函数值；

　　　　N_{STA}——短时窗长度；

　　　　N_{LTA}——长时窗长度。

　　当 P 波未到时，STA 与 LTA 均反应噪声均值，因此其比值接近 1。当有信号到达时，STA 相对 LTA 更加敏感，预先发生突变，导致 Thr 明显增大。当 Thr 超过预设阈值 Thr_0 时则视为有 P 波信号到达，随后 Thr 逐渐下降，当 S 波到达时，Thr 再次增大，第二次超过阈值。由此可根据 Thr 拾取 P 波 S 波到时与 P 波的初动振幅。声发射信号传播距离较短，P 波 S 波一般较难区分，此处选取类似的微震监测波形进行 STA/LTA 初动拾取，如图 2-27 所示。图中绿色框内为 LTA 序列，棕色框内为 STA 序列，选取 $N_{\text{STA}} = 20$，$N_{\text{LTA}} = 120$，P 波 S 波预设阈值分别为 2.5 与 2.0。不断沿时间轴滑动 LTA 和 STA 窗口并计算式（2-54），可以得到 Thr 变化曲线。以第一次超过阈值为识别标志，可以得到 P 波和 S 波到时。

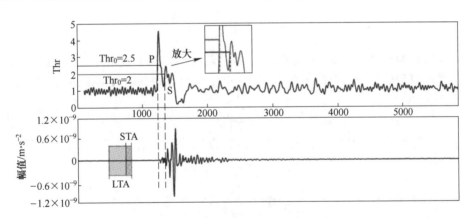

图 2-27　STA/LTA 初动拾取示意图
（扫描书前二维码看彩图）

2.3.3　时间序列自回归模型法（AR-AIC）

　　Akaike 将 AIC 准则运用到自回归（AR）模型中[18,19]，并发展成一种声发射初动拾取的有效方法[1,20-22]。该方法一般用于选定时窗区域内部信号的初动拾取，使用时必须保证所选时窗内存在到达信号。因此需要先使用包络线阈值法等方法对信号进行波形预处理，再对存在信号的区域进行加窗截取，最后完成进一步拾取。虽然 AR-AIC 法计算效率稍低，但相对于包络线阈值法与 STA/LTA 法，其不需要设定固定阈值，具有更高的拾取精度。

已知波形序列为 $x[t]$，其高斯分布概率密度函数为：

$$f(x; \mu, \sigma^2) = \frac{1}{\sqrt{2\pi\sigma^2}} \exp\left(-\frac{1}{2\sigma^2} (x[t] - \mu)^2\right) \tag{2-55}$$

由似然函数定义可知，构成序列的似然函数为：

$$L(\mu, \sigma^2) = \prod_{t=1}^{n} \frac{1}{\sqrt{2\pi\sigma^2}} \exp\left(-\frac{1}{2\sigma^2} (x[t] - \mu)^2\right)$$

$$= (2\pi\sigma^2)^{n/2} \exp\left(-\frac{1}{2\sigma^2} \sum_{t=1}^{n} (x[t] - \mu)^2\right) \tag{2-56}$$

AR 模型自回归的含义是"现在的输出是过去 M 个输出的加权和"，M 定义为回归模型阶数，信号自回归模型数学表达式为：

$$x_t = \sum_{m=1}^{M_i} a_m^i x[t - m] + e_t^i \tag{2-57}$$

因此需要求得自相关系数 a_m^i，其意义为 M_i 阶回归模型的第 m 个系数，$i = 1, 2$ 分别表示噪声窗和信号窗；e_t^i 为回归模型预测值之间的误差，其满足高斯分布，其均值 $\mu = 0$。以 4 阶为例，写成矩阵形式 $XA = x$ 为：

$$\begin{bmatrix} x_1 & x_2 & x_3 & x_4 & 1 \\ x_2 & x_3 & x_4 & x_5 & 1 \\ \vdots & \vdots & \vdots & \vdots & 1 \\ x_{t-4} & x_{t-3} & x_{t-2} & x_{t-1} & 1 \end{bmatrix} \begin{bmatrix} a_1^i \\ a_2^i \\ a_3^i \\ a_4^i \\ e^i \end{bmatrix} = \begin{bmatrix} x_5 \\ x_6 \\ \vdots \\ x_t \end{bmatrix} \tag{2-58}$$

式（2-58）为超定方程组，X 与 x 为已知矩阵，A 为待求系数矩阵。利用最小二乘法可分别求得噪声窗和信号窗的自回归系数 a_m^1 与 a_m^2。则可求得此时的误差回归模型为：

$$e_t^i = x[t] - \sum_{m=1}^{M_i} a_m^i x[t - m] \tag{2-59}$$

将序列以选定点分为两部分（$i = 1, 2$），分别为噪声段和信号段，其概率密度函数为：

$$f(x; 0, \sigma_i^2) = \frac{1}{\sqrt{2\pi\sigma_i^2}} \exp\left(-\frac{1}{2\sigma_i^2} \left(x_t - \sum_{m=1}^{M_i} a_m^i x[t - m]\right)^2\right) \tag{2-60}$$

可得误差的似然函数：

$$L(x; k, M, \Theta_i) = \prod_{i=1}^{2} \left((2\pi\sigma_i^2)^{n_i/2} \cdot \exp\left(-\frac{1}{2\sigma_i^2} \sum_{j=p_i}^{n_i} \left(x[j] - \sum_{m=1}^{M} a_m^i x[j - m]\right)^2\right)\right) \tag{2-61}$$

对似然函数取自然对数：

$$\ln L = \sum_{i=1}^{2} \left(\frac{n_i}{2} \ln\left(\frac{1}{2\pi\sigma_i^2}\right) - \frac{1}{2\sigma_i^2} \sum_{j=p_i}^{n_i} \left(x[j] - \sum_{m=1}^{M} a_m^i x[j - m]\right)^2\right)$$

$$= \sum_{i=1}^{2} \left(\frac{n_i}{2} \left(\ln\left(\frac{1}{2\pi}\right) - \ln\sigma_i^2\right) - \frac{1}{2\sigma_i^2} \sum_{j=p_i}^{n_i} \left(x[j] - \sum_{m=1}^{M} a_m^i x[j - m]\right)^2\right) \tag{2-62}$$

求方差 σ_i 的极大似然估计 $\left(\dfrac{\partial \sigma_1^2}{\partial \sigma_2^2} = \dfrac{\partial \sigma_2^2}{\partial \sigma_1^2} = 0 \right)$：

$$\frac{\partial}{\partial \sigma_i^2} \ln L = -\frac{n_i}{2(\sigma_i^2)} + \frac{1}{2(\sigma_i^2)^2} \sum_{j=p_i}^{n_i} \left(x_j - \sum_{m=1}^{M} a_m^i x[j-m] \right)^2 = 0$$

$$\sigma_{i,\max}^2 = \frac{1}{n_i} \sum_{j=p_i}^{n_i} \left(x_j - \sum_{m=1}^{M} a_m^i x[j-m] \right)^2 \tag{2-63}$$

利用换底公式将式（2-62）中自然对数替换为常用对数：

$$\lg L = \frac{n_1}{2} \left(\lg\left(\frac{1}{2\pi}\right) - \lg \sigma_1^2 \right) - \frac{1}{2\sigma_1^2} \sum_{j=p_1}^{n_1} \left(x[j] - \sum_{m=1}^{M} a_m^1 x[j-m] \right)^2 \lg e \ +$$

$$\frac{n_2}{2} \left(\lg\left(\frac{1}{2\pi}\right) - \lg \sigma_2^2 \right) - \frac{1}{2\sigma_2^2} \sum_{j=p_2}^{n_2} \left(x[j] - \sum_{m=1}^{M} a_m^2 x[j-m] \right)^2 \lg e$$

$$= \frac{n_1 + n_2}{2} \lg\left(\frac{1}{2\pi}\right) - \frac{n_1}{2} \lg \sigma_1^2 - \frac{n_2}{2} \lg \sigma_2^2 - \frac{\lg e}{2\sigma_1^2} n_1 \sigma_1^2 - \frac{\lg e}{2\sigma_2^2} n_2 \sigma_2^2$$

$$= \frac{n}{2} \lg\left(\frac{1}{2\pi}\right) - \frac{n_1}{2} \lg \sigma_1^2 - \frac{n_2}{2} \lg \sigma_2^2 - \frac{n}{2} \lg e$$

$$= -\frac{n_1}{2} \lg \sigma_1^2 - \frac{n_2}{2} \lg \sigma_2^2 - \frac{n}{2} (\lg 2\pi + \lg e)$$

$$\xrightarrow[n_2 = n-k]{n_1 = k} -\frac{k}{2} \lg \sigma_1^2 - \frac{n-k}{2} \lg \sigma_2^2 + C \tag{2-64}$$

式中，n 为总时窗长度，$n_1 = k$ 和 n_2 分别为噪声段和信号段长度，且有 $n_1 + n_2 = n$。此时，可以定义 AIC 为：

$$\text{AIC}(k) = k \lg \sigma_{1,\max}^2 + (n-k) \lg \sigma_{2,\max}^2 - 2C \tag{2-65}$$

通过取得噪声窗和信号窗误差方差最小值，则可使 AIC 达到最小。一般情况下，常数项 C 不会改变 AIC 分布规律，因此 AIC 的最终表达式为[23]式（2-65）。此时，AIC 的全局最小值即被认为是 P 波的到达时刻：

$$\text{AIC}(k_w) = k \lg(\text{var}(R_w(1, k_w))) + (n_w - k_w) \lg(\text{var}(R_w(k_w + 1, n_w))) \tag{2-66}$$

AR-AIC 初动拾取原理如图 2-28 所示。图中有颜色区域为用于计算 AIC 的长度为 n 的时窗，k_w 为噪声窗与信号窗的交界线。选择时间窗口 n 时，需要保证其内部存在信号到达点，因此需要先使用包络线阈值法进行判断。k_w 沿时间轴滑动，根据式（2-66）求得对应的 AIC 值，最终得到最值点作为信号到时。

2.3.4 耗散阻尼能法（P-phase Picker）

Erol Kalkan 基于信号阻尼能耗散原理提出了一种 P 波拾取方法，称为 P-phase Picker 变换[24]。该方法将波形信号描述为对应质点的振动，用单自由度（SDF, Single-Degree-

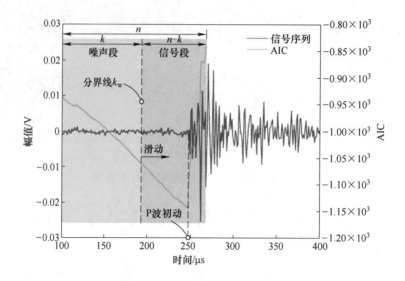

图 2-28 AR-AIC 初动拾取示意图

（扫描书前二维码看彩图）

of-Freedom）阻尼振荡器来模拟质点振动，追踪阻尼能的变化从而拾取 P 波初动。振荡器可以分为移动支座和固定支座的 SDF 振荡器，其数学模型如图 2-29（a）和（b）所示。将输入信号的相对能量通过振荡器转换为弹性应变能，再利用阻尼元件将其转化为阻尼能，通过分析阻尼能的变化进行 P 波自动拾取。本书采用固定支座 SDF 振荡器。

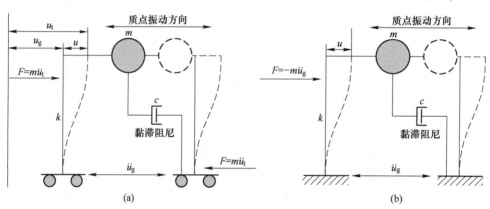

图 2-29 理想单自由度黏滞阻尼振荡器数学模型

（a）移动支座 SDF 振荡器；（b）固定支座 SDF 振荡器

对于两种不同的单自由度振荡器，可以列出力的平衡方程：

$$m\ddot{u}_t + c\dot{u} + ku = 0 \tag{2-67}$$

式中 m——质量；

　　　c——阻尼项；

　　　k——法相刚度；

　　　$\ddot{u}_t$——总位移 u_t 的二阶导数；

　　　u——相对位移，$u_t = u + u_g$，u_g 为地面位移。

对于固定支座单自由度振荡器，可以将式（2-67）改写为：

$$m\ddot{u} + c\dot{u} + ku = -m\ddot{u}_g \tag{2-68}$$

对等号两侧进行积分，可得：

$$\frac{1}{2}m\dot{u}^2 + \int c\dot{u}du + \int kudu = -\int_0^t m\ddot{u}_g du = -\int_0^t m\ddot{u}_g\dot{u}dt \tag{2-69}$$

式中　t——时间。

此时可将式（2-69）以不同的能量项的形式改写为：

$$E'_K + E_\zeta + E_S = E'_I \tag{2-70}$$

式中　E'_K——相对动能；

　　　E_ζ——阻尼能；

　　　E_S——应变能，它们的和为相对输入能量 E'_I。

其中，在固定支座阻尼单自由度振荡器中，阻尼能对时间的导数（阻尼能率）可以表示为：

$$\frac{dE_\zeta}{dt} = c\dot{u}du = c\dot{u}^2 = 2\zeta\omega_D\dot{u}^2 \tag{2-71}$$

式中　ζ——阻尼率；

　　　ω_D——角频率，定义为 $2\pi/T_D$，其中 T_D 是阻尼振动的自然周期。

T_D 与无阻尼振动的自然周期 T_n 的关系为：

$$T_D = T_n / \sqrt{1 - \zeta^2} \tag{2-72}$$

对于单位质量的固定支座振荡器，有 $k = m\omega_D^2$，$c = 2\zeta\omega_D$ 以及经验值 $T_n = 0.01\text{s}$，$\zeta = 0.6$。传感器接收信号可以分为位移信号 u_g，速度 $\dot{u}_g$ 信号以及加速度信号 $\ddot{u}_g$，不同种类信号之间可以通过对时域进行积分和微分进行转化。一般情况下，室内声发射试验使用位移传感器，现场声发射（微震）根据监测区域岩性好坏选用速度或加速度传感器。通过去除趋势线以及使用巴特沃斯滤波器滤波后，可以得到相对位移信号 u，通过式（2-69）可以计算得到各个能量分量。严格意义上讲，声发射序列的单位为伏特（V），需要知道传感器灵敏度才能得到真实质点位移序列。根据传感器测量的基本原理，被测参数与幅值必须呈线性关系，即：

$$u_V = K \cdot u \tag{2-73}$$

式中　u_V——位移信号序列，V；

　　　u——真实质点位移，m；

　　　K——灵敏度，m/V，是一个与传感器相关的常数。

此时式（2-68）仍然满足，且式（2-71）变为：

$$\frac{dE_\zeta}{dt} = 2K\zeta\omega_D\dot{u}^2 \tag{2-74}$$

K 不会影响阻尼能率的变化规律以及 P 波初动拾取，因此这里直接将 u_V 视为 u。声发射信号对时间求导可得质点速度序列，如图 2-30 所示。由于 P 波到时总是在波形峰值之前，因此可以将时窗的峰后部分截掉以减小计算量。

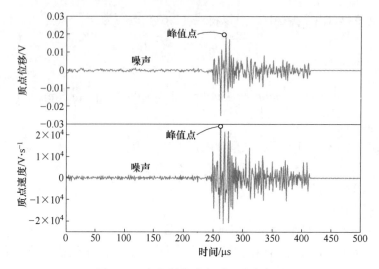

图 2-30 声发射位移序列和速度序列

当 P 波尚未到达时，阻尼能维持在一个较低水平，P 波达到后，阻尼能率上升，基于此原理对到时行提取，如图 2-31 所示。

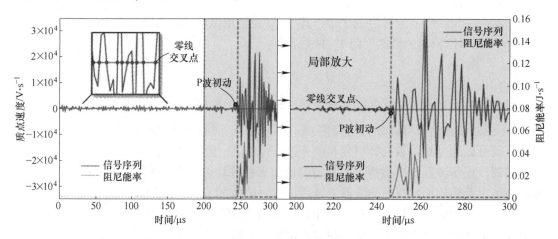

图 2-31 基于阻尼能率的 P 波拾取原理图
（扫描书前二维码看彩图）

在求解到时的过程中，应用直方图法[25]。直方图法求解到时的方法分步骤叙述如下。

（1）确定阻尼能率振幅范围，$y_R = y_{max} - y_{min}$，其中 y_{max} 与 y_{min} 分别为阻尼能率振幅的最大值和最小值。

（2）对于确定的直方图单元数 M，确定单元宽度 Δy，$\Delta y = y_R / M$，此处设为 100。

（3）将数据值分进直方图单元，确定出落在每个图元中非零点的个数，从而得到高位图元 i_{low} 和低位图元 i_{high}。

（4）将直方图分解为两个子直方图，其中满足 $i_{low} \leqslant i \leqslant 1/2(i_{high} - i_{low})$ 的为下直方图单元，满足 $i_{low} + 1/2(i_{high} - i_{low}) \leqslant i \leqslant i_{high}$ 的为上直方图单元。

（5）所有图元中 i 最小的非零图元代表 P 波初始震相，其图元中心值对应最低阻尼能率（图 2-31 中横向虚线），其与阻尼能率曲线第一个交点作垂线与原信号相交，该交点之前最近的零线交叉点对应时间点即为 P 波的准确到达时刻。

2.4 微震信号的时、频参数

2.4.1 微震信号时域参数

如图 2-32 所示，微震信号的主要时域参数如下。

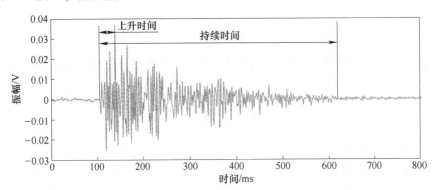

图 2-32　微震信号时域参数示意图

2.4.1.1　最大振幅

最大振幅为微震信号时域波形中的所有振幅的最大值。该参数通常与信号的能量成正相关关系。由于岩体破裂尺度、破裂过程、岩体性质的不同，在矿山采集到的微震信号最大振幅会跨越多个数量级。即使是同一个岩体破裂，不同位置处（距岩体破裂的距离及传感器相对岩体破裂的方位）以及不同类型（速度型或加速度型）的微震传感器接收到的微震信号最大振幅也会不同。诱发的对于同一个岩体破裂诱发的微震波中既包含 P 波又包含 S 波。对于张拉破裂诱发的微震信号，P 波携带的能量要高于 S 波，因此最大振幅出现于 P 波到达之后。对于剪切破裂诱发的微震信号，S 波携带的能量要高于 P 波，因此最大振幅出现于 S 波到达之后。

2.4.1.2　持续时间

持续时间是信号到达至信号结束的时间间隔，该参数能够从侧面反映出信号源（岩体破裂）、信号衰减及信号携带的能量特征，信号源激发信号的时长（岩体破裂过程耗时）越长、在传播介质中衰减较慢、能量较高的信号，其持续时间就越长，反之则持续时间越短。在铁矿等围岩较坚硬的岩体中采集到的微震信号一般持续时间在几百毫秒范围之内，而在煤矿等围岩相对较软的岩体中采集到的微震信号持续时间则会较长，有的甚至超过 5 秒钟。当然，对于岩爆、冲击地压等剧烈岩体破坏失稳现象诱发的微震信号对应的持续时间会更长。

2.4.1.3　上升时间

上升时间是信号到达至最大振幅之间的时间间隔。该参数能够从侧面反映出信号源类型及传播过程的复杂程度。一方面，剪切破裂诱发的微震信号能量主要储存于 S 波中，由于 S 波传播速度较 P 波慢，会导致主要能量（最大振幅）的到时比初至纵波的到时晚得多，造成上升时间的增加。而张拉破裂诱发的微震信号能量主要存储在纵波中，由于纵波传播速度较高，主要能量（最大振幅）到时就比较早，导致上升时间短于剪切破裂诱发的微震信号。另一方面，如果传播路径中存在大量能够引起微震波反射、折射、绕射的结构，则主要能量与直达 P 波间的时间间隔会增加，反之，则表示微震信号传播过程较为顺利和简单。

2.4.1.4　能量

微震信号的能量，源自微震信号中振幅的平方除以微震传感器阻抗在信号持续时间内的积分：

$$E = \sum_{k=0}^{N-1} \frac{X_k^2}{\Omega f_s} \tag{2-75}$$

式中　N——采样点总数；

$\quad\quad$ X_k——信号的振幅；

$\quad\quad$ Ω——传感器阻抗值；

$\quad\quad$ f_s——采样频率。

微震信号能量受到微震传感器与岩体破裂间距离、岩体破裂尺度、传播介质性质等因素的影响，微震传感器与岩体破裂间距离越近、岩体破裂尺度越大、传播介质对波的衰减效应越小，微震信号的能量就越大。反之，微震信号的能量就越小。

2.4.2　微震信号频域参数

将微震信号进行傅里叶变换就可将时域波形转换为频域波形（频谱），若微震传感器监测的是速度，则经过傅里叶变换得到的就是速度谱；若微震传感器监测的是位移，则经过傅里叶变换得到的就是位移谱。

如果微震信号的传播距离足够远，信号中的高频部分会出现明显衰减，而低频部分会因衰减程度低于高频部分得到相对充分的保留。此时，在微震信号的频谱图中，衰减明显的高频区域和衰减不明显的低频区域会出现明显的分界线，该界线对应的频率即为拐角频率（见图 2-33（a））。在通常的矿山微震监测过程中，由于微震传感器与破裂位置间的距离较短、微震传感器在低频带的响应曲线不平坦等现实原因，微震信号位移谱中低频部分的曲线并不是近水平的（见图 2-33（b））。

一般采用式（2-76）对微震信号中 P 波、S 波的位移谱进行拟合：

$$\Omega(f) = \frac{\Omega_0 e^{-\frac{\pi fR}{V_C Q}}}{\left[1 + \left(\frac{f}{f_0} \right)^{kq} \right]^{1/k}} \tag{2-76}$$

式中　Ω_0——低频位移谱幅值；

$\quad\quad$ f_0——拐角频率；

R——破裂位置与微震传感器间的距离；

V_C——P 波或 S 波波速（C=P 或 S）；

q——位移谱双对数坐标图中高频段的下降速率；

k——位移谱曲线中拐角形状的控制参数；

Q——岩体的品质因子。

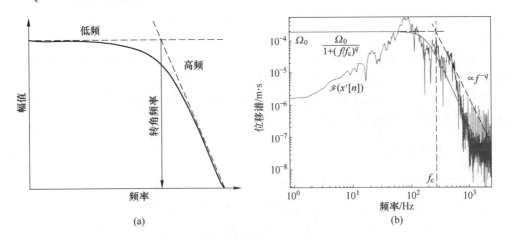

图 2-33 理论及实际情况下微震信号的远场位移谱及实际
（a）理论远场位移谱；（b）实际远场位移谱

利用式（2-76）及位移谱曲线，通过曲线拟合的方法可以分别获得拐角频率 f_0 及低频位移谱幅值 Ω_0。在矿山微震监测中破裂位置与微震传感器间的距离通常在 100m 之内，微震信号的主要频率在 500Hz 以下，波速大多在 3000~5000m/s，工程岩体的品质因子一般在 5~500，位移谱双对数坐标图中高频段的下降速率取 1 或者 2，位移谱曲线中拐角形状的控制参数一般取 1。

若设置 $R=0$，$k=1$，$q=2$，则位移谱拟合方式可简化为地震学中传统的 Brune 模型：

$$\Omega(f) = \frac{\Omega_0}{1 + \left(\dfrac{f}{f_0}\right)^2} \tag{2-77}$$

一些学者发现矿山工程岩体破坏前诱发的微震信号频率会出现降低的现象，对于这种前兆现象的产生机理，主要有以下两种解释：第一种，破裂尺度越大对应的频率范围越低。根据地震学理论，应用动力学或准动态模型，圆形裂纹的半径与拐角频率成反比。拐角频率越低，微震波的主要频率范围越低。而在岩体破坏孕育过程中会伴有破裂尺度的增加。因此，随着冲击地压或岩爆现象的临近，微震波会出现低频成分增加或主频降低的前兆现象。第二种，岩体破坏过程伴随对微震波衰减作用的增强。由于岩体的非均匀性，岩爆等地质灾害发生前必然经历裂纹数量和裂纹密度的增加。裂纹的大量出现导致区域内岩体对微震波的衰减作用增强，而高频部分较低频部分衰减快，间接造成微震波中低频成分增加的现象。在实际工程中，低频成分增加或主频降低很可能是以上两种机理共同作用的结果。

2.5 传感器阵列排布分析

虽然声发射已经被广泛应用，但是其传感器布置往往是根据经验判定[26]，国外已有一些定位精度和敏感度及其优化研究[27,28]，但相关文献相对较少。国内特别是声发射传感器排布涉及相对较少[29,30]。通常情况下，传感器应均匀分布在试件外围，由于空间定位算法的限制，要求其不能线性分布或放在同一平面，且岩石波速已知的情况下，常用的盖格定位算法要求传感器触发数不小于 4 个。因此还要求传感器合理排布使其能更大程度地接收到声发射信号，为声发射分析提供更丰富的数据信息。

本节主要对室内声发射标准圆柱体及方形试件的传感器分布阵列排布进行分析，分为系统定位误差及传感器敏感度分析。

2.5.1 误差空间估算

设声发射源为 $\boldsymbol{\xi} = (x, y, z)^{\mathrm{T}}$，传感器坐标为 $\boldsymbol{\xi}_i = (x_i, y_i, z_i)^{\mathrm{T}}$，$i = 1, \cdots, n$，$n$ 为传感器个数且 $n \geqslant 4$，则各个传感器触发时刻 t_i 可以描述为：

$$t_i = t_0 + T(\boldsymbol{\xi}, \boldsymbol{\xi}_i) + \epsilon_i \qquad (2\text{-}78)$$

式中　　t_0——事件发生时刻；

$T(\boldsymbol{\xi}, \boldsymbol{\xi}_i)$——射线走时；

　　ϵ_i——事件误差。

由此可以由式（2-78）得到：

$$\phi(\boldsymbol{\xi}, t_0) = \| t_i - t_0 - T(\boldsymbol{\xi}, \boldsymbol{\xi}_i) \|_2 \qquad (2\text{-}79)$$

通过式（2-79）中估算误差最小时的参数 t_0 与 $\boldsymbol{\xi}$，实现事件定位。当试验结果接近真实解时，通过 Taylor 公式展开得：

$$t_i = t_0 + \frac{\partial t_i}{\partial t}\Delta t + \frac{\partial t_i}{\partial x}\Delta x + \frac{\partial t_i}{\partial y}\Delta y + \frac{\partial t_i}{\partial z}\Delta z, \ i = 1, \cdots, n \qquad (2\text{-}80)$$

式中，$\dfrac{\partial t_i}{\partial t} = 1$，$\dfrac{\partial t_i}{\partial x} = \dfrac{x_i - x}{vR}$，$\dfrac{\partial t_i}{\partial y} = \dfrac{y_i - y}{vR}$，$\dfrac{\partial t_i}{\partial z} = \dfrac{z_i - z}{vR}$，$R$ 为传感器与定位点间距离。

将式（2-80）展开得到：

$$\begin{pmatrix} 1 & \partial t_1/\partial x & \partial t_1/\partial y & \partial t_1/\partial z \\ \vdots & \vdots & \vdots & \vdots \\ 1 & \partial t_n/\partial x & \partial t_n/\partial x & \partial t_n/\partial x \end{pmatrix} \begin{pmatrix} \Delta t \\ \Delta x \\ \Delta y \\ \Delta z \end{pmatrix} = \boldsymbol{A} \cdot \theta \qquad (2\text{-}81)$$

Kijko 等[31]通过矩阵 $\boldsymbol{A}$ 得到参数的协方差矩阵 $\boldsymbol{C}_\xi$，其与 $(\boldsymbol{A}^{\mathrm{T}}\boldsymbol{A})^{-1}$ 存在正比例关系，表示为：

$$\boldsymbol{C}_\xi \propto (\boldsymbol{A}^{\mathrm{T}}\boldsymbol{A})^{-1} \qquad (2\text{-}82)$$

$\boldsymbol{A}$ 为 $n \times 4$ 阶矩阵，则 $\boldsymbol{C}_\xi$ 为 4×4 阶对称矩阵，且有：

$$\mathrm{diag}(\boldsymbol{C}_\xi) \propto (\sigma_t^2, \sigma_x^2, \sigma_y^2, \sigma_z^2) \qquad (2\text{-}83)$$

式中，σ_t^2，σ_x^2，σ_y^2，σ_z^2 分别为 t，x，y，z 维度上的误差方差，且有：

$$\sigma_{xy} = [\sigma_x^2 \cdot \sigma_y^2 - (\sigma_x^2)^2]^{1/4} \tag{2-84}$$

σ_{xy} 为 x，y 方向上的方差，由于一般情况下大地坐标系以 x 为正北方向，y 为正东方向，z 为垂直地表指向地心方向，因此 σ_{xy} 可描述为不同层面上震中定位误差。

与此同时，C_ξ 的特征值可用于描述标准误差椭球体主轴及最大误差主方向。可通过优化声发射传感器排布，减小误差椭圆体积，得到最优解。同时考虑监测区域的重要程度作为权值，通过调整权值以适应实际需要，其数学表示为：

$$obj = \min\left(\sum_{i=1}^k p_i \lambda_{t_0}(h_i)\lambda_x(h_i)\lambda_y(h_i)\lambda_z(h_i)\right) \tag{2-85}$$

式中　k——事件总数；

　　　p_i——第 i 个声发射点权值；

　　　h_i——第 i 个声发射点参数；

　　　λ——对应特征值。

将监测空间离散化为三维网格，计算各网格点上的定位误差，则得到误差空间，通过对比不同布置方案得到监测空间标准误差椭球体总和最小方案，以试验中使用的标准圆柱试件（70mm×140mm）为例，其原理如图 2-34 所示。

传感器呈轴对称排布，试件上下分别放置 4 个传感器，且分别距离试件上下两端 20mm，沿 z 方向间距 100mm，这里按照逆时针顺序将上下两层传感器命名为 1~4 和 5~8，结果呈现出沿 $z=70$mm 平面的轴对称性，其沿 x，y，z，xy 方向定位及事件发生时间 t_0 估算的标准差云图如图 2-35 所示。

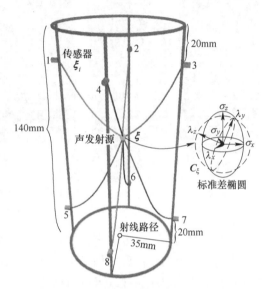

图 2-34　系统定位误差

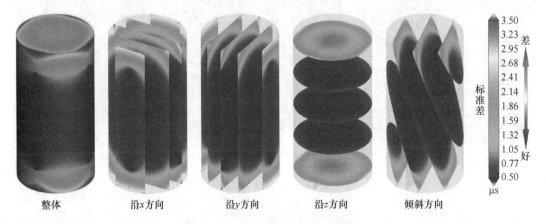

图 2-35　发震时间标准差差分布
（扫描书前二维码看彩图）

声发射事件发生时间计算误差为 0.5s 至 3.5s，上下两层传感器之间形成类似椭球体区域，其间 t_0 误差为 0.5~0.8s，试件两端边缘区域误差较大，为 2~3.5s，向靠近圆柱中心轴方向逐渐减小至 1.05s。

如图 2-36 所示，沿 x 方向误差呈现出方向性，x 方向上越接近轴心，误差越小，为 0.5mm，至传感器 1，5，3，7 处逐渐增大至 3mm，同时，z 方向上看，靠近传感器平面处误差相对较小，向中间及试件上下端逐渐增大，以 1、3 上部，5、7 下部最大，达到 11mm，靠近圆柱中部为 1~2mm，误差最小区域为上下两层传感器覆盖区域，及 $z = 20$mm 与 $z = 120$mm 层面，为 0.1~1.1mm。

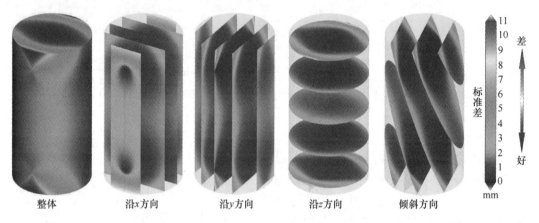

图 2-36 x 方向标准差
（扫描书前二维码看彩图）

如图 2-37 所示，y 方向定位误差 σ_y 与上述 σ_x 规律相似，呈现出明显方向性。两者均在圆柱侧表面上的定位误差相对离轴心较近处偏大，因此发生在试件侧表面上破坏点的定位容易发生不稳定从而导致定位结果更易位于试件外部。

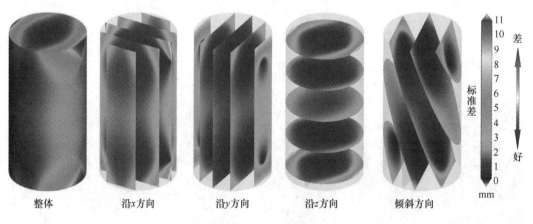

图 2-37 y 方向标准差
（扫描书前二维码看彩图）

从图 2-38 中可知，σ_z 与 σ_t 分布规律相似，其在地震学上通常用于描述震源深度精度，传感器包裹区域内误差较小，区域外部至圆柱两端逐渐增大，至端部边缘达到 10.6mm，因此试件上下端部处发生的微裂隙定位容易超出试件两侧。

从图 2-39 可知，xy 平面上误差 σ_{xy} 分布较为不均匀，在地震学上用于常用于描述震源

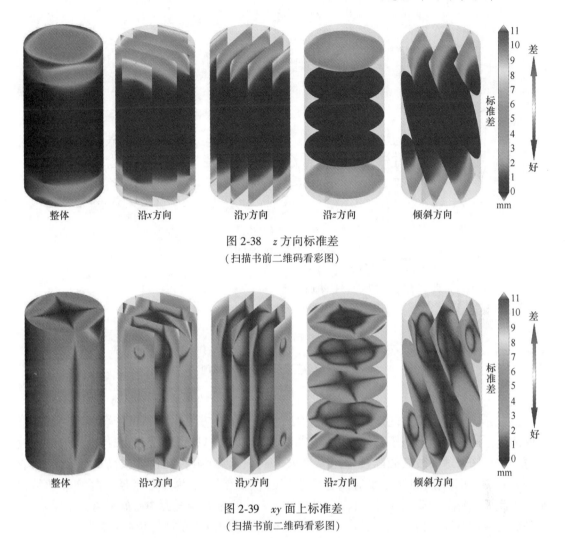

图 2-38　z 方向标准差

（扫描书前二维码看彩图）

图 2-39　xy 面上标准差

（扫描书前二维码看彩图）

方位（经纬度）误差，从整体上看，距离圆柱轴心处越近，误差越小，为 0.1~2mm，往试件侧面方向误差逐渐增大为 3.2~10.6mm。

2.5.2　系统敏感度估算

众所周知，Geiger 算法定位需要不少于 4 个触感器同时触发。因此，声源需要足够大的辐射能量使得尽量多的传感器的接收波形幅值超过门槛值。基于此思想，可以对系统区域敏感度进行估算，其原理如图 2-40 所示。

如图 2-40 所示将试件理想为均匀弹性体，则其内部任意场源 ξ，将其视为点源，其震源力学机制对辐射场有较大影响，具有较大的随机性，为了简便此处忽略源的力学特性，认为其辐射场波阵面为球体，各方向具有相同地辐射特性。源 ξ 与任一传感器 ξ_i 之间距离为 R，方向为 l，传感器朝向为 n，由波动特性可知，P 波振动方向与射线路径传播路径的切线方向一致，S 波方向传播反向垂直，由于试件为均匀介质，不考虑射线折射弯曲，因此 l 也为 P 波振动方向，S 波振动方向在 S 波平面圆盘内，在圆盘内部任意方向均有可

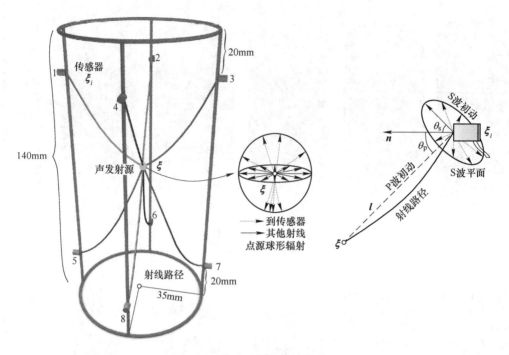

图 2-40 传感器敏感度计算原理

能，这里进行相应简化，只考虑 n 在圆盘上投影方向 s 上的 S 波。

波在介质中传播会出现衰减，分为振幅几何衰减及能量耗散，耗散能会转换为其他形式的能量，此处不考虑介质黏性等因素带来的能量损失，只考虑几何衰减。由球形波的波动方程解可知，球面波振幅随传播距离呈 R^{-1} 衰减，因此振幅几何衰减满足 $A = A_0 \cdot r_0 / (R + r_0)$，$A$ 为距离震源 R 处幅值，也可视作波传播距离，r_0 为震源半径，由于 r_0 通常很小，因此可以将上式简化为 $A = A_0 \cdot r_0 / R$，$R \geqslant r_0$，此时 R 为震源中心处距离传感器距离。此处假设声发射源半径 r_0 为1mm，即可得到声发射源附近 l 方向上点的振幅为：

$$A_0 = 1000AR, \qquad R \geqslant r_0 \tag{2-86}$$

声发射传感器通常为单分量位移传感器。根据传感器原理，其输出电压 V 与监测点位移 A 之间必须满足 $A = aV + b$，其中 a，b 是与传感器相关的常数，因此，可将幅值等同于测点位移，使用幅值来进行分析，有 $V_0 = 1000VR$，V_0 为源幅值。对于单分量传感器而言，只能接收传感器方向 n 上的波动信号，n 与 P 波方向 l 夹角为 $\pi - \theta_p$，与 S 波振动平面夹角为 θ_s，因此需要对幅值进行修正。

当射线不区分横纵波时，不考虑入射角度，即：

$$V_0 = 1000VR \tag{2-87}$$

当射线为 P 波时则：

$$V_0 = 1000VR / \cos(\pi - \theta_p) = -1000VR / \cos\theta_p \tag{2-88}$$

当射线为 S 波时则：

$$V_0 = 1000VR / \cos(\pi - \theta_s) = -1000VR / \cos\theta_s \tag{2-89}$$

声发射传感器触发一般需要设定门槛值（或阈值），幅值绝对值高于门槛值才能被拾取，不少于 4 个传感器幅值超过门槛值才可以被用于定位。设门槛值为 T，其量纲为 V（也可为 dB，其与幅值的换算关系为 $dB = 20lg(V/1\mu V)$）。

此时可以得到试件内任意声发射源 ξ 触发传感器所需的源幅值为：

$$V_{0i} = \begin{cases} 1000TR_i \\ -1000TR_i/\cos\theta_p \qquad i = 1, \cdots, n \\ -1000TR_i/\cos\theta_s \end{cases} \tag{2-90}$$

式中　V_{0i} ——触发第 i 个传感器 ξ_i 所需源幅值；

　　　R_i ——声发射事件 ξ 与各传感器 ξ_i 之间距离；

　　　n ——传感器个数。

从式（2-90）可以得到的源幅值按数值升序排列，则 4 传感器定位的敏感度为第 4 个数值，即同时触发 4 个传感器所需最小源幅值，将其倒数作为敏感度 S_t，记为：

$$S_t = V_0^{-1} \tag{2-91}$$

其值越大，表示越容易产生声发射事件，该位置附近微破裂监测更灵敏，反之同理，通过遍历所有网格点，可得到系统敏感度空间分布。

对于上述传感器布置方式，设门槛值为 40db，震源半径 r_0 为 1mm，声发射事件最少传感器个数为 4，得到系统敏感度如图 2-41 所示。

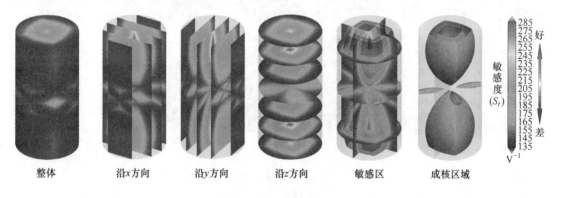

| 整体 | 沿 x 方向 | 沿 y 方向 | 沿 z 方向 | 敏感区 | 成核区域 |

图 2-41　不考虑入射角度

（扫描书前二维码看彩图）

系统敏感区域为图中两个红色"枣核"状区域，为 $250 \sim 285V^{-1}$，其次在圆柱沿 z 轴中心处存在十字状敏感区。除此处外，其他区域总体上从试件中心轴沿径向逐渐减小至 $135V^{-1}$。系统敏感区域聚集成核，包含了前 80% 的（$170 \sim 185V^{-1}$）敏感区，该区域内相对于核外区域更容易监测到声发射事件。

考虑到声发射源力学特性，对于纯膨胀源或塌缩源，会产生大量 P 波信号，呈球面形式扩散。对理论幅值进行修正之后可以得到 P 波源信号敏感度，从图 2-42 可以看到，其分布规律与不考虑入射角度时云图的分布规律相似，也形成枣核状敏感区，数值为 $220 \sim 276V^{-1}$，但十字状区域不明显，且成核区域沿径向逐渐呈近似球形，该区域内相对更容易监测到塌缩和拉伸破坏，圆柱侧面敏感度为 $38 \sim 160V^{-1}$，且沿 z 轴传感器连线（红色虚线）上最不敏感，为 $38V^{-1}$。

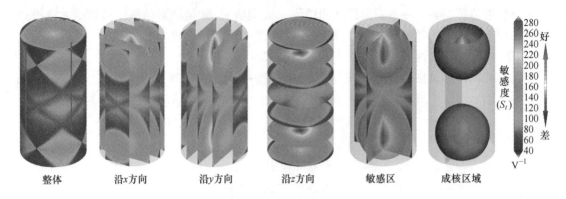

图 2-42 P 波敏感度
（扫描书前二维码看彩图）

同理，系统对于 S 波的敏感度如图 2-43 所示，其敏感区域主要集中在 z 轴方向中心（$z = 70mm$）处，数值为 $120 \sim 168V^{-1}$，包含了前 55% 的敏感区。该区域内相对更容易监测到剪切成分较高的破坏，整体上看，系统敏感度从中心处向试件上下两端逐渐减小到 $78V^{-1}$。

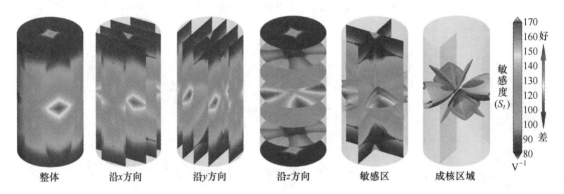

图 2-43 S 波敏感度
（扫描书前二维码看彩图）

从上述分析可看到，系统敏感度呈现出较强的分布规律，其与传感器排布密切相关。云图中敏感度较高区域，更易监测到声发射事件，从而造成试验中该区域内声发射事件相对较多，可能会导致数据分析时得到该区域较其他区域微破裂产生更剧烈的结论。此时，一种可行的消除该误差的方法是将源幅值（S_t^{-1}）低于 V_{small} 的事件删除，即源幅值高于 V_{small} 的声发射源位于系统空间中的大部分位置都能被定位，V_{small} 可由式（2-92）进行计算：

$$V_{small} = \alpha\left(\max(V_0) - \min(V_0)\right) + \min(V_0), \quad \alpha = [0, 1] \tag{2-92}$$

式中，$\max(V_0)$ 与 $\min(V_0)$ 分别为所有网格点中最大，最小源幅值；α 为保守系数，当其值为 1 时不进行修正，取 0 时则监测区域所有区域事件敏感度相同，其值均为 $\min(V_0)^{-1}$。

在运用 P 波初动法进行震源机制分析时，需要至少触发 6 个传感器，才能求解矩张量

6 个未知分量，得到震源力学模型。此时系统敏感度会发生较大变化，如图 2-44 所示。

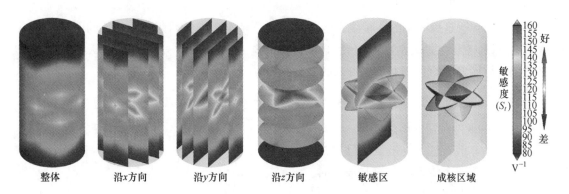

图 2-44　不考虑入射角度

（扫描书前二维码看彩图）

相对于触发数为 4 时，系统敏感区向试件中部偏移，呈现出玫瑰形放射状，其敏感度范围为 140~157V⁻¹，占 25%，试件端部敏感度最低，为 78V⁻¹，如图 2-45 所示。

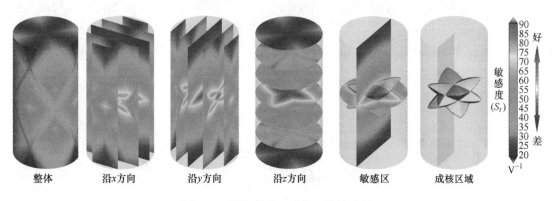

图 2-45　触发数为 4 时的 P 波敏感度

（扫描书前二维码看彩图）

P 波敏感区域与上述规律基本相似，其成核区域敏感度为 72~90V⁻¹，占 29%，该区域内产生的声发射事件更易满足震源机制反演要求。

2.6　微震事件定位算法

震源定位是研究岩石破裂裂纹扩展的基础，也是声发射、微震研究中最经典的课题之一。准确的事件定位，可以为之后的数据分析提供重要支撑。为了提高定位精度，研究人员提出了大量的定位方法，包括直接算法、相对算法、智能算法等。直接算法包括最小二乘法、盖格算法、单纯形法；相对定位法包括主事件定位法、双差定位法；智能算法包括粒子群法、模拟退火法、遗传算法等。定位算法各有优缺点，本节简要介绍几种常用的定位算法。

2.6.1 最小二乘法

最小二乘法是最简单的一种线性定位算法，计算速度快且不存在不收敛的问题，但精度不高。设 $(x_i, y_i, z_i)^{\mathrm{T}}$ 为 i 个传感器的位置矢量，$(x, y, z)^{\mathrm{T}}$ 为震源位置矢量，以待定事件位置与传感器的空间关系，可以联立得到方程组：

$$[(x_i - x)^2 + (y_i - y)^2 + (z_i - z)^2]^{1/2} = v_{\mathrm{p}}(t_i - t) \tag{2-93}$$

式中 i——事件触发的传感器号；

　　　v_{p}——P 波波速，一般设为已知常数；

　　　t_i——第 i 个传感器上的 P 波到时；

　　　t——事件发生时刻。

未知参数为震源位置矢量及发生时间。通过求解该方程组，可以实现事件定位，当 $i > 4$ 时，上式为超定方程组，利用最小二乘法求得最优解。

2.6.2 盖格算法

盖格算法是地震学中最常用的定位算法之一[32]。该算法首先需要确定迭代初值，如果该初值选取不当可能导致迭代结果发散。大多数情况下，迭代初值选择为传感器阵列的几何中心点。如果以最小二乘法定位结果作为迭代初值，可以加快迭代收敛速度，提高定位效率。利用泰勒公式将基本式（2-93）线性化，得到：

$$t_{oi} = t_{ci} + \frac{\partial t_i}{\partial x}\Delta x + \frac{\partial t_i}{\partial y}\Delta y + \frac{\partial t_i}{\partial z}\Delta z + \frac{\partial t_i}{\partial t}\Delta t$$

$$= t_{ci} + \frac{x_i - x}{v_{\mathrm{p}}R}\Delta x + \frac{y_i - y}{v_{\mathrm{p}}R}\Delta y + \frac{z_i - z}{v_{\mathrm{p}}R}\Delta z + \Delta t$$

$$R = [(x_i - x)^2 + (y_i - y)^2 + (z_i - z)^2]^{1/2} \tag{2-94}$$

式中，t_{oi} 和 t_{ci} 分别表示波从震源处传播到第 i 个传感器的观测到时和理论到时，此时对 n 个被触发的传感器进行联立，可以将式（2-94）改写为：

$$A\Delta\boldsymbol{\theta} = \boldsymbol{B} \tag{2-95}$$

其中
$$\boldsymbol{A} = \begin{pmatrix} \dfrac{\partial t_1}{\partial x} & \dfrac{\partial t_2}{\partial x} & \dfrac{\partial t_3}{\partial x} & 1 \\ \dfrac{\partial t_2}{\partial x} & \dfrac{\partial t_2}{\partial x} & \dfrac{\partial t_2}{\partial x} & 1 \\ \vdots & \vdots & \vdots & \vdots \\ \dfrac{\partial t_n}{\partial x} & \dfrac{\partial t_n}{\partial x} & \dfrac{\partial t_n}{\partial x} & 1 \end{pmatrix}, \quad \Delta\boldsymbol{\theta} = \begin{pmatrix} \Delta x \\ \Delta y \\ \Delta z \\ \Delta t \end{pmatrix}, \quad \boldsymbol{B} = \begin{pmatrix} t_{o1} - t_{c1} \\ t_{o2} - t_{c2} \\ \vdots \\ t_{on} - t_{cn} \end{pmatrix}$$

此时，可以通过最小二乘法求解震源位置修正矢量 $\Delta\boldsymbol{\theta}$：

$$\Delta\boldsymbol{\theta} = (\boldsymbol{A}^{\mathrm{T}}\boldsymbol{A})^{-1}\boldsymbol{A}^{\mathrm{T}}\boldsymbol{B} \tag{2-96}$$

式中　T——矩阵转置；

　　−1——求逆。

新的震源位置变更为 $\boldsymbol{\theta}_{\text{new}} = \boldsymbol{\theta} + \Delta\boldsymbol{\theta}$。重复式（2-94）~式（2-96）进行迭代，直到 $\Delta\boldsymbol{\theta}$ 足够小，满足收敛条件为止，此时得到的位置矢量为 $\boldsymbol{\theta}$ 即为最终事件位置。

2.6.3　主事件定位法

主事件定位法为相对定位方法[33]，每个事件定位仅相对于一个主事件。该方法要求主事件的震源矢量和发生时间具有较高的精确度，之后计算一群事件相对于主事件的位置，因此定位结果高度依赖于该主事件。此外，该方法还要求其他事件与主事件具有相关性，必须满足待定事件与主事件距离远小于两者到传感器之间的距离。声发射主事件的准确发生时间和精确位置一般情况下很难确定，且试样尺寸较小，不一定能满足上述距离约束关系，因此在一定程度上限制了主事件定位法在声发射、微震领域中的应用。设 $\boldsymbol{\xi}_j = (x_j,\ y_j,\ z_j,\ t_j)^{\text{T}}$ 为待定的声发射事件位置矢量，$\boldsymbol{\xi}_m = (x_m,\ y_m,\ z_m,\ t_m)^{\text{T}}$ 为主事件位置矢量，对于传感器 i 有：

$$f_i(x_j,\ y_j,\ z_j,\ t_j) = (t_{ij} - t_j - t_{im} + t_m)v_p - (R_{ij} - R_{im}) = 0 \tag{2-97}$$

式中　i——传感器号；

　　j——事件号；

　　t_{ij}——待定事件 j 在传感器 i 中的 P 波到时；

　t_j，t_m——分别为 i 事件和主事件的发生时刻；

　　R_{ij}——事件 j 到传感器 i 的空间距离。

将式（2-97）写成主事件相对位置形式为：

$$f_i(x_j,\ y_j,\ z_j,\ t_j) = f_i(t_m + \Delta t,\ x_m + \Delta x,\ y_m + \Delta y,\ z_m + \Delta z) \tag{2-98}$$

$\Delta\boldsymbol{\xi} = (\Delta x,\ \Delta y,\ \Delta z,\ \Delta t)^{\text{T}}$ 为待定事件的相对位置矢量。如果待定事件与主事件位置相近，即有 $R_{ij} = R_{im}$，可以将式（2-98）在主事件处作泰勒展开：

$$f_i(\boldsymbol{\xi}_j) = f_i(\boldsymbol{\xi}_m + \Delta\boldsymbol{\xi})$$

$$= f_i(\boldsymbol{\xi}_m) + \frac{\partial f_i(\boldsymbol{\xi}_m)}{\partial x}\Delta x + \frac{\partial f_i(\boldsymbol{\xi}_m)}{\partial y}\Delta y + \frac{\partial f_i(\boldsymbol{\xi}_m)}{\partial z}\Delta z + \frac{\partial f_i(\boldsymbol{\xi}_m)}{\partial t}\Delta t = 0 \tag{2-99}$$

联立多个传感器可以将式（2-99）改写为矩阵形式为[34]：

$$\begin{pmatrix} \dfrac{\partial f_1(\boldsymbol{\xi}_m)}{\partial x} & \dfrac{\partial f_1(\boldsymbol{\xi}_m)}{\partial y} & \dfrac{\partial f_1(\boldsymbol{\xi}_m)}{\partial z} & \dfrac{\partial f_1(\boldsymbol{\xi}_m)}{\partial t} \\[2mm] \dfrac{\partial f_2(\boldsymbol{\xi}_m)}{\partial x} & \dfrac{\partial f_2(\boldsymbol{\xi}_m)}{\partial y} & \dfrac{\partial f_2(\boldsymbol{\xi}_m)}{\partial z} & \dfrac{\partial f_2(\boldsymbol{\xi}_m)}{\partial t} \\[2mm] \vdots & \vdots & \vdots & \vdots \\[2mm] \dfrac{\partial f_n(\boldsymbol{\xi}_m)}{\partial x} & \dfrac{\partial f_n(\boldsymbol{\xi}_m)}{\partial y} & \dfrac{\partial f_n(\boldsymbol{\xi}_m)}{\partial z} & \dfrac{\partial f_n(\boldsymbol{\xi}_m)}{\partial t} \end{pmatrix} \begin{pmatrix} \Delta x \\ \Delta y \\ \Delta z \\ \Delta t \end{pmatrix} = \begin{pmatrix} f_1(\boldsymbol{\xi}_m) \\ f_2(\boldsymbol{\xi}_m) \\ \vdots \\ f_n(\boldsymbol{\xi}_m) \end{pmatrix} \tag{2-100}$$

式中，$\dfrac{\partial f_i(\boldsymbol{\xi}_m)}{\partial x_i} = \dfrac{x_i - x_m}{(t_{im} - t_m)v_p^2}$，$\dfrac{\partial f_i(\boldsymbol{\xi}_m)}{\partial t} = 1$，$f_i(\boldsymbol{\xi}_m) = t_{im} - t_m$，$x_i$ 位传感器对应坐标分量。

当 $n > 4$ 时即使用最小二乘法进行求解，最终事件的位置矢量为 $\boldsymbol{\xi}_j = \boldsymbol{\xi}_m + \Delta\boldsymbol{\xi}$，当 $n \gg 4$ 时，式（2-100）容易出现病态，可以使用奇异值分解法（SVD）进行求解[35]。

2.6.4 双差定位法

双差定位也是一种相对定位方法[36]，是对主事件定位法的一种改进，其定位精度高，空间跨度较大，用事件对代替主事件，适合于事件群之间的定位。这里"双差"代表地震中两个事件的走时观测值与理论值的残差。双差定位法需要事先用其他定位方法得到初始的事件位置矢量，然后才能进行双差修正，且孤立的事件无法进行修正。其原理如图 2-46 所示。

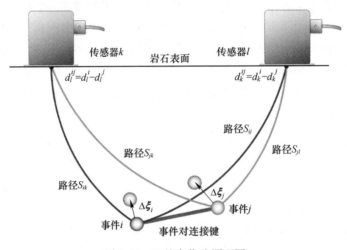

图 2-46 双差定位法原理图

将波传播看作一条条从震源 i 发射出的射线，射线从震源处传达至传感器 k 的走时方程可以表示为：

$$T_k^i = t^i + \int_i^k u\,\mathrm{d}s \tag{2-101}$$

式中 T_k^i ——传感器 k 中的到时；

　　t^i ——事件发生时刻；

　　u ——慢度场；

　　s ——从 i 到 k 的传播路径。

慢度为速度的倒数，$\mathrm{d}s$ 为路径上的微分单元，因此 $u\mathrm{d}s$ 可以理解为射线在各个小分段上所需要的传播时间，对其沿传播路径线性积分即为射线走时。同一事件源到传感器不可能精确地同时满足式（2-101），因此定位结果必然存在残差 r_k^i，即：

$$r_k^i = t^{\mathrm{obs}} - t^{\mathrm{cal}} = (T_k^i - t^i) - \int_i^k u\,\mathrm{d}s \neq 0 \tag{2-102}$$

式中 t^{obs} ——观测走时；

　　t^{cal} ——计算走时。

同盖格算法式（2-94）一样，可以将其进行泰勒展开得到：

$$\frac{\partial t_k^i}{\partial\boldsymbol{\xi}}\Delta\boldsymbol{\xi}^i = r_k^i \tag{2-103}$$

式中　$\Delta\boldsymbol{\xi}^i$ ——震源矢量修正量，$\Delta\boldsymbol{\xi}^i = (\Delta x^i,\ \Delta y^i,\ \Delta z^i,\ \Delta t^i)$。

如果有一个与事件 i 相近的事件 j，将两个事件的残差做差，可得到事件对的双残差 dr_k^{ij}，也即双差：

$$\begin{cases} \dfrac{\partial t_k^{ij}}{\partial \boldsymbol{\xi}} \Delta\boldsymbol{\xi}^{ij} = dr_k^{ij} \\[3mm] dr_k^{ij} = r_k^i - r_k^j = (t_k^i - t_k^j)^{\text{obs}} - (t_k^i - t_k^j)^{\text{cal}} \end{cases} \tag{2-104}$$

如果两个事件距离相对较近，可以将慢度场是均匀的，有固定值 $1/v_{\text{p}}$。进一步将式（2-104）改写成双修正的形式：

$$\frac{\partial t_k^i}{\partial \boldsymbol{\xi}} \Delta\boldsymbol{\xi}^i - \frac{\partial t_k^j}{\partial \boldsymbol{\xi}} \Delta\boldsymbol{\xi}^j = dr_k^{ij} \tag{2-105}$$

其展开形式为：

$$\begin{aligned} dr_k^{ij} = {} & \frac{\partial t_k^i}{\partial x} \Delta x^i + \frac{\partial t_k^i}{\partial y} \Delta y^i + \frac{\partial t_k^i}{\partial z} \Delta z^i + \Delta t^i - \frac{\partial t_k^i}{\partial x} \Delta x^i - \frac{\partial t_k^i}{\partial y} \Delta y^i - \frac{\partial t_k^i}{\partial z} \Delta z^i - \Delta t^i \\[2mm] = {} & \frac{x_i - x_k}{v_{\text{p}} R_{ik}} \Delta x^i + \frac{y_i - y_k}{v_{\text{p}} R_{ik}} \Delta y^i + \frac{z_i - z_k}{v_{\text{p}} R_{ik}} \Delta z^i + \Delta t^i - \frac{x_j - x_k}{v_{\text{p}} R_{jk}} \Delta x^j - \frac{y_j - y_k}{v_{\text{p}} R_{jk}} \Delta y^j - \frac{z_j - z_k}{v_{\text{p}} R_{jk}} \Delta z^j - \Delta t^j \end{aligned} \tag{2-106}$$

式中　R——震源距。

通过求解可以同时得到 $\Delta\boldsymbol{\xi}^i$ 和 $\Delta\boldsymbol{\xi}^j$ 两个修正矢量，从而每个地震对可以同时更新两个事件坐标。式（2-106）矩阵形式：

$$\boldsymbol{WGm} = \boldsymbol{Wd} \tag{2-107}$$

式中　$\boldsymbol{W}$ ——对角矩阵，代表各个事件对的权重；

　　　$\boldsymbol{G}$ ——$M \times 4N$ 的矩阵；

　　　M——双差值个数；

　　　N——事件总数；

　　　$\boldsymbol{d}$ ——存放双差的向量；

　　　$\boldsymbol{m}$ ——存放修正矢量的向量。

从式（2-107）可知，每个事件对需要求解的未知数为 8 个，因此要求两个事件同时触发的传感器数至少为 8 个才能进行求解。

当事件数和传感器数较多时，$\boldsymbol{G}$ 为稀疏矩阵，其每行只有 8 个非零数，为了使其求解更加稳定，将其每列除以每列对应的 2-范数进行归一化，使得求解更加稳定。并且规定一个事件的事件对个数必须大于阈值，阈值的选定一般通过试错法。另外一个求解该矩阵的方法是对其加入阻尼系数 λ，即变为求解式（2-108）：

$$\boldsymbol{W} \begin{bmatrix} \boldsymbol{G} \\ \lambda\boldsymbol{I} \end{bmatrix} \boldsymbol{m} = \boldsymbol{W} \begin{bmatrix} \boldsymbol{d} \\ 0 \end{bmatrix} \tag{2-108}$$

对于式（2-107）有最小二乘解：

$$\hat{\boldsymbol{m}} = (\boldsymbol{G}^{\text{T}} \boldsymbol{W}^{-1} \boldsymbol{G})^{-1} \boldsymbol{G}^{\text{T}} \boldsymbol{W}^{-1} \boldsymbol{d} \tag{2-109}$$

当时事件数较大，事件对较多时，一般采用 LSQR 方法进行大型稀疏矩阵求解[37]，求解的收敛条件为：

$$\left\| W \begin{bmatrix} G \\ \lambda I \end{bmatrix} m - W \begin{bmatrix} d \\ 0 \end{bmatrix} \right\|_2 = 0 \tag{2-110}$$

求解得到 m 后，即得到各个事件的修正矢量，从而更新事件坐标，再重进计算 G 和 d，重复操作实现迭代。迭代的终止条件为残差的均方根值小于一定阈值，或者迭代步数大于一定值。在迭代过程中，需要同时改变权值矩阵 W，使得连接较好的事件对保持迭代，连接条件不好的事件对会迅速被忽略。权值的更新可以用下式表示。

$$W_i = \max^2 \left(0, \ 1 - \left(\dfrac{\mathrm{d}r_i}{\alpha \dfrac{\mathbf{dr}_{\mathrm{MAD}}}{\sigma_{\mathrm{MAD}}}} \right)^2 \right) \tag{2-111}$$

式中　max——取大值；

α——事件对的滤除因子，取值一般为 3~6；

σ_{MAD}——高斯噪声的绝对中位差，$\sigma_{\mathrm{MAD}} = 0.67449$[38]；

$\mathbf{dr}_{\mathrm{MAD}}$——各事件对残差的绝对中位差（MAD，Median Absolute Deviation），$\mathbf{dr}_{\mathrm{MAD}} = \mathrm{med}(\,|\,\mathrm{d}r_i - \mathrm{med}(\mathbf{dr})\,|\,)$，med 为取中位数，$\mathbf{dr}$ 表示所有事件对的残差向量。

权值也可以通过事件对两个事件间的距离计算：

$$W_i = \max^b \left[0, \ 1 - \left(\dfrac{s_i}{c} \right)^a \right] \tag{2-112}$$

式中　s_i——事件对距离；

c——距离阈值，s_i 接近 c 时，阈值逐渐变为 0；

a, b——控制权值变化曲线的形状参数，一般通过经验获取。

地震学上常用的双差定位程序为 Felix Waldhauser[39] 在 2001 年发布的基于 Fortran77 平台开发的开源 Fortran 程序库，程序以地震台网及地震台记录作为输入数据，与声发射和微震监测数据格式存在较大差别，对于地震位置使用经纬度进行描述，不注重深度方向的定位。本节基于 Matlab 平台对双差定位算法进行了实现，双差定位计算过程如图 2-47 所示。

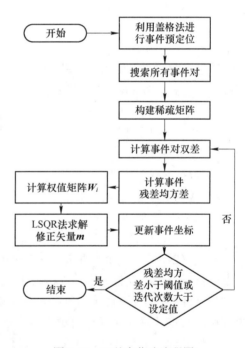

图 2-47　双差定位法流程图

2.6.5　定位效果的试验对比

本节利用声发射试验，对各定位算法定位精度进行测试，以得到最佳的定位效果，为后续的数据分析提供保障。

2.6.5.1　试验过程

选用断铅试验进行算法验证，试验设备包括 TAW-3000 微机控制电液伺服压力机及

PCI-Ⅱ型声发射监测系统。声发射监测系统由8个中频谐振微型Nano30传感器、8个前置放大器、PCI-Ⅱ主机、采集卡及AEwin声发射采集与分析软件构成。声发射监测系统参数设置如下：前置增益，40dB；模拟滤波，100kHz~3MHz；采样频率，5MHz；采样长度，8k；预触发，2048；门槛值，45dB。

岩石试件为边长100mm的立方体花岗岩，岩石试件均匀致密，无明显缺陷，如图2-48所示。声发射系统的8个传感器布置方式如图2-49所示，用胶皮带固定至岩石表面并以凡士林为耦合剂增加传感器及岩石表面的耦合效果，自检声学特性幅值均能达到80（最大100）以上，耦合效果较好。在岩石顶端均匀划分网格，确定出16处断铅位置，试件顶部红色点为断铅位置。选用市场常用0.5mm、HB硬度铅芯，每次断铅铅芯伸长量为2.5mm，保证铅芯与试件表面夹角为30°，为消除偶然误差，在每个断铅位置进行5次断铅。

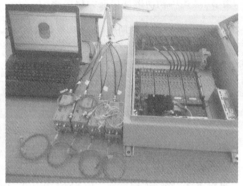

图 2-48　压力机及声发射监测系统

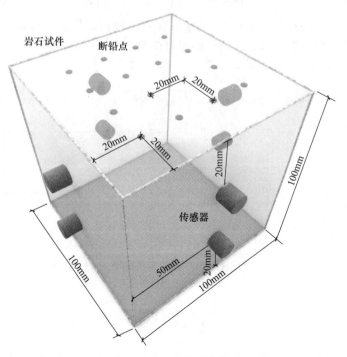

图 2-49　断铅定位对比试验

2.6.5.2 到时提取结果

为比较到时提取算法的优劣，利用长短时均值比方法、时间序列自回归模型法、耗散阻尼能法分别对断铅试验获取的 1000 个波形进行处理，考查各算法的计算速度与计算精度，将各算法计算得到 P 波到时与人工拾取结果进行对比得到误差，同时记录各算法计算耗时（CPU 时间），计算耗时可一定程度上反应算法的复杂程度，定量的衡量算法的计算速度。如表 2-1 所示，耗散阻尼能法的计算精度与时间序列自回归模型法基本相当，但计算速度比时间序列自回归模型法较快。长短时均值比法的计算速度最快，但计算精度较低。综合考虑计算速度与计算精度的要求，采用耗散阻尼能法对声发射波形进行 P 波到时拾取。

表 2-1　多种初动提取算法计算结果

结　　果	长短时均值比法	时间序列自回归模型法	耗散阻尼能法
平均误差/μs	4.22	1.59	1.54
计算耗时/s	56.2	279.0	115.4

2.6.5.3 定位结果

利用断铅实验进行定位算法绝对误差对比。先采用耗散阻尼能法获取的 P 波到时，再分别使用最小二乘定位算法、盖格定位算法和双差定位算法进行声发射源定位。获取定位结果与定位误差如图 2-50 所示，定位点颜色表示绝对误差。

最小二乘法所有定位点的平均误差为 11.06mm，盖格定位算法平均误差为 6.33mm，双差定位算法的平均误差为 5.41mm，其中双差算法修正之后的精度最高，且使得同一断铅位置的定位结果变得更加集中，是一种相对较好的定位算法。

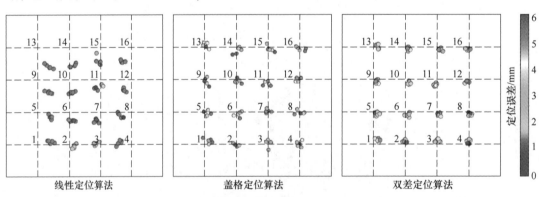

图 2-50　断铅定位结果

(扫描书前二维码看彩图)

参 考 文 献

[1] GROSSE C U, OHTSU M. Acoustic emission testing [M]. Springer Science & Business Media, 2008.

［2］ STANDARD B. ASTM E976-00 ［S］. Standard guide for determining the reproducibility of acoustic emission sensor response.

［3］ 秦四清，李造鼎. 岩石声发射的损伤模式及其在地震研究中的初步应用 ［J］. 中国地震，1993（1）：56-61.

［4］ OPPENHEIM A V, SCHAFER R W, BUCK J R. Discrete-Time Signal Processing（2nd Edition）（Prentice-Hall Signal Processing Series）［M］. 1999.

［5］ MITRA S K. Digital Signal Processing：A Computer-Based Approach ［M］. McGraw-Hill Higher Education，2005.

［6］ NYQUIST H. Certain topics in telegraph transmission theory ［J］. Proceedings of the IEEE，1928，90（2）：280-305.

［7］ 何满潮，赵菲，张昱，等. 瞬时应变型岩爆模拟试验中花岗岩主频特征演化规律分析 ［J］. 岩土力学，2015（1）：1-8，33.

［8］ 江志红. 深入浅出数字信号处理 ［M］. 北京：北京航空航天大学出版社，2012.

［9］ 孙国霞，郭予瑾，高俊. 信号与线性系统分析 ［M］. 济南：山东大学出版社，2007.

［10］ 刘明才. 小波分析及其应用 ［M］. 北京：清华大学出版社，2013.

［11］ 郑君里，应启珩，杨为理. 信号与系统 ［M］. 2版. 北京：高等教育出版社，2000.

［12］ SCHWARTZ L. Théorie des Distributions ［M］. Hermann，1950.

［13］ HE M C, MIAO J L, FENG J L. Rock burst process of limestone and its acoustic emission characteristics under true-triaxial unloading conditions. Int J Rock Mech Min，2010，47（2）：286-298.

［14］ 张艳博，梁鹏，刘祥鑫，等. 基于声发射信号主频和熵值的岩石破裂前兆试验研究 ［J］. 岩石力学与工程学报，2015（s1）：2959-2967.

［15］ 李楠，王恩元，赵恩来，等. 岩石循环加载和分级加载损伤破坏声发射实验研究 ［J］. 煤炭学报，2010，35（7）：1099-1103.

［16］ TRNKOCZY A. Understanding and parameter setting of STA/LTA trigger algorithm，2002.

［17］ LIU H, ZHANG J Z. STA/LTA algorithm analysis and improvement of microseismic signal automatic detection ［J］. Progress in Geophysics，2014（4）：1708-1714.

［18］ AKAIKE H. Markovian representation of stochastic processes and its application to the analysis of autoregressive moving average processes ［J］. Annals of the Institute of Statistical Mathematics，1974，26（1）：363-387.

［19］ KITAGAWA G, AKAIKE H. A procedure for the modeling of non-stationary time series ［J］. Annals of the Institute of Statistical Mathematics，1978，30（1）：351-363.

［20］ 王晓伟，刘占生，窦唯. 基于 AR 模型的声发射信号到达时间自动识别 ［J］. 振动与冲击，2009，28（11）：79-83.

［21］ ZHANG H J, THURBER C, ROWE C. Automatic P-wave arrival detection and picking with multiscale wavelet analysis for single-component recordings ［J］. Bulletin of the Seismological Society of America，2003，93（5）：1904-1912.

［22］ SLEEMAN R, ECK T V. Robust automatic P-phase picking：an on-line implementation in the analysis of broadband seismogram recordings ［J］. Physics of the Earth & Planetary Interiors，1999，113（1/2/3/4）：265-275.

［23］ MAEDA N. A method for reading and checking phase times in autoprocessing system of seismic data ［J］. Zisin，1985，38：365-380.

［24］ KALKAN E. An automatic P-phase arrival-time picker ［J］. Bulletin of the Seismological Society of America，2016，106（3）：971-986.

[25] PAULTER N C, LARSON D R, BLAIR J J. The IEEE standard on transitions, pulses, and related waveforms Std-181-2003 [J]. IEEE Translations on Instrumentation and Measurement, 2004, 53 (4): 1209-1217.

[26] 陈资南. 冬瓜山铜矿微震监测系统扩展与矿震研究 [D]. 长沙：中南大学, 2014.

[27] MENDECKI A J. Seismic Monitoring in Mines [M]. London：CHAPMAN&HALL, 1997.

[28] KIJKO A, SCIOCATTI M. Optimal spatial distribution of seismic stations in mines [J]. International Journal of Rock Mechanics & Mining Sciences & Geomechanics Abstracts, 1995, 32 (6): 607-615.

[29] 唐礼忠, 杨承祥, 潘长良. 大规模深井开采微震监测系统站网布置优化 [J]. 岩石力学与工程学报, 2006, 25 (10): 2036-2042.

[30] 李庶林, 尹贤刚, 郑文达, 等. 凡口铅锌矿多通道微震监测系统及其应用研究 [J]. 岩石力学与工程学报, 2005 (12): 2048-2053.

[31] KIJKO A. An algorithm for the optimum distribution of a regional seismic network—I [J]. Pure and Applied Geophysics, 1977, 115 (4): 999-1009.

[32] GEIGER L. Probability method for the determination of earthquake epicenters from the arrival time only (translated from Geiger's 1910 German article) [J]. Bulletin of St. Louis University, 1912, 8 (1): 56-71.

[33] 胡新亮, 马胜利, 高景春, 等. 相对定位方法在非完整岩体声发射定位中的应用 [J]. 岩石力学与工程学报, 2004, 23 (2): 277-283.

[34] 马秀芳. 用相对定位法测定 1973 年安徽霍山震群的震源位置 [J]. 地震研究, 1982 (1): 101-115.

[35] LIESEN J, MEHRMANN V. The Singular Value Decomposition [M]. Springer International Publishing, 2015.

[36] WALDHAUSER F, ELLSWORTH W L. A Double-Difference Earthquake Location Algorithm：Method and Application to the Northern Hayward Fault, California [J]. Bulletin of the Seismological Society of America, 2000, 90 (90): 1353-1368.

[37] PAIGE C C, SAUNDERS M A. LSQR：Sparse Linear Equations and Least Squares Problems [M]. ACM, 1982.

[38] MOSTELLER F, TUKEY J W. Data analysis and regression：a second course in statistics [J]. Addison-Wesley Series in Behavioral Science：Quantitative Methods, 1977, 30 (12): 422-424.

[39] WALDHAUSER F. HypoDD—A program to compute double-difference hypocenter locations (hypoDD version 1.0-03/2001) [M]. Center for Integrated Data Analytics Wisconsin Science Center, 2001.

3 基于微震监测的岩体破裂机制分析理论与方法

3.1 岩石破裂源矩张量理论

通过将破裂源等效为 9 个力矩组成的实对称二阶张量 $\boldsymbol{M}$，可以很好地描述多种形式震源的力学特性，对岩石失稳破坏过程和机理研究具有重要意义。目前已有一些学者将矩张量应用于工程岩体破裂类型分析，得到了较好的成果。但要使该方法在工程上广泛应用，还需要更多探索。

破裂源的力学特性可以由矩张量进行数学化表示，二阶矩张量具有 9 个分量，如图 3-1 所示。矩张量每个分量代表了一个力矩，由于震源符合等效力、角动量守恒定律，因此同应力张量一样，矩张量也具有对称性，其 9 个分量中只有 6 个独立分量，即 $M_{ij} = M_{ji}$。矩张量 M_{ij} 中第一个下标 i 表示力的方向，第二个下标 j 表示作用点所在的轴线。

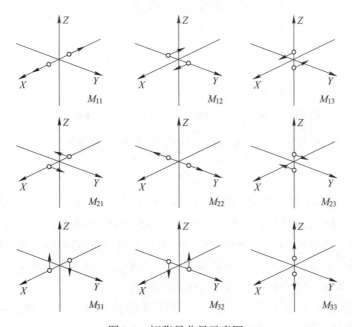

图 3-1　矩张量分量示意图

室内试验中的矩张量反演一般采用 Ohtsu 基于混凝土提出的相对矩张量反演方法。由震源 $\boldsymbol{M}$ 引发的声发射波理论位移场可以表示成[1]：

$$
\begin{aligned}
u_i(\boldsymbol{x},\ t) &= G_{ip,q}(\boldsymbol{x},\ \boldsymbol{y},\ t) \cdot S(t) C_{pqij} n_j l_i \Delta V \\
&= G_{ip,q}(\boldsymbol{x},\ \boldsymbol{y},\ t) \cdot S(t) M_{pq}
\end{aligned}
\tag{3-1}
$$

式中 x —— 接收点位置；

           y —— 震源点位置；

        C_{pqij} —— 弹性力学常数，$C_{pqij} = \lambda \delta_{pq}\delta_{kl} + \mu \delta_{pk}\delta_{ql} + \mu \delta_{pl}\delta_{qk}$ ；

          n —— 震源法向；

          l —— 错动方向；

        ΔV —— 破裂体积；

$G_{ip,q}(x, y, t)$ —— 格林函数（Green's function）的空间导数；

        $S(t)$ —— 震源时间函数。

    这是 AE 波形理论分析时的基本公式。格林函数 G_{ij} 表示作用方向为 j 的单位激冲震源在观测点处引起的 i 方向上的位移。如 G_{12} 表示单位点力作用在震源处 y 方向上，引起的 x 方向的位移。而 $G_{ip,q}$ 表示的是 G_{ij} 的空间偏导，其意义之后会对其进行解释。通过格林函数法求解偏微分方程是一种方便的方法[2]。假设有波动方程的源函数 $f(x)$，波动方程的微分算子 L 和需要得到的位移场 u，可以得到：

$$f(x) = Lu \tag{3-2}$$

    很多物理学问题的偏微分方程都可以化为式（3-2）的简单形式。当在 s 点处有一单位冲激源 $\delta(x - s)$，产生的位移场为 u_0，可以得到：

$$\delta(x - s) = Lu_0 \tag{3-3}$$

根据狄拉克函数的抽样性质，可以将 $f(x)$ 改写为：

$$f(x) = \int \delta(x - s)f(s)\,\mathrm{d}s \tag{3-4}$$

此时对式（3-3）进行积分有：

$$\int \delta(x - s)f(s)\,\mathrm{d}s = f(x) = \int Lu_0 f(s)\,\mathrm{d}s = L\int u_0 f(s)\,\mathrm{d}s \Rightarrow f(x) = L\int u_0 f(s)\,\mathrm{d}s \tag{3-5}$$

将式（3-2）代入式（3-5），可以消去线性微分算子，得到：

$$u = \int u_0 f(s)\,\mathrm{d}s \tag{3-6}$$

    由式（3-6）可知，当单位冲激源 $\delta(x - s)$ 产生的位移场 u_0 已知时，则可以得到任意源 $f(s)$ 产生的位移场。此时将 u_0 改写为 $G(x, s)$，称作格林函数，其意义为 s 点处单位冲激源 $\delta(x - s)$ 在空间中任意点 x 处产生的波场。对于复杂的源场，可以根据点源叠加原理对源分布区域进行积分，从而得到更加复杂的波场。此时，求解微分方程式（3-2）的问题，可以转化为求解适合该方程的格林函数的问题。

    Lame 通过求解波动方程式（3-7），得到了无限空间中，坐标原点沿 j 方向的点力 $F_0(t)$ 引起的空间位移场理论解析式（3-8）。

$$\rho \ddot{u} = f + (\lambda + 2\mu)\nabla(\nabla \cdot u) - \mu \nabla \times (\nabla \times u) \tag{3-7}$$

式中 f —— 体力项；

    $\nabla(\nabla \cdot u)$ —— 散度场；

$\nabla \times (\nabla \times u)$ —— 旋度场。

$$u_i(x, t) = G_{ij}(x, y, t) \cdot F_0(t)$$

$$= \frac{1}{4\pi\rho}(3r_ir_j - \delta_{ij}) \frac{1}{R^3} \int_{R/v_p}^{R/v_s} \tau F_0(\tau - t) d\tau + \frac{1}{4\pi\rho v_p^2} r_ir_j \frac{1}{R} F_0\left(t - \frac{R}{v_p}\right) -$$

$$\frac{1}{4\pi\rho v_s^2}(r_ir_j - \delta_{ij}) \frac{1}{R} F_0\left(\mathbf{r} - \frac{R}{v_s}\right) \tag{3-8}$$

式中　$\mathbf{r}$——受力点与观测点之间的方向余弦向量;

　　　τ——卷积变量;

　　　δ_{ij}——狄拉克函数。

由于力的加载时刻距离波传播到观测点 $\mathbf{y}$ 有一定时差,式中的 $t - R/v_p$ 与 $t - R/v_s$ 实际表示的是 P 波和 S 波传播的推迟效应(推迟势)。

位移场可以看做多个场的叠加,因此将式(3-8)进一步划分为远场位移和近场位移。其中,近场项位移场为:

$$u_i^N(\mathbf{x}, t) = \frac{1}{4\pi\rho}(3r_ir_j - \delta_{ij}) \frac{1}{R^3} \int_{R/v_p}^{R/v_s} \tau F_0(\tau - t) d\tau \tag{3-9}$$

近场项又叫 Laplace 波,衰减很快,衰减速度为 R^{-3}。其散度和旋度均不为 0,是位移场为 P 波和 S 波共同作用的结果,很难将其分解为纯无散场或纯无旋场。远场中,P 波和 S 波位移场分别为:

$$u_i^P(\mathbf{x}, t) = \frac{1}{4\pi\rho v_p^3} r_ir_j \frac{1}{R} F_0\left(t - \frac{R}{v_p}\right) \tag{3-10}$$

$$u_i^S(\mathbf{x}, t) = \frac{1}{4\pi\rho v_s^3}(\delta_{ij} - r_ir_j) \frac{1}{R} F_0\left(\mathbf{r} - \frac{R}{v_s}\right) \tag{3-11}$$

P 波和 S 波振幅的衰减效应由式中的 R^{-1} 表达,介质为完全弹性,没有考虑能量耗散。由于假设为无限空间,因此在求解式(3-7)时并未加入面波项。

震源矩张量是在震源处的力矩表示,所以与点源震源有所区别。实际上,力矩可以看作是两个大小相同,方向相反的力作用在源点,且两者作用点相距一定距离。此时,力偶的格林函数可以用格林函数 $G_{ij}(\mathbf{x}, \mathbf{y}, t)$ 的偏导数 $G_{ip, q}(\mathbf{x}, \mathbf{y}, t)$ 来表示。令震源 $\mathbf{y}$ 处有力偶,作用力为 F_p 与 $-F_p$,作用间隔 l_q,则力偶为 $M_{pq} = \Delta l_q F_p$。F_p 与 $-F_p$ 的格林函数可以表示为 G_{ip}。值得注意的是,此处符号小标 n,p,q 用于区分方向,取值 1,2,3 分别表示 x,y,z 方向,这是张量分析的常用手段。此时,该力偶产生的空间位移场可以表示为:

$$u_i(\mathbf{x}, t) = F_p \cdot G_{ip}(\mathbf{x}, \mathbf{y} + l_q, t) - F_p \cdot G_{ip}(\mathbf{x}, \mathbf{y}_q, t)$$

$$= F_p \cdot \left(l_q \frac{\partial G_{ip}}{\partial \xi_q}\right) = F_p l_q \cdot \frac{\partial G_{ip}}{\partial \xi_q} \xrightarrow[F_p l_q \to M_{pq}]{l_q \to 0, \ F_p \to \infty} M_{pq} \cdot G_{ip, q} \tag{3-12}$$

式中,$\partial G_{ip} / \partial \xi_q = G_{ip}(\mathbf{x}, \mathbf{y} + l_q, t) - G_{ip}(\mathbf{x}, \mathbf{y}_q, t)$ 可以看做 G_{ip} 沿 q 方向上的增量,当震源为点源时,有 $l_q \to 0$,为了保证力矩 $F_p l_q$ 为有限,有 $F_p \to \infty$,其力矩用 M_{pq} 表示。此时对式(3-12)进行简化,将震源时间函数 $S(t)$ 假设为阶跃函数 $H(t)$。经过远场近似(震源距离 R 远大于震源区域半径 L 或声发射信号波长远大于 L),只考虑 P 波初动振幅,此时式(3-12)中的时间项可以去掉,改写为:

$$u_i(\mathbf{x}) = G_{ip, q}(\mathbf{x}, \mathbf{y}) \cdot M_{pq} \tag{3-13}$$

结合式(3-8)与式(3-13),可以得到震源处产生的移场:

$$u_i(\boldsymbol{x},\ t) = M_{pq} \cdot G_{ip,\ q} = \frac{15 r_i r_p r_q - 3 r_i \delta_{pq} - 3 r_q \delta_{ip}}{4\pi\rho} \frac{1}{R^4} \int_{R/v_{\mathrm{p}}}^{R/v_{\mathrm{s}}} \tau M_{pq}(t-\tau)\mathrm{d}\tau\ +$$

$$\frac{6 r_i r_p r_q - r_i \delta_{pq} - r_p \delta_{iq} - r_q \delta_{ip}}{4\pi\rho v_{\mathrm{p}}^2} \frac{1}{R^2} M_{pq}\!\left(t - \frac{R}{v_{\mathrm{p}}}\right) -$$

$$\frac{6 r_i r_p r_q - r_i \delta_{pq} - r_p \delta_{iq} - 2 r_q \delta_{ip}}{4\pi\rho v_{\mathrm{s}}^2} \frac{1}{R^2} M_{pq}\!\left(t - \frac{R}{v_{\mathrm{s}}}\right) +$$

$$\frac{r_i r_p r_q}{4\pi\rho v_{\mathrm{p}}^3} \frac{1}{R}\dot{M}_{pq}\!\left(t - \frac{R}{v_{\mathrm{p}}}\right) - \frac{r_i r_p - \delta_{ip}}{4\pi\rho v_{\mathrm{s}}^3} r_q \frac{1}{R}\dot{M}_{pq}\!\left(t - \frac{R}{v_{\mathrm{s}}}\right) \tag{3-14}$$

式中，第一项衰减速度最快，为 R^{-4}，作为近场项；第二、三项衰减速度适中，为 R^{-2}，分别作为 P 波和 S 波的中间场项；第四、五项衰减速度最慢，为 R^{-1}，分别作为远程 P 波和 S 波位移场，其中 $\dot{M}_{pq}$ 可以用于描述震源面上质点平均速度。在声发射矩张量反演中，传感器通常为 P 波传感器，且一般只考虑 P 波初动，因此只取式（3-14）中的第四项，得到远场 P 波位移：

$$u_i^{\mathrm{p}}(\boldsymbol{x},\ t) = \frac{1}{4\pi\rho v_{\mathrm{p}}^3} \frac{r_i r_p r_q}{R}\dot{M}_{pq}(\boldsymbol{y},\ t) \tag{3-15}$$

室内声发射传感器通常情况下为可循环利用的，不进行混凝土浇筑，使用时紧贴在试件表面。当弹性波传播至界面时，会发生反射、透射与折射。考虑到这样的特性，使用无限空间的位移场可能产生较大误差，因此 Ohtsu 和 Ono[2] 对半无限空间中，阶跃型沿 j 方向的单力产生力位移场的解析解进行了推导，得到：

$$u_i(\boldsymbol{x},\ t) = \frac{1}{4\pi\mu}(3 r_i r_j - \delta_{ij})\frac{1}{R}\left(\left(\left(\frac{v_{\mathrm{s}} t}{R}\right)^2 - \left(\frac{v_{\mathrm{s}}}{v_{\mathrm{p}}}\right)^2\right)\cdot\frac{1}{2}H\!\left(t - \frac{R}{v_{\mathrm{p}}}\right) -$$

$$\left(\left(\frac{v_{\mathrm{s}} t}{R}\right)^2 - 1\right)\cdot\frac{1}{2}H\!\left(t - \frac{R}{v_{\mathrm{s}}}\right)\right) +$$

$$\frac{1}{4\pi\mu} r_i r_j \frac{1}{R}\left(\left(\frac{v_{\mathrm{s}}}{v_{\mathrm{p}}}\right)^2\cdot H\!\left(t - \frac{R}{v_{\mathrm{p}}}\right) - H\!\left(t - \frac{R}{v_{\mathrm{s}}}\right)\right) + \frac{1}{\pi^2\mu}\frac{1}{R}\delta_{ij}H\!\left(t - \frac{R}{v_{\mathrm{s}}}\right) \tag{3-16}$$

式中 μ——介质剪切模量。

式中第一项为近场项，第二、三项分别为 P 波和 S 波的远场项。同样对位移场进行远场近似，即只考虑远场则有：

$$u_i^{\mathrm{F}}(\boldsymbol{x},\ t) = \frac{1}{4\pi\mu} r_i r_j \frac{1}{R}\left(\left(\frac{v_{\mathrm{s}}}{v_{\mathrm{p}}}\right)^2\cdot H\!\left(t - \frac{R}{v_{\mathrm{p}}}\right) - H\!\left(t - \frac{R}{v_{\mathrm{s}}}\right)\right) + \frac{1}{\pi^2\mu}\frac{1}{R}\delta_{ij}H\!\left(t - \frac{R}{v_{\mathrm{s}}}\right) \tag{3-17}$$

由于界面效应，半无限空间和无限空间的解之间存在倍数关系，Ohtsu 推导了反射系数 $R_{\mathrm{e}}(\boldsymbol{t},\ \boldsymbol{r})$ 的表达式：

$$R_{\mathrm{e}}(\boldsymbol{t},\ \boldsymbol{r}) = \frac{2 k^2 a[\,k^2 - 2(1 - a^2)\,]}{[\,k^2 - 2(1 - a^2)\,]^2 + 4a(1 - a^2)\sqrt{k^2 - 1 + a^2}} \tag{3-18}$$

式中 $\boldsymbol{t}$——界面法向方向；

$\boldsymbol{r}$——波的入射方向；

k——波速比，$k = v_{\mathrm{p}}/v_{\mathrm{s}}$；

a——向量 t 和向量 r 的内积。

对应关系如图 3-2 所示。

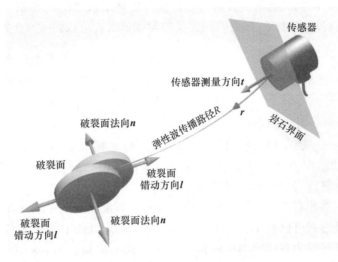

图 3-2　传感器与破裂面位置关系

反射系数 R_e 可以理解为在界面处，半无限空间和无限空间解的比值。声发射传感器和未进行浇筑的单分量微震传感器，接收到的是界面处的质点位移，符合半无限空间的场景，因此需要进行修正。对于进行了浇筑的微震传感器与地震台检波器，符合无限空间场景，则不需要进行修正。P 波初动到达之后，至 S 波到达之前，实验结果与理论结果吻合度较高，当 S 波到达之后，由于反射和偏振等因素的影响，会使实验振幅与只考虑远场的理论解之间产生较大误差，因此在进行矩张量反演时，一般选取精确度最好的 P 波初动振幅。对于式（3-17），仅考虑 P 波到达时刻，可以得到：

$$u_i^F(\boldsymbol{x}) = \frac{1}{4\pi\mu} r_i r_j k^2 \frac{1}{R} F_p \tag{3-19}$$

式中，$u_i^F(\boldsymbol{x})$ 为半无限空空间中的理论振幅，将其换算为接收点振幅，$r_i r_j k^2$ 项已在 R_e 中考虑，略去后得到：

$$A(\boldsymbol{x}) = u_i^F(\boldsymbol{x}) R_e C_s = R_e C_s \frac{1}{4\pi\mu} \frac{1}{R} F_p(\boldsymbol{y}) \tag{3-20}$$

传感器测量质点位移并非完全理想的，因此会有一定的失真，因此引入传感器灵敏度 C_s。C_s 是传感器的固有性质，反应的是传感器幅值信号与真实质点位移之间的对应关系。其值有专门机构进行标定。在声发射试验中，可以采用断铅手段标定 C_s 的相对值。所有传感器接收同一断铅信号，得到 C_s 的相对值与各自绝对值是常数倍的关系，在实际应用中是可行的。C_s 的绝对值可以由式（3-20）得到，略去所有常数项有：

$$C_s = \frac{A(\boldsymbol{x}) R}{R_e(\boldsymbol{t}, \boldsymbol{r})} \tag{3-21}$$

此时，可以由式（3-22）计算格林函数的空间导数，并结合式（3-15）得到 P 波初动振幅表达式：

$$A(\boldsymbol{x}) = C_{\mathrm{s}} R_{\mathrm{e}} u_i^{\mathrm{p}}(\boldsymbol{x}) = C_{\mathrm{s}} R_{\mathrm{e}} \frac{1}{R} r_p r_q M_{pq}(\boldsymbol{y}) \tag{3-22}$$

矩张量 M_{pq} 为时间相关量时，其解为矩张量与格林函数之间的卷积，需要通过反褶积计算求解 M_{pq}。当将矩张量 M_{pq} 作为时间无关的常张量时，可以将式（3-22）简化展开为：

$$A(\boldsymbol{x}) = \frac{C_{\mathrm{s}} R_{\mathrm{e}}}{R} (r_1,\ r_2,\ r_3) \begin{pmatrix} M_{11} & M_{12} & M_{13} \\ M_{12} & M_{22} & M_{23} \\ M_{13} & M_{23} & M_{33} \end{pmatrix} \begin{pmatrix} r_1 \\ r_2 \\ r_3 \end{pmatrix} \tag{3-23}$$

式中　　r_1, r_2, r_3——其方向余弦；

M_{ij}——震源矩张量的 9 个分量，且 $M_{ij} = M_{ji}$。

根据 P 波初动拾取方法可以方便地得到震源在各传感器中的 P 波初动，从而根据式（3-23）进行求解，得到震源矩张量 M_{pq}。

微震矩张量反演相对声发射需要考虑更多因素。假设信号同时触发 N 个传感器，微震矩张量反演的标准形式可以表示为 $GM = u$，其中 u 为测点处的 P 波远场位移，与声发射一样，同样可以将其等效为各传感器接收信号的 P 波初动振幅，为 $N×1$ 的向量。将标准形式展开可以表示为：

$$\begin{pmatrix} G_{1,1}^1 & G_{2,2}^1 & G_{3,3}^1 & G_{2,3}^1 + G_{3,2}^1 & G_{1,3}^1 + G_{3,1}^1 & G_{1,2}^1 + G_{2,1}^1 \\ G_{1,1}^2 & G_{2,2}^2 & G_{3,3}^2 & G_{2,3}^2 + G_{3,2}^2 & G_{1,3}^2 + G_{3,1}^2 & G_{1,2}^2 + G_{2,1}^2 \\ \vdots & \vdots & \vdots & \vdots & \vdots & \vdots \\ G_{1,1}^N & G_{2,2}^N & G_{3,3}^N & G_{2,3}^N + G_{3,2}^N & G_{1,3}^N + G_{3,1}^N & G_{1,2}^N + G_{2,1}^N \end{pmatrix} \begin{pmatrix} M_{11} \\ M_{22} \\ M_{33} \\ M_{23} \\ M_{13} \\ M_{12} \end{pmatrix} = \begin{pmatrix} u_1 \\ u_2 \\ \vdots \\ u_N \end{pmatrix}$$

$$\tag{3-24}$$

式中，$G_{k,m}^N$ 表示震源处沿 k 方向的单位力作用下，第 N 个传感器处产生的沿 m 方向的位移。但是，由于现阶段大部分矿山广泛采用单分量速度或加速度传感器，因此只能通过对传感器信号进行数值积分，得到单个方向的位移，式（3-24）中的总位移 u 难以得到。震源矩张量 M_{pq} 本是关于时间和位置的函数，当波长远大于震源半径且震源距较远时，可以将震源看做点源[3]，只考虑 Lamb 解中的 P 波远场项，即可简化为与时间无关常量张量，此时有：

$$u_i = \frac{r_i r_p r_q}{4\pi\rho v_{\mathrm{p}}^3 R} M_{pq} \tag{3-25}$$

由于室内声发射试验传播距离较短，因此式（3-19）仅考虑了几何衰减。工程尺度上，必须考虑岩体的黏性对波的吸收衰减，需要将式（3-25）修正为：

$$u_0 = \frac{C_{\mathrm{s}}' R_{\mathrm{e}}(\boldsymbol{t},\ \boldsymbol{r}) \mathrm{e}^{-\alpha R}}{R} f(t) = \frac{C_{\mathrm{s}}' R_{\mathrm{e}}(\boldsymbol{t},\ \boldsymbol{r})}{R} \mathrm{e}^{-\frac{\pi f}{v_{\mathrm{p}} Q} R} f(t) \tag{3-26}$$

式中　　α——衰减系数；

Q——岩体 P 波品质因子；

v_{p}——P 波波速；

f——波的频率成分。

高频波快速衰减，低频波衰减较慢。当传播距离较大时，高低频波之间会形成明显的转角现象，将该点处对应的频率叫做拐角频率，是基于衰减特性的波高频和低频的分界线。

传感器灵敏度 C 值为已知量，各型号的微震传感器灵敏度有差异。因此，结合式（3-25）和式（3-27），可以将式（3-24）改写为：

$$\begin{pmatrix} c^1 r_1^1 r_1^1 & c^1 r_2^1 r_2^1 & c^1 r_3^1 r_3^1 & c^1 2r_2^1 r_3^1 & c^1 2r_1^1 r_3^1 & c^1 2r_1^1 r_2^1 \\ c^2 r_1^2 r_1^2 & c^2 r_2^2 r_2^2 & c^2 r_3^2 r_3^2 & c^2 2r_2^2 r_3^2 & c^2 2r_1^2 r_3^2 & c^2 2r_1^2 r_2^2 \\ \vdots & \vdots & \vdots & \vdots & \vdots & \vdots \\ c^N r_1^N r_1^N & c^N r_2^N r_2^N & c^N r_3^N r_3^N & c^N 2r_2^N r_3^N & c^N 2r_1^N r_3^N & c^N 2r_1^N r_2^N \end{pmatrix} \begin{pmatrix} M_{11} \\ M_{22} \\ M_{33} \\ M_{23} \\ M_{13} \\ M_{12} \end{pmatrix} = \begin{pmatrix} u_1 \\ u_2 \\ \vdots \\ u_N \end{pmatrix} \tag{3-27}$$

式中，$c^i = \dfrac{CR_e^i(t^i, r^i)}{R^i} e^{-\frac{\pi f_c^i}{v_p^i Q} R^i}$，上标表示用于反演的不同传感器编号。通过式（3-27）可以计算出基于 P 波初动的微震震源矩张量。

3.2 岩体破裂震源模型及破裂类型划分

3.2.1 岩体破裂震源模型

矩张量理论在矿山上的主要应用之一，便是进行岩石破裂机制的分析，即确定破裂源的破裂类型。下面探讨基于矩张量理论的岩体破裂类型划分方式。在地震学中，矩张量定义为弹性常数 C_{pqkl} 和张量 $n_l l_k \Delta V$ 的乘积，在微观力学中 $n_l l_k \Delta V$ 被定义为本征应变，相当于损伤力学中的损伤张量[4]。矩张量的物理意义与地震矩的定义相类似，公式如下：

$$C_{pqkl} n_l l_k \Delta V = M_{pq} \tag{3-28}$$

假定材料为各向同性材料，则弹性常数 C_{pqkl} 可用拉梅常数 λ 和 μ 表示为：

$$C_{pqkl} = \lambda \delta_{pq} \delta_{kl} + \mu(\delta_{pk}\delta_{kl} + \delta_{pl}\delta_{qk}) \tag{3-29}$$

将式（3-29）代入式（3-28）可得：

$$M_{pq} = \begin{pmatrix} \lambda l_k n_k + 2\mu l_1 n_1 & \mu(l_1 n_2 + l_2 n_1) & \mu(l_1 n_3 + l_3 n_1) \\ \mu(l_2 n_1 + l_1 n_2) & \lambda l_k n_k + 2\mu l_2 n_2 & \mu(l_2 n_3 + l_3 n_2) \\ \mu(l_3 n_1 + l_1 n_3) & \mu(l_3 n_2 + l_2 n_3) & \lambda l_k n_k + 2\mu l_3 n_3 \end{pmatrix} \Delta V \tag{3-30}$$

式中　ΔV——裂隙面的体积，即裂隙面面积 A 与平均运动 $\overline{u}$ 的乘积；

　　　l——裂隙的运动矢量；

　　　n——裂隙面的法向。

在数学上，矩张量与二阶应力张量具有相同的形式。式（3-30）中的各元素为弹性常数与本征应变的乘积，类比于弹性力学中的应力表达方式。

下面借助学者 Vavryčuk[5] 提出的张剪震源模型来描述岩体中的几种破裂机制。该震源模型通过允许裂隙面在运动时发生开度变化来描述震源裂隙面的张拉或闭合的现象，如图3-3 所示。

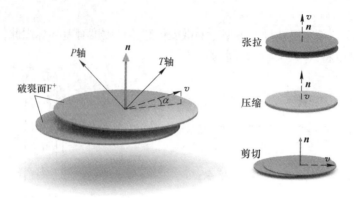

图 3-3　张剪震源模型

图中斜角 α 描述了震源的张力，其定义为运动矢量与裂隙面表面的夹角。从图 3-3 中可直观地看出：当 $\alpha = 90°$ 时，岩体发生纯张拉破裂；$\alpha = 0°$ 时，岩体发生是纯剪切破裂；$\alpha = -90°$ 时，岩体发生是纯压缩破裂。张拉、剪切、压缩破裂是岩石破裂的主要类型，下面以矩张量的形式来表示这三种主要破裂类型。如存在一个张拉破裂面或称为 I 型张拉裂纹，其法向设为 $n = (0, 0, 1)$，运动矢量方向与之相同 $l = (0, 0, 1)$，那么其矩张量形式可由式（3-31）求出：

$$M = \begin{pmatrix} \lambda & 0 & 0 \\ 0 & \lambda & 0 \\ 0 & 0 & \lambda + 2\mu \end{pmatrix} \Delta V \tag{3-31}$$

图 3-4 给出了该张拉破裂源的矩张量形式及力矩分布。对于该破裂源，其裂隙面的法向 n 平行于运动矢量 l，引起裂隙面的张开，形成 $(3\lambda + 2\mu)\Delta V$ 体积膨胀。如果对式（3-31）按下述形式进行分解[6]，则可得：

$$\begin{pmatrix} \lambda \Delta V \\ \lambda \Delta V \\ (\lambda + 2\mu)\Delta V \end{pmatrix} = \begin{pmatrix} \dfrac{-2\mu\Delta V}{3} \\ \dfrac{-2\mu\Delta V}{3} \\ \dfrac{4\mu\Delta V}{3} \end{pmatrix} + \begin{pmatrix} \left(\lambda + \dfrac{2\mu}{3}\right)\Delta V \\ \left(\lambda + \dfrac{2\mu}{3}\right)\Delta V \\ \left(\lambda + \dfrac{2\mu}{3}\right)\Delta V \end{pmatrix} \tag{3-32}$$

$$\underset{M_{\mathrm{CLVD}}}{} \qquad \underset{M_{\mathrm{ISO}}}{}$$

式中，后面的矩阵 M_{ISO} 称为各向同性（ISO）成分，描述了震源区的体积变化，可表示工程岩体破裂源裂隙的扩张与闭合；前面的矩阵 M_{CLVD} 称为补偿线性矢量偶极（CLVD）成分，该值是为了使矩张量分解在数学上完整，所以称为补偿项，不具有实际物理意义。

下面来探讨剪切破裂源的矩张量形式，如存在一个剪切裂隙面或称为 II 型剪切裂纹，其法向设为 $n = (0, 0, 1)$，运动矢量方向与之垂直 $l = (1, 0, 0)$，那么其矩张量形式可

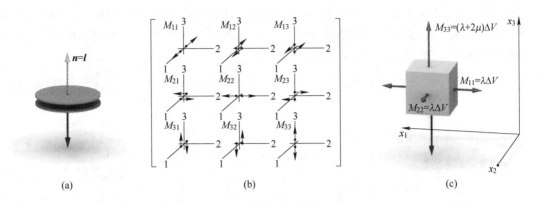

(a)   (b)   (c)

图 3-4 张拉破裂震源及其矩张量模型

（a）张拉破裂震源示意图；（b）矩张量数量表达；（c）矩张量力矩示意图

由式（3-33）求出：

$$\boldsymbol{M} = \begin{pmatrix} 0 & 0 & \mu \\ 0 & 0 & 0 \\ \mu & 0 & 0 \end{pmatrix} \Delta V \tag{3-33}$$

$$\boldsymbol{M}_{\mathrm{DC}}$$

图 3-5 给出了该剪切破裂源的矩张量形式及力矩分布。对于该纯剪切破裂源，运动矢量 $\boldsymbol{l}$ 垂直于裂隙面的法向 $\boldsymbol{n}$，震源发生沿裂隙面的剪切运动，未引起体积的改变。$\boldsymbol{M}_{\mathrm{DC}}$ 称为矩张量的双力偶（DC）成分，可代表岩体的剪切破裂或断层的相对错动机制。

下面探讨压缩破裂源的矩张量形式，如存在一个压缩裂隙面或称为 I 型闭合裂纹，其法向设为 $\boldsymbol{n} = (0, 0, 1)$，运动矢量方向与之相反 $\boldsymbol{l} = (0, 0, -1)$，那么其矩张量形式可由式（3-34）求出：

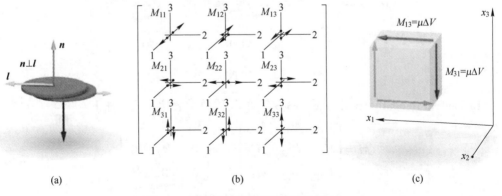

(a)   (b)   (c)

图 3-5 剪切破裂震源及其矩张量模型

$$\boldsymbol{M} = \begin{pmatrix} -\lambda & 0 & 0 \\ 0 & -\lambda & 0 \\ 0 & 0 & -\lambda - 2\mu \end{pmatrix} \Delta V \tag{3-34}$$

图 3-6 给出了该压缩破裂源的矩张量形式及力矩分布。对于该压缩破裂源，运动矢量

l 与裂隙面的法向 n 相反，震源发生垂直裂隙面的压缩闭合，形成了 $(3\lambda + 2\mu)\Delta V$ 体积压缩。不难发现，其矩阵形式与张拉破裂下的矩阵形式只存在符号上差异。同样，式（3-34）可分解为 M_{CLVD} 和 M_{ISO} 形式。

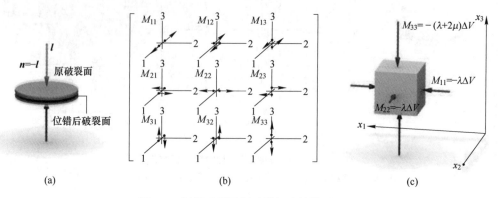

图 3-6 压缩破裂震源及其矩张量模型

由于岩体的非均质性、动力扰动复杂性，使得上述三种破裂机制（纯剪切、纯张拉、纯压缩破裂）很少发生，往往是三者之间的相互叠加[7-9]，也就是说矩张量矩阵是由张拉成分和剪切成分组成的，即矩张量矩阵存在如式（3-35）所示的分解形式[6,10]，分解示意图如图 3-7 所示。

$$M = M_{ISO} + M_{DC} + M_{CLVD} \tag{3-35}$$

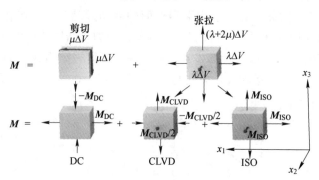

图 3-7 矩张量分解

Knopoff 和 Randall[6]给出了式（3-35）的具体数学表达形式，如下：

$$M = \begin{pmatrix} M_{11} & M_{12} & M_{13} \\ M_{21} & M_{22} & M_{23} \\ M_{31} & M_{32} & M_{33} \end{pmatrix} \Longrightarrow \begin{pmatrix} M_1 & 0 & 0 \\ 0 & M_2 & 0 \\ 0 & 0 & M_3 \end{pmatrix}$$

$$= \frac{M_1 + M_2 + M_3}{3} \begin{pmatrix} 1 & 0 & 0 \\ 0 & 1 & 0 \\ 0 & 0 & 1 \end{pmatrix} + \qquad \rightarrow M_{ISO}$$

$$\frac{M_1 - M_3}{2} \begin{pmatrix} 1 & 0 & 0 \\ 0 & 0 & 0 \\ 0 & 0 & -1 \end{pmatrix} + \qquad \rightarrow M_{DC}$$

$$\frac{2M_2 - M_1 - M_3}{6}\begin{pmatrix} -1 & 0 & 0 \\ 0 & 2 & 0 \\ 0 & 0 & -1 \end{pmatrix} \rightarrow \boldsymbol{M}_{\text{CLVD}} \qquad (3-36)$$

式中，M_1、M_2 和 M_3 是矩张量的三个特征值，满足 $M_1 \geqslant M_2 \geqslant M_3$，对应特征向量 $\boldsymbol{e}_1$、$\boldsymbol{e}_2$ 和 $\boldsymbol{e}_3$ 分别表示 T 轴（张拉轴），N 轴（中间轴）和 P 轴（压缩轴）；通过特征值与特征向量，可获得矩张量的两个基本性质：由三个特征向量定义的震源裂隙方向属性及由三个特征值定义的震源破裂类型和大小，这与应力张量的概念类似。

震源矩张量可以表征岩体破裂事件的大小、破裂类型和破裂方向，这便需要求解 ISO、DC 和 CLVD 在矩张量中比重 C_{ISO}、C_{DC} 和 C_{CLVD}[11]。归一化后的相对比例 C_{ISO}、C_{DC} 和 C_{CLVD} 可用式（3-37）求解：

$$\begin{bmatrix} C_{\text{ISO}} \\ C_{\text{DC}} \\ C_{\text{CLVD}} \end{bmatrix} = \frac{1}{M}\begin{bmatrix} \boldsymbol{M}_{\text{ISO}} \\ \boldsymbol{M}_{\text{DC}} \\ \boldsymbol{M}_{\text{CLVD}} \end{bmatrix} \qquad (3-37)$$

其中

$$\boldsymbol{M}_{\text{ISO}} = \frac{1}{3}(M_1 + M_2 + M_3) \qquad (3-38)$$

$$\boldsymbol{M}_{\text{CLVD}} = \frac{2}{3}(M_1 + M_3 - 2M_2) \qquad (3-39)$$

$$\boldsymbol{M}_{\text{DC}} = \frac{1}{2}(M_1 - M_3 - |M_1 + M_3 - 2M_2|) \qquad (3-40)$$

$$\boldsymbol{M} = |\boldsymbol{M}_{\text{ISO}}| + \boldsymbol{M}_{\text{DC}} + |\boldsymbol{M}_{\text{CLVD}}| \qquad (3-41)$$

3.2.2　岩体破裂类型划分

关于工程岩体破裂机制及其裂隙面属性的诸多研究来自于地震学，研究主要认为裂隙面的产生是震源处岩体剪切破坏引起的[12-14]。然而，由于岩体本身结构的不均匀性及实际开采扰动应力分布的复杂性，岩体所受应力状态具有空间上的多样性及时间上的动态变化性，岩石破裂不仅仅包括剪切破坏，还有一定比例的张拉破坏，以及张拉与剪切的混合模式，如拉剪和压剪[15-17]。在震源机制中纯张拉或纯剪切破裂很少出现，大多数情况下剪切成分中带有张拉或者压缩成分。为了客观地评价采矿诱发微震事件的破裂类型，Feignier 和 Young[12] 在地下 −420m 的深部现场尺度的实验室进行隧道开挖，利用多种频带的传感器开展微震监测工作[18,19]，综合考虑地应力方位、内部裂隙观测及矩张量结果，提出式（3-42）来区分地下采矿活动引起的岩体破裂类型，给出不同的破裂机制对应的不同的 R 值分布。该式不仅在矿山破裂机制研究中被广泛应用[15,20,21]，在室内声发射试验的岩石破裂机制中也得到广泛应用[22,23]。

$$R = \frac{\boldsymbol{tr}(\boldsymbol{M})}{|\boldsymbol{tr}(\boldsymbol{M})| + \sum |m_i^*|} \times 100\% \qquad (3-42)$$

式中　m_i^*——矩张量的偏张量（$\boldsymbol{M}_{\text{DC}}$ 和 $\boldsymbol{M}_{\text{CLVD}}$ 之和）的特征值；

　　　$\boldsymbol{tr}(\boldsymbol{M})$——矩张量的迹，满足：$\boldsymbol{tr}(\boldsymbol{M}) = M_1 + M_2 + M_3$，其代表着震源的体积改变。

　　R 取值由 -100% 到 100%。R 取 -100% 时对应纯压缩破裂机制，取 100% 时对应纯张拉破裂机制，取 0% 时对应纯剪切破裂机制。Feignier 和 Young[12] 给出了区分破裂机制范围。作者对其进行总结，如图 3-8 所示。$R > 30\%$ 时震源为张拉破裂，R 值越大表明 ISO 成分越多，裂隙发生张开的程度越大，DC 分量越小。$-30\% \leqslant R \leqslant 30\%$ 时为剪切破裂，DC 成分越多，震源发生体积不变的剪切错动成分越多，裂隙发生张开或者闭合引起的开度改变量越小。$R < -30\%$ 为压缩破裂机制，R 值越小，ISO 的负值成分越多，裂隙发生闭合的程度越大。图 3-8 中震源球的绘制参照了学者 Tape 的研究[24]，旨在后续工程应用时能够在三维空间中展示岩体的破裂机制分布，震源球中红色、蓝色和绿色表示震源的膨胀，白色表示震源的压缩。膨胀成分越多，震源则发生张拉破裂，压缩成分越多，则震源发生压缩破裂。张拉与剪切机制比较好理解，而压缩机制常常与裂纹的闭合有关。Shimizu 等[25] 和 Foulger[9] 发现火山区域多产生此类机制事件，这与岩浆喷发引起的裂隙闭合有关。Ross[26] 和 Alwyn 发现地热区大量蒸汽的排出会引起压缩机制微震事件的产生，Martinez-Garzon 等[27] 同样发现了这种现象。在矿山中，这种机制通常出现在应力集中明显的间柱或矿柱端部[28]。

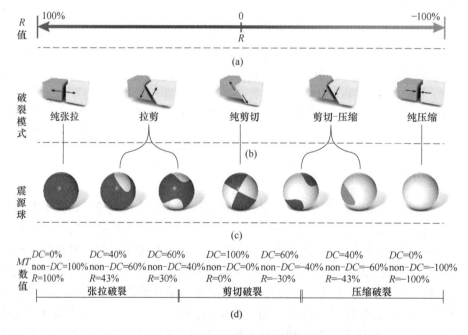

图 3-8　岩体破裂机制随 R 值的变化
(a) R 值；(b) 破裂模式；(c) 震源球；(d) MT 数值
(扫描书前二维码看彩图)

　　室内岩石试验及矿山实际生产过程中常见的破裂类型可归纳如下。

3.2.2.1　张拉破裂（$R > 30\%$）

　　张拉破裂是室内岩石试验和工程岩体现场常见的一种破裂形式，如图 3-9 所示。岩石与岩体发生张拉破裂伴随裂隙两侧岩石基质的互相远离，当张拉裂隙达到一定规模后岩石发生宏观张拉破坏，岩体发生滑坡、顶板垮塌等灾害。实验室尺度与现场尺度下的张拉破

坏其 R 值主要分布在 $30\% < R \leqslant 100\%$，在张拉破裂机制下，震源处发生膨胀。纯张拉破裂很少发生，大多张拉破裂带有剪切成分，$30\% < R < 100\%$。

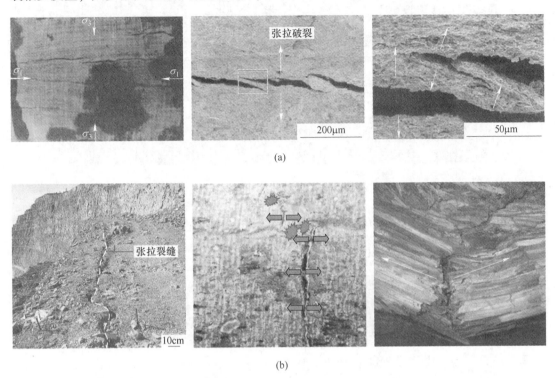

图 3-9　实验室尺度与现场尺度下的张拉破裂
（a）页岩三轴压缩条件下微裂纹的微观图[29]；（b）边坡张拉裂缝、水力压裂张拉裂缝[30]及煤矿顶板张拉裂缝[31]

3.2.2.2　压缩破裂（$R < -30\%$）

压缩破裂机制是一个与张拉破裂机制相反的机制。岩石内部会存在许多原生微孔洞与微裂隙，岩体内部存在着各类结构面、结构体等不良地质体，这些结构会在受载过程中出现破坏及变形，主要表现为裂隙闭合，在岩石试验中也存在孔隙坍缩的情况（见图 3-10（a））。工程尺度下的张拉裂隙或岩石室内试验尺度下的微裂纹在压应力作用下会闭合，使原来具有一定距离的裂隙两侧介质贴合在一起（见图 3-10（b））。此外在地热开采领域比较常见，由于流体流失引起裂隙与介质的压差，诱发裂隙闭合。R 值分布与张拉破坏相反，为 $-100\% \leqslant R < -30\%$。同样不难理解，纯压缩破裂很少发生，大多压缩破裂带有剪切成分，$-100\% < R < -30\%$。

3.2.2.3　剪切破裂（$-30\% \leqslant R \leqslant 30\%$）

剪切破裂机制是在岩石力学中常见的破裂机制，破裂伴随裂隙面两侧岩石介质相对错动，既包括伴随着新破裂面形成的剪切破裂，也包括沿原有破裂面的运动，如图 3-11 所示。R 值分布区间为 $-30\% \leqslant R \leqslant 30\%$。DC 成分比重越趋近 100%，R 值越趋近于 0，也就是越趋近于纯剪切破裂。纯剪切破裂很少发生，大多剪切破裂带有张拉或压缩成分，

图 3-10 实验室尺度与现场尺度下的压缩破裂

（a）岩石孔隙坍缩前后对比[32]；（b）矿柱受压破坏[33]

$-30\% \leqslant R < 0$ 或 $0 < R \leqslant 30\%$。

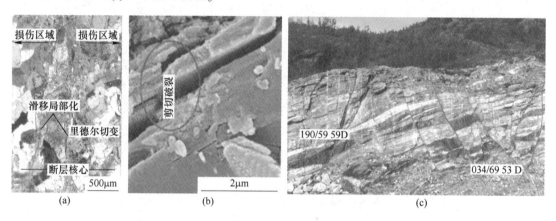

图 3-11 实验室尺度与现场尺度下的剪切破裂

（a）砂岩黏滑的剪切裂隙[34]；（b）页岩三轴压缩下的裂隙剪切[29]；（c）岩质边坡的剪切裂隙[35]

3.3 基于多通道奇异谱分析的矩张量反演

虽然近几年矩张量反演在室内声发射试验和矿山安全开采中的应用越来越广泛，但其结果有时并不可靠[36,37]。矩张量反演是一个精密的过程，需要震源定位准确、传感器的监测范围合理及波形数据噪声低[38,39]。矿山微震的矩张量分析具有一定的难度，主要是由于：（1）波形复杂，反映了岩体的不均匀性，且频率高，与噪声的频率差别不大；（2）事件的震级较低，波形通常比较嘈杂，破裂信号与噪声的振幅同样相差不大。噪声对矩张量反演的影响主要体现在两个方面：一个是对 P 波初动极性（正与负）的影响，另一个是对 P 波初动振幅大小的影响；（3）由于采矿工程中微震监测范围一般为数十米或数百米，监测区内不良地质体及采空区的存在（改变波速）会使估算的格林函数更加不准确，继而影响矩张量结果。由此可见，影响矿山矩张量反演的主要因素可总结为：噪声和传播介质。

本节基于奇异谱分析法，利用其主分量分析能力来提取微震信号中的有效成分，将破裂信号与其他干扰信号分离，减少噪声对初动振幅的影响，从而降低噪声对矩张量解的影响。选择该方法的基本依据是：震源位置和破裂机制相似的破裂事件，通常具有相似的波形[40]，可通过提取同一震源多个波形的共性，来达到有效信号提取的目的，该共性代表了岩体破裂源的属性。该方法是一种整体性的分析方法，其分解的过程是基于相空间重构为基础的，不会改变信号的相位与频率，因此能够较好地维持信号本身的特性。

3.3.1 奇异谱分析的基本原理

奇异谱分析包括单通道奇异谱分析（SSA，Singular Spectrum Analysis）和多通道奇异谱分析（MSSA，Multichannel Singular Spectrum Analysis）。SSA 是近些年兴起的一种时间序列分析方法，由 Broomhead 和 Kinghihihi 提出，该方法将数据空间投影到不同特征的子空间中，并用奇异值来表征这些子空间的性质，利用降秩原理实现提取波形主成分的功能。其不仅能对信号的不同频率进行识别，还可以按照信号能量的大小进行严格排序，比传统的频谱分析更具优势[41]。MSSA 分析方法是 Read 等[42]在 SSA 的基础上扩展的，用于处理多维时序信号问题。MSSA 分析以奇异值分解为基础，奇异值分解与特征值分解功能类似，都是提取矩阵中重要特征的方法，如应力张量中获取主应力便是通过特征值分解实现。当矩阵为方阵时用特征值分解，而当矩阵不是方阵时，则需要采用奇异值分解的方式。

微震信号的 MSSA 分析主要包括三部分：微震原始信号的重新排序即计算轨迹矩阵，矩阵的奇异值分解和微震信号的主成分重构。

3.3.1.1 SSA

为了理解 MSSA 的算法流程，先从 SSA 分析方法入手。设一维岩石微震时间序列信号 $x = [x_1, x_2, \cdots, x_N]$，为了解其隐含的时间演变结构，将该微震信号在时间上滞后排列：

$$X = \begin{bmatrix} x_1 & x_2 & \cdots & x_{N-M+1} \\ x_2 & x_3 & \cdots & x_{N-M+2} \\ \vdots & \vdots & \ddots & \vdots \\ x_M & x_{M+1} & \cdots & x_N \end{bmatrix} \tag{3-43}$$

式中，后延量 M 称为窗口长度或嵌入维数。嵌入维数相当于分解该微震信号组成成分的"分辨率"。上式矩阵 X 称为轨迹矩阵[43]，该轨迹矩阵是一个 Hankel 矩阵，所有反对角线上的元素均相等，其自协方差矩阵如下[44]：

$$T_x = \begin{bmatrix} c(0) & c(1) & \cdots & c(M-1) \\ c(1) & c(0) & \cdots & c(M-2) \\ \vdots & \vdots & \ddots & \vdots \\ c(M-1) & c(M-2) & \cdots & c(0) \end{bmatrix} \tag{3-44}$$

式中，T_x 是 Toeplitz 矩阵，主对角线上的元素相等，平行于主对角线的线上的元素也相等，在数字信号处理领域应用广泛[45]。

构建该矩阵的原因是：通过协方差矩阵可判断数据的相关性，协方差矩阵的奇异值越大，则原序列的分布越靠近于该奇异值对应的特征向量，那么由此特征向量重构出的波形则可代表原序列的主要性质。可利用 MATLAB 中的 toeplitz 函数直接生成该矩阵。c 是时间序列信号 x 的序列估计，可采用 Yule-Walke 估计计算：

$$c(j) = \frac{1}{N-j} \sum_{t=1}^{N-j} x_t x_{t+j} \quad (j = 0, 1, 2, \cdots, M-1) \tag{3-45}$$

对 T_x 进行奇异值分解，获得奇异值向量 $\boldsymbol{\lambda}$ 和对应的特征向量矩阵 $\boldsymbol{E}$，两者表示如下：

$$\boldsymbol{\lambda} = [\lambda_1, \lambda_2, \cdots, \lambda_M] \tag{3-46}$$

$$\boldsymbol{E} = [\boldsymbol{E}_1, \boldsymbol{E}_2, \cdots, \boldsymbol{E}_M] = \begin{bmatrix} E_{1,1} & E_{1,2} & \cdots & E_{1,M} \\ E_{2,1} & E_{2,2} & \cdots & E_{2,M} \\ \vdots & \vdots & \ddots & \vdots \\ E_{M,1} & E_{M,2} & \cdots & E_{M,M} \end{bmatrix} \tag{3-47}$$

式中，奇异值满足 $|\lambda_1| \geqslant |\lambda_2| \geqslant \cdots \geqslant |\lambda_M|$；$\boldsymbol{E}_1, \boldsymbol{E}_2, \cdots, \boldsymbol{E}_M$ 分别表示 T_x 的 M 个特征向量。T_x 的奇异值向量 $\boldsymbol{\sigma}$ 为：

$$\boldsymbol{\sigma} = [\sigma_1, \sigma_2, \cdots, \sigma_M]$$
$$= (\sqrt{|\lambda_1|}, \sqrt{|\lambda_2|}, \cdots, \sqrt{|\lambda_M|}) \tag{3-48}$$

正如前文所述，$\boldsymbol{\sigma}$ 可称为微震信号 x 的奇异谱，它表示微震信号中不同成分在整个系统中所占的能量的相对关系。奇异值越大代表所占信号的成分越高，能量越大；较小的奇异值对应信号中噪声成分，构成"噪声平台"[46]。

通过轨迹矩阵 $\boldsymbol{X}$ 和特征向量 $\boldsymbol{E}$ 的矩阵运算，可求出能够反映特征向量矩阵 $\boldsymbol{E}$ 在矩阵 $\boldsymbol{X}$ 中的权重矩阵 $\boldsymbol{A}$[47, 48]：

$$\boldsymbol{A} = [\boldsymbol{A}_1, \boldsymbol{A}_2, \cdots, \boldsymbol{A}_M] = \boldsymbol{XE}$$
$$= \begin{bmatrix} a_{1,1} & a_{1,2} & \cdots & a_{1,M} \\ a_{2,1} & a_{2,2} & \cdots & a_{2,M} \\ \vdots & \vdots & \ddots & \vdots \\ a_{N-M+1,1} & a_{N-M+1,2} & \cdots & a_{N-M+1,M} \end{bmatrix} \tag{3-49}$$

$$a_{i,k} = \sum_{j=1}^{M} X_{jk} E_{j,k} = \sum_{j=1}^{M} x_{i+j} E_{j,k} \tag{3-50}$$

式中，$a_{i,k}$ 表示第 k 个主分量，定义为原始微震信号 x_i 在特征向量 $\boldsymbol{E}_k$ 上的正交投影。

SSA 的重要功能便是可通过权重矩阵 $\boldsymbol{A}$ 和特征向量矩阵 $\boldsymbol{E}$ 进行矩阵运算，按照需求重构原始微震信号，即可利用主分量 $a_{i,k}$ 和特征向量 E_k 可按照需要重构出一维微震信号 x 的 M 个不同分量序列 $\hat{x}_i (1 \leq i \leq M)$[48]，实现提取波形主成分的功能，分量序列可表示如下：

$$
\hat{x} = \begin{bmatrix} \hat{x}_1 \\ \hat{x}_2 \\ \vdots \\ \hat{x}_M \end{bmatrix} = \begin{bmatrix} \hat{x}_{1,1} & \hat{x}_{1,2} & \cdots & \hat{x}_{1,N} \\ \hat{x}_{2,1} & \hat{x}_{2,2} & \cdots & \hat{x}_{2,N} \\ \vdots & \vdots & \ddots & \vdots \\ \hat{x}_{M,1} & \hat{x}_{M,2} & \cdots & \hat{x}_{M,N} \end{bmatrix} \tag{3-51}
$$

其中，$\hat{x}_{i,k}$ 的求解公式如下：

$$
\hat{x}_{i,k} = \begin{cases} \dfrac{1}{i}\sum_{j=1}^{i} a_{k-j+1,i} E_{j,i}, & 1 \leq k \leq M-1 \\[2mm] \dfrac{1}{M}\sum_{j=1}^{M} a_{k-j+1,i} E_{j,i}, & M \leq k \leq N-M+1 \\[2mm] \dfrac{1}{N-k+1}\sum_{j=k-N+M}^{M} a_{k-j+1,i} E_{j,i}, & N-M+2 \leq k \leq N \end{cases} \tag{3-52}
$$

不同尺度的分量序列 $\hat{x}_i$ 对应于不同的奇异值 σ_i，奇异值 σ_i 越大，则由分量序列 $\hat{x}_i$ 组成的数据占比越高，与原始一维微震信号 x 相似程度越高。原微震信号 x 可表示为：$x = \hat{x}_1 + \hat{x}_2 + \cdots + \hat{x}_M$。根据需求，截取前 K 个贡献大的主分量，由主分量重构的波形称为主重构分量即波形的主成分，则原微震信号的近似 $\tilde{x}$ 可表示为：

$$
\tilde{x} = \sum_{i=1}^{K} \hat{x}_i \tag{3-53}
$$

3.3.1.2 MSSA

上面讨论了处理单条微震信号的 SSA 分析方法，对于一个拟求解矩张量的微震震源而言，其由大于或等于 6 的波形组成。因此，震源是一个多维序列数据。此外，对于同一个岩石破裂震源而言，其释放的破裂波形具有相似的时序变化趋势。可采用 MSSA 分析方法，将代表该震源特性的成分提取出来，该方法的推导过程类似于 SSA 方法。

一个由 L 条波形，每条波形由 N 个采样点组成的震源波形序列如下：

$$
x = \begin{bmatrix} x_1^{(1)} & x_2^{(1)} & \cdots & x_N^{(1)} \\ x_1^{(2)} & x_2^{(2)} & \cdots & x_N^{(2)} \\ \vdots & \vdots & \ddots & \vdots \\ x_1^{(L)} & x_2^{(L)} & \cdots & x_N^{(L)} \end{bmatrix} \tag{3-54}
$$

同 SSA 方法一样，分别将第 1 通道时间序列 $x_i^{(l)}$ 按照嵌入维数 M，排列成 M 行、$N-M+1$ 列的轨迹矩阵[49,50]：

$$
X = \begin{bmatrix}
x_1^{(1)} & x_2^{(1)} & \cdots & x_{N-M+1}^{(1)} \\
\vdots & \vdots & \ddots & \vdots \\
x_M^{(1)} & x_{M+1}^{(1)} & \cdots & x_N^{(1)} \\
x_1^{(2)} & x_2^{(2)} & \cdots & x_{N-M+1}^{(2)} \\
\vdots & \vdots & \ddots & \vdots \\
x_M^{(2)} & x_{M+1}^{(2)} & \cdots & x_N^{(2)} \\
\vdots & \vdots & \ddots & \vdots \\
x_1^{(L)} & x_2^{(L)} & \cdots & x_{N-M+1}^{(L)} \\
\vdots & \vdots & \ddots & \vdots \\
x_M^{(L)} & x_{M+1}^{(L)} & \cdots & x_N^{(L)}
\end{bmatrix}
\tag{3-55}
$$

式中，X 为 $L \times M$ 行、$N-M+1$ 列矩阵，其自协方差矩阵 $C_X = XX^{\mathrm{T}}$ 为 $L \times M$ 维分块的 Toeplitz 矩阵[51,52]：

$$
C_X = \begin{bmatrix}
C_{11} & C_{12} & \cdots & C_{1L} \\
C_{21} & C_{22} & \cdots & C_{2L} \\
\vdots & \vdots & \ddots & \vdots \\
C_{L1} & C_{L2} & \cdots & C_{LL}
\end{bmatrix}
\tag{3-56}
$$

式中，$C_{ll'}$ 表示第 l、l' 两个通道微震波形的滞后协方差矩阵，其第 j 行第 j' 列元素采用 Yule-Walke 估计其最优值[52]：

$$
(C_{ll'})_{j,\,j'} = \frac{1}{N - |j - j'|} \sum_{i=1}^{N-|j-j'|} x_{i+j}^{(l)} x_{i+j-j'}^{(l')}
\tag{3-57}
$$

对 C_X 进行奇异值分解获取奇异值向量 Σ 和对应的特征向量矩阵 P。求解微震时序信号 $x_i^{(l)}$ 的奇异谱 $\sigma = (\sqrt{|\Sigma_1|},\ \sqrt{|\Sigma_2|},\ \cdots,\ \sqrt{|\Sigma_M|})$，奇异值较大值反映了该破裂震源多条信号的主要成分（共同特性），较小值则代表噪声成分。

震源的第 l 条原始信号 $x_i^{(l)}$ 在特征向量 P_k 上的正交投影 $a_{i,k}$ 为：

$$
a_{i,\,k} = X_i P_k = \sum_{l=1}^{L} \sum_{j=1}^{M} x_{i+j}^{(l)} P_{j,\,k}^{(l)}
\tag{3-58}
$$

式中，$a_{i,k}$ 为第 k 个时间空间主分量，空间表示不同的通道；$P_{j,k}^{(l)}$ 为第 k 个特征向量 P_k 在第 l 通道滞后 j 的分量，它既反映了随空间演变（随通道 l 变化）又反映了随时间的演变（随时间 j 变化），显然当 $l=1$ 时，式（3-58）便是式（3-50），也就是说 SSA 是 MSSA 的特例。

求解完 $a_{i,k}$ 后便可同 SSA 一样，通过第 k 个主分量 $a_{i,\,k}$ 和特征向量 $P_{j,\,k}$ 重构出原震源多维微震信号 $\hat{x}_{i,\,k}^{(l)}$[53,54] 即主重构分量：

$$
\hat{x}_{i,\,k}^{(l)} =
\begin{cases}
\dfrac{1}{i} \displaystyle\sum_{j=1}^{i} a_{i-j,\,k} P_{j,\,k}^{(l)} & (1 \leqslant i \leqslant M-1) \\[3mm]
\dfrac{1}{M} \displaystyle\sum_{j=1}^{M} a_{i-j,\,k} P_{j,\,k}^{(l)} & (M \leqslant i \leqslant N-M+1) \\[3mm]
\dfrac{1}{N-i+1} \displaystyle\sum_{j=i-N+M}^{M} a_{i-j,\,k} P_{j,\,k}^{(l)} & (N-M+2 \leqslant i \leqslant N)
\end{cases}
\tag{3-59}
$$

那么 $l \times M$ 个主重构分量 $\hat{x}_{i,\,k}^{(l)}$ 的线性相加便与原始震源微震信号 $x_i^{(l)}$ 相同。为了将震源多信号的主要成分提取出来，可选取前 K 个贡献大的主分量。那么，原震源多维微震信号的近似 $\tilde{x}$ 可表示为：

$$
\tilde{x} = \left[\sum_{k=1}^{K} \hat{x}_{i,\,k}^{(1)}, \ \sum_{k=1}^{K} \hat{x}_{i,\,k}^{(2)}, \ \cdots, \ \sum_{k=1}^{K} \hat{x}_{i,\,k}^{(L)} \right]^{\mathrm{T}}
\tag{3-60}
$$

通过式 (3-60) 构建的新多维微震信号便是原震源多个微震信号的主要成分，尽可能地保留了可反应震源性质的有效破裂信号，略去了噪声干扰成分。

3.3.1.3 MSSA 分析的参数选择

利用 MSSA 获取震源的波形主成分时，需要确定两个基本的参数，即嵌入维数 M 和重构主分量数目 K。

A　嵌入维数 M 的选择

窗口选取过小会导致有效信号与噪声信号分离不完全，重构的微震信号中仍包含过多噪声，过大则会将信号分解得过于复杂，计算耗时增大。大多数学者是靠经验或者交叉验证的统计方法来确定最佳的嵌入维数，具有主观性。Cao[55] 以不同嵌入维数下序列之间的距离变化趋势来确定最小嵌入维数，由于算法简捷、实用性强，能够清晰地区分有用信号和噪声，常被作为最佳嵌入维数，得到广泛的应用。计算过程如下。

根据式 (3-61) 计算相空间中的数据点在不同的嵌入维数 M 下，最近的序列邻点距离变化值：

$$
a(i,\,M) = \frac{\| X_i(M+1) - X_{n(i,\,M)}(M+1) \|}{\| X_i(M) - X_{n(i,\,M)}(M) \|}
\tag{3-61}
$$

式中　　$\| \cdot \|$ ——向量的最大范数，给出了序列之间的欧几里得距离的度量；

　　$X_i(M+1)$ ——轨迹矩阵 X 中的第 i 行对应数据，嵌入维数为 $M+1$；

$X_{n(i,\,M)}(M+1)$ ——离 $X_i(M+1)$ 最近的向量，其中 $n(i,\,M)$ 为大于 1，且小于等于 $N-M$ 的整数。

那么，同一维数下，距离变化值的平均值 $E(M)$ 的求解公式为：

$$
E(M) = \frac{1}{N-M} \sum_{i=1}^{N-M} a(i,\,M)
\tag{3-62}
$$

最后，根据 $E(M)$ 的变化趋势便可确定最小的嵌入维数值 M_0，若当 $M \geqslant M_0$ 时，$E(M)$ 停止变化或变化波动较小，则最小嵌入维数为 M_0。从微震波形库中随机挑选一个被 10 个传感器捕捉的震源来计算 $E(M)$ 的变化趋势并确定出最小的嵌入维数 M_0，结果如图 3-12 所示。$E(M)$ 随着嵌入维数的增加先迅速增大后趋于稳定，其归一化斜率在开始时随着嵌入维数先增大后迅速减小最后趋于稳定。当嵌入维数大于 20 时，归一化斜率几乎趋近于 0。本节给定一个归一化斜率的阈值来确定最小嵌入维数 M_0，设定这个阈值为 0.001，那么这 10 条波形的最小嵌入维数可取 20。

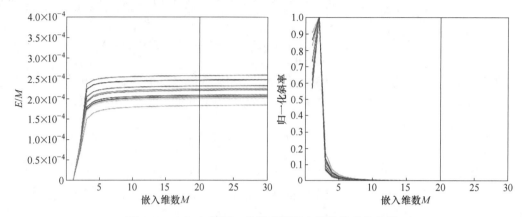

图 3-12　$E(M)$ 和归一化斜率随嵌入维数的变化曲线

　　需要强调的是，适当地增大嵌入维数虽有利于增强对有效信号的提取能力，但同时计算时间会增加，如图 3-13 给出计算时间随着嵌入维数增大的变化曲线，本次计算所使用的计算机硬件指标为：I7-8700 双核 3.2GHz 处理器。从图中可以看出，嵌入维数越大，计算耗时越大。计算波形数目越多，耗时呈现指数增长。在进行矩张量反演时，同一个震源需要被 6 个以上的传感器所接收，有的震源甚至被 20 多个传感器所接收，这个计算耗时是巨大的，从计算需求上嵌入维数不易过大。综合计算耗时及分离效

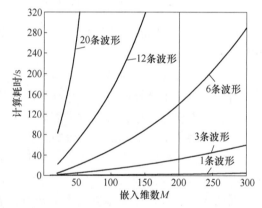

图 3-13　计算耗时随嵌入维的变化

果，本节在进行微震破裂信号的 MSSA 分析时采取 Cao[55] 的算法确定的嵌入维数 M 进行分析。

　　B　主成分数目 K 的选择

　　信号中有效成分的提取就是选取合理的主成分数目 K。常用的方法是观察奇异值序列的变化，排在前面较大的为有效特征值。对于同一个震源，传感器接收到的信号具有相同的属性，也就是每个传感器接收到的波形中，有效成分具有相似的属性，那么便可通过 MSSA 分析来提取这个共性。为了批量处理数据，我们希望利用较小的重构主成分数目 K 重构出信号的主要成分，也就是通过 MSSA 法使得信号的主要能量集中在前 K 个主重构分量中。为了衡量主重构分量占原波形的能量多少，定义波形主重构分量的能量贡献度为：

$$CD_k = \frac{\sum_{i=1}^{N} x_{RC_i^k}^2}{\sum_{i=1}^{N} x_i^2} \tag{3-63}$$

式中　$x^2_{RC^k_i}$ ——第 K 个主重构分量的第 i 个采样点振幅的平方；

　　　x^2_i ——原始波形中第 i 个采样点振幅的平方。

下面从微震数据库中随机挑选 3 个微震事件，一共由 30 条微震波形组成。分析 K 取 1 时第一主重构分量 RC 1 的能量贡献度随嵌入维数的变化，结果如图 3-14 所示。可以看出当嵌入维数在 20~27 时，这 30 条随机微震破裂信号的第一主重构分量 RC 1 的能量贡献度均可达到 80% 以上。能量贡献度越高的波形其原始波形的噪声成分越少。对这 30 条随机波形进一步分析，当其在嵌入维数取 20 时进行奇异值分解，并求解各重构分量的能量贡献度，结果如图 3-15 所示。图 3-15（a）给出了嵌入维数取 20 时奇异值的分布，可以看出存在两个较大的奇异值点，第 1 个奇异值的数值是第 2 个奇异值的 4 倍以上。从图 3-15（b）中可以看出，30 条随机波形的第 1 个奇异值对应的第 1 主重构分量 RC 1 的能量贡献度远远高于其他主重构分量的能量贡献度，也就是说有效信号成分主要集中在 RC 1 中。因此，本节在对微震信号进行 MSSA 分析时，重构主分量数目 K 取 1 便可满足要求。

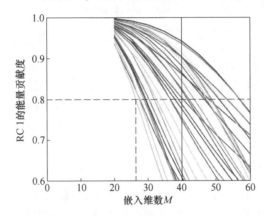

图 3-14　第一主重构分量 RC 1 的能量贡献度随嵌入维数的变化

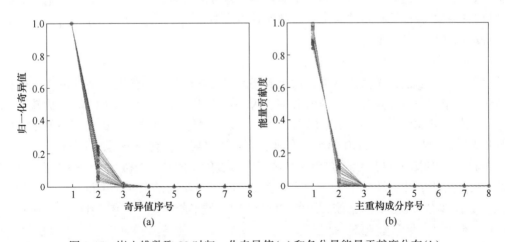

图 3-15　嵌入维数取 20 时归一化奇异值(a)和各分量能量贡献度分布(b)

3.3.1.4　基于 MSSA 的矩张量反演程序步骤

单个岩石破裂事件的矩张量反演步骤包括：数据预处理、P 波到时拾取、波形对齐、利用 MSSA 方法提取波形主成分并确定初动振幅、使用初动振幅进行矩张量反演，实现流程见图 3-16。

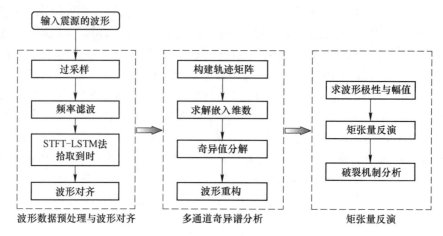

图 3-16 基于 MSSA 的矩张量反演流程

反演的各个步骤可概括如下。

A 步骤 1：波形数据预处理

首先，对数据进行过采样，以便后续通过微小的偏移实现波形的精确对齐（对同一个微震事件的所有波形的 P 波对齐）。过采样后的波形数据经过滤波器进行滤波以提高信噪比。

B 步骤 2：波形对齐

首先从一个微震破裂事件所接收到的所有波形中选择出最大信噪比的信号。继而将其余信号与该信号进行互相关对比，通过对波形的平移来实现其余信号与该信号具有最大的相关性。波形对齐的目的是对于同一个微震破裂事件的所有波形，使得 P 波之前具有相同的长度，P 波之后也具有同样的长度。对齐后的波形在进行后续 MSSA 分析时，能够更准确地提取出波形的有效成分。

C 步骤 3：进行 MSSA 分析

将前面对齐后的多条微震波形，通过 MSSA 方法进行分析：选取合适的嵌入维数构造轨迹矩阵、求解协方差矩阵、奇异值分解、求解第 1 主重构分量 RC 1 的能量贡献度 CD，如果 CD 值大于 80%（即要求 RC 1 需占主导地位），则满足要求，保存该震源的第 1 主重构分量 RC 1 的结果。如果 CD 值小于 80%，则不满足要求，舍弃该震源事件。

步骤 1~3 如图 3-17 所示。图中 8 个波形为微震库中的某一个微震事件的波形。预处理与波形对齐后的结果如图 3-17（a）所示。经过 MSSA 分析后的前 4 个主重构分量（RC 1~RC 4）如图 3-17（b）所示，该震源的 RC 1 与原始波形的对比，如图 3-17（c）所示。

D 步骤 4：矩张量反演

波形的初动极性及初动振幅是求解矩张量的主要参数。对于初动极性，在步骤 1 中便获取了，由于 MSSA 不会改变相位，所以初动极性不需要再求解一次。只需要对初动振幅进行求解便可。初动振幅可通过构建权值矩阵来求解，方法如下：

$$X = X_{\mathrm{RC}}^{(1)} W^{\mathrm{T}} \tag{3-64}$$

式中 X ——震源的波形矩阵，每列表示一个传感器接收到的波形；

$\quad\quad X_{RC}^{(1)}$ ——占优的第一主重构分量即由该震源的多个波形提取的共性成分；

$\quad\quad W^T$ —— $X_{RC}^{(1)}$ 在震源的每个波形中所占的比重。

对于一个震源而言只有一个 $X_{RC}^{(1)}$ ，那么由式（3-64）求得的 W^T 乘以 $X_{RC}^{(1)}$ 的初动振幅便为震源各波形的有效初动振幅。

获取出震源的每个波形主重构成分的极性与振幅后，便可根据式（3-27）求解微震事件的矩张量。

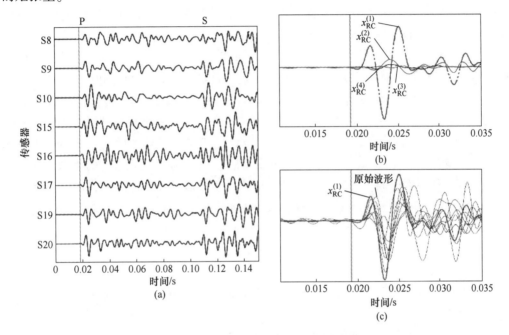

图 3-17   应用 MSSA 方法对一震源进行分析

（a）微震事件波形；（b）主重构分量 RC 1、RC 2、RC 3 和 RC 4；（c）第 1 主重构分量 RC 1 和原始波形对比

3.3.2   MSSA 与混合矩张量联合反演

上面提出的方法旨在削弱噪声对矩张量反演的影响，而影响矩张量反演另一个主要因素是传播介质的影响。监测区内不良地质体的存在及传感器的耦合性质会使估算的格林函数（格林函数描述了震源和传感器之间波传播的性质）更加不准确，继而对矩张量反演产生不利影响。Linzer[56]基于一个聚类范围内的微震事件辐射路径是一致的假定[57,58]提出了混合矩张量方法，通过不断迭代修正（可略去格林函数的影响）来削弱传播介质对矩张量反演的影响，提高矩张量反演的准确性。近些年，该方法在实验室尺度下的岩石声发射试验和工程尺度下的矿山岩体微震监测研究中都得到了广泛应用[37,59]。本节将 MSSA-MT 方法与该方法进行联合，以期达到同时削弱噪声和传播介质影响的目的。

3.3.2.1   混合矩张量理论

混合矩张量方法本质上是一种考虑权重的方法，目的是通过逐渐减少不良数据对矩张量求解方程组的影响，增加计算矩张量的准确度。根据统计学理论，测量误差的分布是具有一定规律的。在矩张量反演中的误差表示测量数据（传感器接收到的波形数据）与求解结果的不匹配程度，是一系列误差的综合结果。异常值（数据点的残差远离平均误差或者中位值误差）可以利用相关的权重进行降低，即对不合理的微震波形观测振幅进行相应的放大或者缩小以达到一个最优的状态。混合矩张量方法的数学表述如下：

求解矩张量 $\boldsymbol{M}$ 时，利用该式的逆运算形式：

$$\boldsymbol{M} = \boldsymbol{G}^{-1}\boldsymbol{u} \tag{3-65}$$

式中 $\boldsymbol{G}^{-1}$ ——矩阵 $\boldsymbol{G}$ 的广义逆。

通过对式（3-65）进行符号扩展使其表示一个微震事件群中的第 i 个破裂事件 i^{th}，而不是一个孤立的微震事件，式（3-65）可以写成：

$$\boldsymbol{M}_i = \boldsymbol{G}_i^{-1}\boldsymbol{u}^{\text{obs}} \tag{3-66}$$

式中，下标 i 为微震事件群中的第 i^{th} 个事件；上标 obs 为矩阵 $\boldsymbol{u}$ 的观测值。

$\boldsymbol{u}_i^{\text{obs}}$ 是事件 i 的观测振幅数据向量，其包含了形式为 u_{ijkl} 的 N 个传感器接收到的波形振幅值，下标 i 表示事件序号，$i = (1, 2, 3, \cdots, N)$，N 表示微震事件群中的微震事件数目；下标 j 表示传感器序号，$j = (1, 2, 3, \cdots, P)$，P 是传感器的数目；下标 k 代表着传感器的三个部分，$k = (1, 2, 3)$（针对 3 分量传感器）；下标 l 代表着波的类型，$l = 1$ 代表着 P 波，$l = 2$ 代表着 S 波。应用 u_{ijkl} 的表达形式，并考虑式（3-66）中的每一个方程，记录在传感器 j^{th} 上、分量为 k 的 l 型波与格林函数和矩张量有关的第 i^{th} 微震事件的位移值可表示为：

$$u_{ijkl}^{\text{obs}} = \sum_{r=1}^{N} G_{ijklr} m_{ir} \tag{3-67}$$

一旦求得了微震事件群中的每个微震事件 i 的矩张量 $\boldsymbol{M}_i$，则该微震事件的理论位移 $\boldsymbol{u}_i^{\text{th}}$ 可通过式（3-68）计算：

$$\boldsymbol{u}_i^{\text{th}} = \boldsymbol{G}_i \boldsymbol{M}_i \tag{3-68}$$

因为式（3-68）是超静定的，矩张量 $\boldsymbol{M}_i$ 是最小二乘拟合的结果，所以通常情况下，$\boldsymbol{u}_i^{\text{th}} \neq \boldsymbol{u}_i^{\text{obs}}$，这是混合矩张量反演的重要基础。根据观测位移与计算位移的不同，那么可通过考虑微震事件群中所有的微震事件，确定出位移修正权重来修正观测位移值，如式（3-69）所示：

$$u_{ijkl}^{\text{new}} = u_{ijkl}^{\text{old}} + a_{jkl} \cdot u_{ijkl}^{\text{old}} \tag{3-69}$$

式中 a_{jkl}——一个复合的权重函数。

首次迭代时 $u_{ijkl}^{\text{old}} = u_{ijkl}^{\text{obs}}$，后续利用式（3-69）不停地迭代修正 u_{ijkl}^{old}，使之趋近于 u_{ijkl}^{th}。复合权重 a_{jkl} 定义如下：

$$a_{jkl} = w_{\text{IterNo}} \cdot (\overline{r}_{jkl} - 1) \tag{3-70}$$

式中 w_{IterNo}——一个衰减函数，控制所施加的加权振幅，范围 0~1；

$\overline{r}_{jkl} - 1$ ——场地修正，其中 $\overline{r}_{jkl}$ 由理论位移 $\boldsymbol{u}_i^{\text{th}}$ 和观测位移 $\boldsymbol{u}_i^{\text{obs}}$ 之比确定。

$\overline{r}_{jkl}$ 计算公式如下：

$$\overline{r}_{jkl} = \frac{1}{N_{\text{eq}}} \sum_{i=1}^{N_{\text{eq}}} \left(\frac{u_{ijkl}^{\text{th}}}{u_{ijkl}^{\text{obs}}} \right) \tag{3-71}$$

式中 N_{eq}——等式数量，N_{eq}少于或等于微震事件群中微震事件的数量 N。

平均比 $\overline{r}_{jkl}$ 是利用微震事件群中传感器 j 所监测到的所有微震事件进行求解的。

$\overline{r}_{jkl} - 1$ 就像一个平滑函数，当微震事件群中所有微震事件的 $u_{ijkl}^{th} = u_{ijkl}^{obs}$ 时，$\overline{r}_{jkl}$ 等于1，也就是说理论位移与观测位移相等，则不需要进行修正，这在实际矿山中很难存在。如果微震事件群中大多数事件的 $u_{ijkl}^{th} \approx u_{ijkl}^{obs}$、$\overline{r}_{jkl} \approx 1$，那么 a_{jkl} 将是一个很小的值，接近于0。在这种情况下，一旦观测位移和理论位移非常接近，观测值可以认为具有很高的精度，因此只需赋予观测值很小的修正。如果事件群中大多数事件的 $u_{ijkl}^{th} > u_{ijkl}^{obs}$，意味着传感器的观测值被低估了，$\overline{r}_{jkl}>1$、$a_{jkl}>0$，需要对观测值进行正向修正。反之，如果 $u_{ijkl}^{th} < u_{ijkl}^{obs}$，意味着观测值被高估了，$\overline{r}_{jkl}>1$、$a_{jkl}<0$，需要对观测值进行逆向修正。式（3-71）也可写成中位数的形式：

$$\overline{r}_{jkl} = \mathrm{median}\left(\frac{u_{ijkl}^{th}}{u_{ijkl}^{m}}\right)_{i=1,\,N_{eq}} \tag{3-72}$$

当微震信号的位移值由式（3-69）确定后，那么微震事件群中每个事件的新矩张量可以用下式进行更新计算：

$$\boldsymbol{M}_i^{new} = \boldsymbol{G}^{-1}\boldsymbol{u}_i^{new} \tag{3-73}$$

获得新的矩张量后重回式（3-66），重新计算理论位移，再利用式（3-69）~式（3-73）修正位移值获取新的矩张量解。重复上述过程，直到场地修正系数（$\overline{r}_{jkl} - 1$）满足一定的终止条件，$\overline{r}_{jkl} - 1 < \varepsilon$，确定出"最佳"解。

3.3.2.2 MSSA 与混合矩张量联合反演程序步骤

3.3.1节给出了单个微震事件的 MSSA-MT 反演方法，通过敏感性测试证明了其对噪声的抗性。那么，可利用 MSSA-MT 方法确定的振幅和极性与混合矩张量方法联合，则即可削弱噪声影响又可削弱传播路径和传感器的影响。本小节将这两种方法的联合简称为 MSSA-HMT 反演方法，流程图见图 3-18，该图为图 3-16 的进一步扩展。

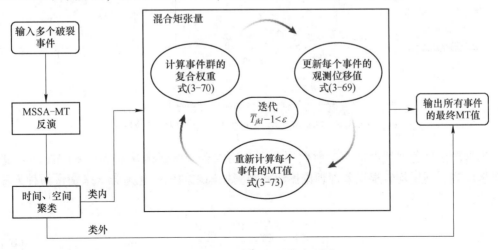

图 3-18　MSSA-HMT 反演流程图

MSSA-HMT 反演的各个步骤可概括如下：

（1）输入多个微震事件，按照图 3-16 中描述的步骤，利用 MSSA-MT 方法对所有微震事件求解矩张量。

（2）基于一定时间、一定体积内的微震事件往往具有相似震源机制的假定[60-62]，对输入的多个微震事件按照一定时间、一定空间进行聚类，聚类内的事件输入到混合矩张量内进行矩张量的修正，聚类外的事件作为孤零的事件不再对 MSSA-MT 反演后的矩张量进行修正，直接作为最终的矩张量结果进行输出。

（3）对于聚类内的所有事件按照上文方法不断地修正位移值，继而达到不断修正矩张量的目的。达到终止条件后，输出所有微震事件的最终矩张量值。

3.3.2.3 效果验证

Linzer[56]利用混合矩张量方法对 Oryx 金矿的微震事件震源机制进行解译，研究结果较未修正的矩张量结果更符合矿山实际破裂机制。此外，Kwiatek[63]通过人工合成的 P 波位移振幅，验证了混合矩张量方法可对不精确的矩张量进行修正。为了验证联合反演方法 MSSA-HMT 的有效性，本小节以带有环向缺口的砂岩岩石（见图 3-19（a））在三轴压缩条件下的声发射试验数据进行验证分析，该试件的破裂机制以压缩破裂为主[64]。声发射波形数据来自德国地球科学研究中心地质力学与流变学课题组，传感器布置与岩石破裂点的声发射定位如图 3-19（b）和（c）所示[63]。

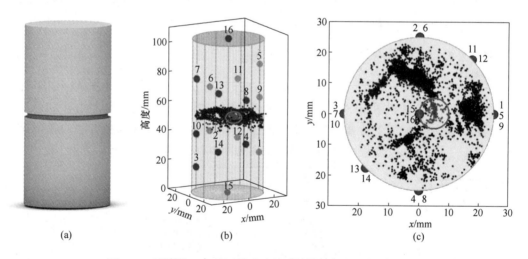

（a）　　　　　　（b）　　　　　　　（c）

图 3-19　预制缺口三轴压缩试验的试件模型与声发射定位
（a）试件模型；（b）声发射定位透视图；（c）声发射定位顶视图

选择图中红色实线内的声发射数据分别利用混合矩张量方法和 MSSA-HMT 方法进行矩张量反演。利用均方根误差即理论振幅和观测振幅之间归一化差异，来衡量两种方法的准确度，公式如下：

$$\text{RMS} = \frac{\sqrt{\sum \left(A_i^{\text{th}} - A_i^{\text{obs}}\right)^2}}{\sqrt{\sum \left(A_i^{\text{th}}\right)^2}} \tag{3-74}$$

式中　　A_i^{th}——第 i 个传感器对应的反算理论振幅；

　　　　A_i^{obs}——第 i 个传感器的观测位移。

图 3-20 记录了两种方法的 RMS 误差及理论与观测幅值比随迭代步数的变化。可以明显看出，MSSA-HMT 方法由于 MSSA 的信号主成分提取功能在迭代初期 RMS 误差相对混合矩张量方法更小，且 RMS 误差达到平衡时所用迭代步数更少，最终迭代结束时的 RMS 误差也小。此外，将常规方法、混合矩张量方法及 MSSA-HMT 方法反演的结果绘制于可展示矩张量 DC、CLVD 和 ISO 成分的 Hudson 图[65]中，如图 3-21 所示。不难理解，图 3-19 所描述的岩石声发射的产生是由于岩石颗粒受压、空隙塌陷等压缩破裂机制引起的。那么，可以从图 3-21（b）中看出，混合矩张量方法通过迭代不断地修正了原始的矩张量解，使其 RMS 误差逐渐降低，矩张量分布不断靠近于 Hudson 图中压缩裂纹（Anticrack）处。与之相比，从图 3-21（c）中可以看出，MSSA-HMT 方法的修正效果更佳，RMS 的误差更小，矩张量分布在 Hudson 图中压缩裂纹处聚集程度更高，更符合实际的破裂机制。由此可见，MSSA-HMT 方法可以得到更加准确的矩张量反演结果。

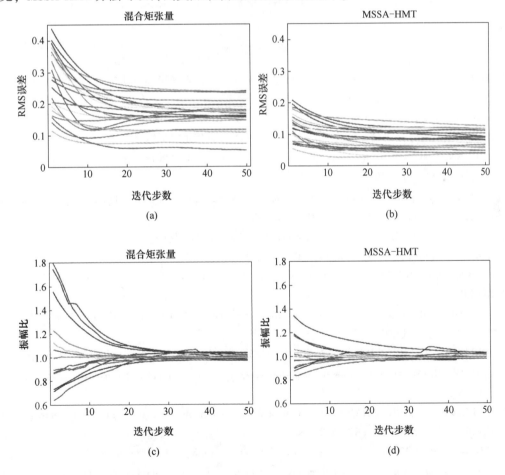

图 3-20　混合矩张量与 MSSA-HMT 方法效果对比

（a），（b）RMS 误差随迭代过程的变化；（c），（d）理论与观测幅值比随迭代过程的变化

（扫描书前二维码看彩图）

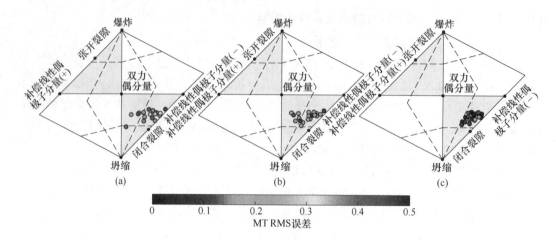

图 3-21　三种矩张量反演方法的结果对比
（a）常规方法；（b）混合矩张量方法；（c）MSSA-HMT 方法
（扫描书前二维码看彩图）

参 考 文 献

[1] MURA T. Micromechanics of defects in solids [M]. Holland：M. Nijhoff, 1987.

[2] ONO K, OHTSU M. A generalized theory of acoustic emission and Green's functions in a half space [J]. Journal of Acoustic Emission, 1984, 3 (1)：27-40.

[3] 陈运泰, 王培德, 吴忠良. 地震矩张量及其反演 [M]. 国家地震局地球物理研究所, 1992.

[4] KACHANOV M. Continuum model of medium with cracks [J]. Journal of the Engineering Mechanics Division, 1980, 106：1039-1051.

[5] VAVRYČUK V. Tensile earthquakes：Theory, modeling, and inversion [J]. Journal of Geophysical Research：Solid Earth, 2011, 116 (B12)：B12320.

[6] KNOPOFF L, RANDALL M J. The compensated linear-vector dipole：A possible mechanism for deep earthquakes [J]. Journal of Geophysical Research, 1970, 75 (26)：4957-4963.

[7] FERRILL D A, MORRIS A P. Dilational normal faults [J]. Journal of Structural Geology, 2003, 25 (2)：183-196.

[8] FISCHER T, GUEST A. Shear and tensile earthquakes caused by fluid injection [J]. Geophys Res Lett, 2011, 38 (5)：387-404.

[9] FOULGER G R, JULIAN B R. Non-Double-Couple Earthquakes [M]. Berlin, Heidelberg：Springer, 2015.

[10] VAVRYČUK V. Moment tensor decompositions revisited [J]. Journal of Seismology, 2015, 19 (1)：231-252.

[11] EYRE T S, VAN DER BAAN M. Overview of moment-tensor inversion of microseismic events [J]. The Leading Edge, 2015, 34 (8)：882-888.

[12] YOUNG R P, MAXWELL S C, URBANCIC T I, et al. Mining-induced microseismicity：Monitoring and applications of imaging and source mechanism techniques [J]. Pure And Applied Geophysics, 1992, 139 (3/4)：697-719.

[13] URBANCIC T I, TRIFU C I, YOUNG P R. Microseismicity derived fault-Planes and their relationship to focal mechanism, stress inversion, and geologic data [J]. Geophys Res Lett, 1993, 20 (22)：

2475-2478.

［14］ DOU J, YUNUS P A, TIEN BUI D, et al. Evaluating GIS-Based Multiple Statistical Models and Data Mining for Earthquake and Rainfall-Induced Landslide Susceptibility Using the LiDAR DEM ［J］. Remote Sensing, 2019, 11（6）: 638.

［15］ MCGARR A. Moment tensors of ten witwatersrand mine tremors ［J］. Pure Applied Geophysics, 1992, 139（3/4）: 781-800.

［16］ GIBOWICZ S J, KIJKO A. 矿山地震学引论 ［M］. 修济刚, 徐平, 杨心平, 译. 北京: 地震出版社, 1998.

［17］ ŠÍLENÝ J, MILEV A. Seismic Moment Tensor Resolution on a Local Scale: Simulated Rockburst and Mine-induced Seismic Events in the Kopanang Gold Mine, South Africa ［J］. Pure and Applied Geophysics, 2006, 163（8）: 1495-1513.

［18］ YOUNG R P, COLLINS D S. Seismic studies of rock fracture at the Underground Research Laboratory, Canada ［J］. International Journal of Rock Mechanics & Mining Sciences, 2001, 38（6）: 787-799.

［19］ YOUNG R P, COLLINSB D S, REYES-MONTES J M, et al. Quantification and interpretation of seismicity ［J］. International Journal of Rock Mechanics & Mining Sciences, 2004, 41: 1317-1327.

［20］ SEN A T, CESCA S, BISCHOFF M, et al. Automated full moment tensor inversion of coal mining-induced seismicity ［J］. Geophys J Int, 2013, 195（2）: 1267-1281.

［21］ LE GONIDEC Y, SAROUT J, WASSERMANN J, et al. Damage initiation and propagation assessed from stress-induced microseismic events during a mine-by test in the Opalinus Clay ［J］. Geophys J Int, 2014, 198（1）: 126-139.

［22］ SELLERS E J. Source parameters of acoustic emission events and scaling with mining-induced seismicity ［J］. Journal of Geophysical Research, 2003, 108（B9）: 2418.

［23］ LINZER L, MHAMDI L, SCHUMACHER T. Application of a moment tensor inversion code developed for mining-induced seismicity to fracture monitoring of civil engineering materials ［J］. Journal of Applied Geophysics, 2015, 112: 256-267.

［24］ TAPE W, TAPE C. A geometric setting for moment tensors ［J］. Geophys J Int, 2012, 190（1）: 476-498.

［25］ SHIMIZU H, UEKI S, KOYAMA J. A tensile - shear crack model for the mechanism of volcanic earthquakes ［J］. Tectonophysics, 1987, 144（1）: 287-300.

［26］ ROSS A C. The geysers geothermal area, California: tomographic images of the depleted steam reservoir and non- double-couple earthquakes ［J］. Durham University, 1996.

［27］ MARTÍNEZ-GARZÓN P, KWIATEK G, BOHNHOFF M, et al. Impact of fluid injection on fracture reactivation at The Geysers geothermal field ［J］. Journal of Geophysical Research Solid Earth, 2016, 121: 7432-7449.

［28］ HORNER R B, HASEGAWA H S. The seismotectonics of southern Saskatchewan ［J］. Canadian Journal of Earth Sciences, 1936, 15（8）: 1341-1355.

［29］ ZHONG J, LIU S, MA Y S, et al. Macro-fracture mode and micro-fracture mechanism of shale ［J］. Petroleum Exploration Development, 2015, 42（2）: 269-276.

［30］ MAXWELL S C, CIPOLLA C L. What Does Microseismicity Tell Us About Hydraulic Fracturing? ［C］ // SPE Annual Technical Conference and Exhibition, 2011: 1-14.

［31］ MOLINDA G, MARK C. Ground Failures in Coal Mines with Weak Roof ［J］. Electronic Journal of Geotechnical Engineering, 2010, 15: 1-42.

［32］ HEAP M J, FARQUHARSON J I, BAUD P, et al. Fracture and compaction of andesite in a volcanic edifice ［J］. Bulletin of Volcanology, 2015, 77 (6): 55.

［33］ ESTERHUIZEN G S, DOLINAR D R, ELLENBERGER J L. Pillar strength in underground stone mines in the United States ［J］. International Journal of Rock Mechanics & Mining Sciences, 2011, 48 (1): 42-50.

［34］ KWIATEK G, GOEBEL T, DRESEN G. Seismic moment tensor and b-value variations over successive seismic cycles in laboratory stick-slip experiments ［J］. Geophys Res Lett, 2015, 41 (16): 5838-5846.

［35］ KOEHL J B P, BERGH S G, WEMMER K. Neoproterozoic and post-Caledonian exhumation and shallow faulting in NW Finnmark from K/Ar dating and p/T analysis of fault-rocks ［J］. Solid Earth Discussions, 2018: 1-59.

［36］ VAVRYCUK V. Moment tensor inversion based on the principal component analysis of waveforms: method and application to microearthquakes in West Bohemia, Czech Republic ［J］. Seismological Research Letters, 2017, 88 (5): 1303-1315.

［37］ LINZER L, MHAMDI L, SCHUMACHER T. Application of a moment tensor inversion code developed for mining-induced seismicity to fracture monitoring of civil engineering materials ［J］. Journal of Applied Geophysics, 2013, 112: 256-267.

［38］ FORD S, DREGER D S, WALTER W R. Network Sensitivity Solutions for Regional Moment-Tensor Inversions ［J］. Bulletin of the Seismological Society of America, 2010, 100 (5A): 1962-1970.

［39］ ŠÍLENÝ J, MILEV A. Seismic Moment Tensor Resolution on a Local Scale: Simulated Rockburst and Mine-induced Seismic Events in the Kopanang Gold Mine, South Africa ［J］. Pure Applied Geophysics, 2006, 163 (8): 1495-1513.

［40］ GIBBONS S J, RINGDAL F. The detection of low magnitude seismic events using array-based waveform correlation ［J］. Geophysical Journal of the Royal Astronomical Society, 2010, 165 (1): 149-166.

［41］ 赵佳佳, 陈志遥, 张燕, 等. 奇异谱分析在倾斜应变数据处理中的应用研究 ［J］. 大地测量与地球动力学, 2017, 37 (5): 541-545.

［42］ READ P L. Phase portrait reconstruction using multivariate singular systems analysis ［J］. Physica D, 1993, 69 (3/4): 353-365.

［43］ VAUTARD R, GHIL M. Singular spectrum analysis in nonlinear dynamics, with applications to paleoclimatic time series ［J］. Physica D Nonlinear Phenomena, 1989, 35 (3): 395-424.

［44］ GROTH A, GHIL M. Monte carlo singular spectrum analysis (SSA) revisited: Detecting oscillator clusters in multivariate datasets ［J］. Journal of Climate, 2015, 28 (19): 150811121421002.

［45］ 徐士良. 数值分析与算法 ［M］. 北京: 机械工业出版社, 2003.

［46］ 卢德林, 郭兴明. 基于奇异谱分析的心音信号小波包去噪算法研究 ［J］. 振动与冲击, 2013 (18): 63-69.

［47］ 王解先, 连丽珍, 沈云中. 奇异谱分析在 GPS 站坐标监测序列分析中的应用 ［J］. 同济大学学报 (自然科学版), 2013, 41 (2): 282-288.

［48］ 朱丹, 刘天佑, 李宏伟. 基于奇异谱分析的重磁位场分离方法 ［J］. 地球物理学报, 2018, 61 (9): 3800-3811.

［49］ OROPEZA V, SACCHI M. Simultaneous seismic data denoising and reconstruction via multichannel singular spectrum analysis ［J］. Geophysics, 2011, 76 (3): V25-V32.

［50］ HUANG W, WANG R, CHEN Y, et al. Damped multichannel singular spectrum analysis for 3D random noise attenuation ［J］. Geophysics, 2015, 81 (4): V261-V270.

［51］ 叶沛, 许可, 徐曦煜. 基于奇异谱分析的 DGPS 浮标海面高测量误差研究 ［J］. 遥感技术与应用, 2015 (4): 661-666.

［52］汪浩, 岳建平, 向云飞, 等. 基于 MSSA 的区域 GPS 站点季节性信号提取 ［J］. 大地测量与地球动力学, 2019, 39 (5): 80-84, 107.

［53］曹奇, 岳东杰, 王海, 等. 基于奇异谱分析的大桥索塔变形信号提取与分析 ［J］. 大地测量与地球动力学, 2014, 34 (5): 144-150.

［54］丁裕国, 程正泉, 程炳岩. MSSA-SVD 典型回归模型及其用于 ENSO 预报的试验 ［J］. 气象学报, 2002 (3): 361-369.

［55］CAO L Y. Practical method for determining the minimum embedding dimension of a scalar time series ［J］. Physica D Nonlinear Phenomena, 1997, 110 (1/2): 43-50.

［56］LINZER L M. A Relative Moment Tensor Inversion Technique Applied to Seismicity Induced by Mining ［J］. Rock Mechanics Rock Engineering, 2005, 38 (2): 81-104.

［57］DAHM T. Relative moment tensor inversion based on ray theory: Theory and synthetic tests ［J］. Geophysical Journal of the Royal Astronomical Society, 2010, 124 (1): 245-257.

［58］ONCESCU M C. Relative seismic moment tensor determination for Vrancea intermediate depth earthquakes ［J］. Pure Applied Geophysics, 1986, 124 (4/5): 931-940.

［59］ZHAO Y, YANG T H, BOHNHOFF M, et al. Study of the Rock Mass Failure Process and Mechanisms During the Transformation from Open-Pit to Underground Mining Based on Microseismic Monitoring ［J］. Rock Mechanics Rock Engineering, 2018, 51 (5): 1473-1493.

［60］GEORGOULAS G, KONSTANTARAS A, KATSIFARAKIS E, et al. "Seismic-mass" density-based algorithm for spatio-temporal clustering ［J］. Expert Systems with Applications 2013, 40 (10): 4183-4189.

［61］WOODWARD K, WESSELOO J, POTVIN Y. A spatially focused clustering methodology for mining seismicity ［J］. Engineering Geology, 2017, 232: 104-113.

［62］SHANG X Y, LI X B, ANTONIO M E, et al. Data Field-Based K-Means Clustering for Spatio-Temporal Seismicity Analysis and Hazard Assessment ［J］. Remote Sensing, 2018, 10 (3): 1-12.

［63］KWIATEK G, MARTÍNEZ-GARZÓN P, BOHNHOFF M. HybridMT: A MATLAB/Shell Environment Package for Seismic Moment Tensor Inversion and Refinement ［J］. Seismological Research Letters, 2016, 87 (4): 964-976.

［64］CHARALAMPIDOU E M, HALL S A, STANCHITS S, et al. Characterization of shear and compaction bands in a porous sandstone deformed under triaxial compression ［J］. Tectonophysics, 2011, 503 (1/2): 8-17.

［65］HUDSON J A, PEARCE R G, ROGERS R M. Source type plot for inversion of the moment tensor ［J］. Journal of Geophysical Research Solid Earth, 1989, 94 (B1): 765-774.

4 矿山采动岩体微震事件的震源
参数计算理论与方法

4.1 微震源的辐射花样

破裂面的法向量 $\boldsymbol{n}(n_1, n_2, n_3)$ 及其运动方向向量 $\boldsymbol{l}(l_1, l_2, l_3)$ 可由式（4-1）表示：

$$\begin{cases} \boldsymbol{n} = \sqrt{\dfrac{M_1 - M_2}{M_1 - M_3}}\boldsymbol{e}_1 + \sqrt{\dfrac{M_2 - M_3}{M_1 - M_3}}\boldsymbol{e}_3 \\ \\ \boldsymbol{l} = \sqrt{\dfrac{M_1 - M_2}{M_1 - M_3}}\boldsymbol{e}_1 - \sqrt{\dfrac{M_2 - M_3}{M_1 - M_3}}\boldsymbol{e}_3 \end{cases} \tag{4-1}$$

式中 M_1，M_2，M_3——矩张量的特征值（$M_1 > M_2 > M_3$）；

$\boldsymbol{e}_1$，$\boldsymbol{e}_2$，$\boldsymbol{e}_3$——矩张量特征值对应的特征向量。

矢量 $\boldsymbol{l}$ 和 $\boldsymbol{n}$ 是可互换的，根据动力学原理，破裂面的运动方向趋近于岩石宏观变形方向。因此，破裂面的运动方向相对于破裂面的法向量应更接近最小主应力方向。

与破裂面有关的参数定义可参见图 4-1。破裂面法向矢量 $\boldsymbol{n}(n_1, n_2, n_3)$、滑动矢量 $\boldsymbol{l}(l_1, l_2, l_3)$ 与破裂面的走向、倾角、滑移角度及张拉角间的关系可表述为：

$$n_1 = -\sin\delta\sin\phi_s \tag{4-2}$$

$$n_2 = \sin\delta\sin\phi_s \tag{4-3}$$

$$n_3 = -\cos\delta \tag{4-4}$$

$$l_1 = (\cos\lambda_s\cos\phi_s + \cos\delta\sin\lambda_s\sin\phi_s)\cos\gamma - \sin\delta\sin\phi_s\sin\gamma \tag{4-5}$$

$$l_2 = (\cos\lambda_s\sin\phi_s - \cos\delta\sin\lambda_s\cos\phi_s)\cos\gamma + \sin\delta\cos\phi_s\sin\gamma \tag{4-6}$$

$$l_3 = -\sin\lambda_s\sin\delta\cos\gamma - \cos\delta\sin\gamma \tag{4-7}$$

式中 ϕ_s——破裂面的走向；

δ——破裂面的倾角；

λ_s——滑移角，即走向方向逆时针旋至微破裂面方向向量在破裂面上投影所需的角度；

γ——张拉角，即破裂面方向向量及其在破裂面上投影向量（滑移向量）间的夹角，其中张拉角可通过式（4-8）直接求得。

$$\gamma = 90° - \arccos(\boldsymbol{n} \cdot \boldsymbol{l})\frac{180°}{\pi} \tag{4-8}$$

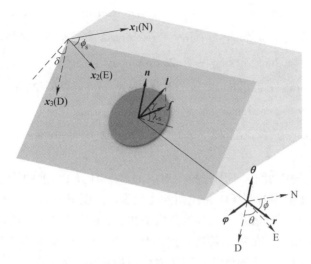

图 4-1 微破裂面及其释放微震射线

有关参数的定义：x_1，x_2 及 x_3 为指向正北、正东、正下方的单位向量，破裂面及其所在平面分别用蓝色的圆盘和橙色的斜平面表示，ϕ_s 为破裂面的走向，δ 为破裂面的倾角，λ_s 为滑移角，γ 为张拉角，即破裂面方向向量及其在破裂面上投影向量间的夹角，n 及 l 分别为破裂面的法向量及其运动方向向量，f 为破裂面的滑移向量，r 为破裂到微震传感器间微震射线的单位方向向量，φ 为微震射线上由 SH 波引起的向上振动的单位方向矢量，θ 为微震射线上由 SV 波引起的向右振动的单位方向矢量，ϕ 及 θ 为微震射线方位角及离源角。

任意一个破裂面诱发的微震波都会包含 P、SH 及 SV 波，在破裂面的不同方向上，不同类型微震波对应的能量不同，能量的大小即为能量辐射花样系数。P、SH 及 SV 波的能量辐射花样系数计算公式如式（4-9）所示：

$$R_P^2 = (r^{\mathrm{T}}Sr)^2, \quad r = \sin\theta\cos\phi x_1 + \sin\theta\sin\phi x_2 + \cos\theta x_3$$

$$R_{SH}^2 = (\varphi^{\mathrm{T}}Sr)^2, \quad \theta = \cos\theta\cos\phi x_1 + \cos\theta\sin\phi x_2 - \sin\theta x_3 \quad (4\text{-}9)$$

$$R_{SV}^2 = (\theta^{\mathrm{T}}Sr)^2 \quad \varphi = \sin\theta\cos\phi x_1 + \sin\theta\sin\phi x_2 + \cos\theta x_3$$

式中　R_P^2，R_{SH}^2，R_{SV}^2——P、SH、SV 波的能量辐射花样系数；

$\quad\quad\quad r$——破裂到微震传感器间微震射线的单位方向向量；

$\quad\quad\quad \varphi$——微震射线上由 SH 波引起的向上振动的单位方向矢量；

$\quad\quad\quad \theta$——微震射线上由 SV 波引起的向右振动的单位方向矢量；

$\quad\quad\quad$T——矩阵的转置；

$\quad\quad\quad S$——微破裂面的源位错张量；

$\quad x_1$，x_2，x_3——指向正北、正东、正下方的单位向量；

$\quad\quad\quad \phi$——微震射线方位角；

$\quad\quad\quad \theta$——离源角。

S 的元素是：

$$S_{11} = \left[2\nu/(1-2\nu) + 2\sin^2\delta\sin^2\phi_s \right]\sin\gamma - (\sin\delta\cos\lambda_s\sin2\phi_s + \sin2\delta\sin\lambda_s\sin^2\phi_s)\cos\gamma$$

$$S_{22} = \left[2\nu/(1-2\nu) + 2\sin^2\delta\cos^2\phi_s \right]\sin\gamma + (\sin\delta\cos\lambda_s\sin2\phi_s - \sin2\delta\sin\lambda_s\cos^2\phi_s)\cos\gamma$$

$$S_{33} = \left[2\nu/(1-2\nu) + 2\cos^2\delta \right]\sin\gamma + \sin2\delta\sin\lambda_s\cos\gamma$$

$$S_{12} = -\sin^2\delta\sin2\phi_s\sin\gamma + (\sin\delta\cos\lambda_s\cos2\phi_s + \sin2\delta\sin\lambda_s\sin2\phi_s/2)\cos\gamma$$

$$S_{13} = \sin2\delta\sin\phi_s\sin\gamma - (\cos\delta\cos\lambda_s\cos\phi_s + \cos2\delta\sin\lambda_s\sin\phi_s)\cos\gamma$$

$$S_{23} = -\sin2\delta\cos\phi_s\sin\gamma - (\cos\delta\cos\lambda_s\sin\phi_s - \cos2\delta\sin\lambda_s\cos\phi_s)\cos\gamma \qquad (4\text{-}10)$$

式中 ν——泊松比。

以 $\nu = 0.22$，$\lambda_s = 0°$为例，不同张拉角对应的 P、SH 及 SV 波的能量辐射花样如图 4-2 所示。P 及 SV 波的能量辐射花样随张拉角的变化表现出明显的差异，而 SH 波的能量辐射花样则对张拉角的变化不甚敏感。当张拉角度为相反数时，其对应的能量辐射花样形态一致但能量的辐射方向相反。在张拉角度一定的情况下，P 及 SV 波在不同方向上的辐射能量具有明显的差别。因此，准确地计算破裂面法向量及其运动方向向量是准确量化微震辐射能量的基础。

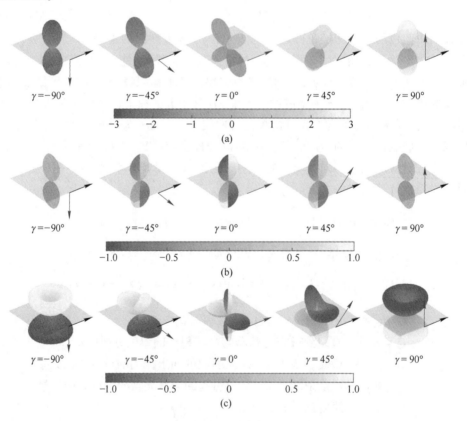

图 4-2 不同张拉角对应的能量辐射花样

(a) P 波；(b) SH 波；(c) SV 波

(扫描书前二维码看彩图)

($\nu = 0.22$，$\lambda_s = 0°$，不同颜色代表不同幅值，灰色半透明平面代表破裂面，破裂面
运动方向向量用红色箭头表示，运动方向向量在破裂面上的投影用黑色箭头表示)

4.2 微震源辐射能量量化方法

工程岩体破裂诱发的微震波能量可由式（4-11）计算：

$$E_C = 4\pi\rho V_C \frac{\langle R_C \rangle^2}{R_C^2} R^2 J_C \tag{4-11}$$

式中 ρ——岩石密度；

V_C——P 或 SH 或 SV 波速（C=P 或 SH 或 SV）；

R_C——某微震传感器处 P 或 SH 或 SV 波的辐射花样系数；

$\langle R_C \rangle$——平均辐射花样系数；

R——微破裂与微震传感器之间的距离；

J_C——P 波、SH 波或 SV 波的辐射能通量。

通过能量辐射花样系数可计算平均能量辐射花样系数 $\langle R_C \rangle^2$：

$$\langle R_C \rangle^2 = \frac{1}{4\pi} \int_0^{2\pi} \int_0^{\pi} R_C^2 \cos\delta \mathrm{d}\delta \mathrm{d}\phi_s \tag{4-12}$$

图 4-3 给出当岩石泊松比为 0.22 时平均能量辐射花样系数与张拉角间的关系。平均能量辐射花样系数的分布曲线为轴对称曲线，对称轴为张拉角 $\gamma = 0°$。SH 波及 SV 波的平均能量辐射花样系数不仅随张拉角变化，而且还受到滑移角的影响，而 P 波及 S 波的平均能量辐射花样系数只随张拉角变化。P 波及 S 波的平均能量辐射花样系数的最小值和最大值分别位于张拉角 $\gamma = 0°$ 及 $\gamma = 90°$。随着张拉角从 0°变化至±90°，P 波的平均能量辐射花样系数从 0.266 增加到 2.465，S 波的平均能量辐射花样系数从 0.399 增加到 0.533，两者的交点位于张拉角 $\gamma = \pm14.7°$，也就是说，当张拉角 $\gamma > 14.7°$或者 $\gamma < -14.7°$时，P 波的辐射能量高于 S 波，当张拉角 $\gamma > -14.7°$且 $< 14.7°$时，P 波的辐射能量低于 S 波。

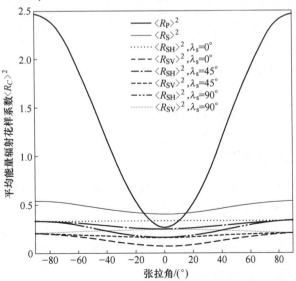

图 4-3 不同滑移角度下平均能量辐射花样系数与张拉角间的关系

（泊松比 $\nu = 0.22$，$\langle R_S \rangle^2 = \langle R_{SH} \rangle^2 + \langle R_{SV} \rangle^2$）

如果微震传感器为三轴传感器，则可通过将微震传感器旋转一个特定的角度讲微震波中的 P、SH 及 SV 波分离开来，根据式（4-11）分别计算每种类型的波的能量并累加即可求得微震源辐射的总能量。

如果微震传感器为单轴传感器，则无法从接收到的微震波形中分离出 P 或 SH 或 SV 波，导致微震源辐射总能量计算精度的降低。单轴微震传感器接收到的波形为 P、SH 及 SV 波相互叠加的结果：

$$J_{ti} = J_{Pi} \cos^2 \alpha_{Pi} + J_{SHi} \cos^2 \alpha_{SHi} + J_{SVi} \cos^2 \alpha_{SVi} \tag{4-13}$$

式中　　　　　J_{ti}——微震传感器 i 接收到的辐射能通量；

J_{Pi}，J_{SHi}，J_{SVi}——微震传感器 i 处 P，SH 和 SV 波的辐射能通量；

α_{Pi}，α_{SHi}，α_{SVi}——微震传感器 i 的方向矢量 t 与向量 r，φ，θ 之间的夹角。

对于一个特定的微震源，其在某个微震传感器处的 P、SH 及 SV 波辐射能通量取决于微震源与微震传感器之间的距离以及相应的辐射花样，因此，该微震传感器处 P，SH 和 SV 波的辐射能通量间的关系可以表达为：

$$J_{ai} = \frac{R_i^2}{R_{Pi}^2} J_{Pi} = \frac{R_i^2}{R_{SHi}^2} J_{SHi} = \frac{R_i^2}{R_{SVi}^2} J_{SVi} \tag{4-14}$$

式中　R_i——微震源及微震传感器 i 间的距离；

J_{ai}——一个便于后续计算而设置的参数。

将式（4-14）代入式（4-13）可得下式：

$$J_{ai} = J_{ti} R_i^2 \Big/ \sum_{C = P,\ SH,\ SV} R_{Ci}^2 \cos \alpha_{Ci} \tag{4-15}$$

利用式（4-15）求得 J_{ai} 后可将式（4-14）代入式（4-11）就可计算出某微震源所辐射的能量：

$$E_C = 4\pi\rho\ \overline{J}_{ai} V_C \langle R_C \rangle^2 \tag{4-16}$$

式中　$\overline{J}_{ai}$——J_{ai} 的平均值。

如果式（4-15）中分母的数值很小，即微震传感器 i 的位置十分接近微震源的节平面，那么一个比较小的误差就可引起 J_{ai} 中较大的误差。因此，本书建议在计算微震源释放能量时将式（4-15）中分母小于 0.2 的微震传感器忽略。

4.3 岩体破裂尺度的量化方法

4.3.1 传统岩体破裂尺度量化模型

利用微震监测数据估算岩体破裂面尺度一般采用 Brune 模型，该模型假设震源为一个圆形断层面，其破裂面半径计算公式为：

$$a = \frac{KV_S}{2\pi f_0} \tag{4-17}$$

式中　K——Brune 常数，一般取值 2.34；

V_S——剪切波速；

f_0——拐角频率。

　　然而，部分学者通过工程现场实测发现，破裂面的实际大小通常比通过 Brune 模型计算的小[1-3]，其中 Madariaga 建议将 K 取值为 2.01。

　　然而，无论使用哪种取值方式，Brune 模型计算的破裂尺度都明显大于矿山工程岩体中新生破裂面的实际尺度。例如，利用岩体数字成像不接触三维测量系统，对某露天矿山岩体进行了拍摄与观察（见图 4-4），并对图像中的新生破裂面尺度进行了统计分析，发现采动及风化作用下岩体表面产生的绝大多数新生破裂面的尺度不超过 3m。该模型过高估计破裂面尺度的主要原因是忽略了断裂表面能，对于沿原有不连续面错动的裂纹该假设是合理的，但对于伴有新生不连续面的较小尺度裂缝，表面能与微震或微震波能量相比是不应忽略的。

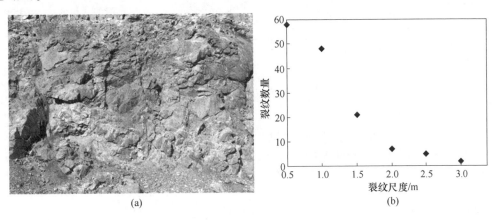

(a)　　　　　　　　　　　　　　(b)

图 4-4　岩体数字图像及破裂面尺度统计分布

（a）某矿山岩体表面；（b）岩体中新生破裂面尺度统计分布

4.3.2　考虑破裂面表面能的岩体破裂尺度量化模型

　　为了基于微震监测数据获得更加符合实际的新生破裂面尺度，需要建立新的破裂面尺度量化模型。根据破裂机制的不同，本书分别介绍剪切及张拉破坏下新生破裂面的量化模型[4,5]。

4.3.2.1　剪切破坏新生破裂面的量化模型

　　我们假设剪切破裂是半径为 a 的圆盘状且瞬间形成（破裂速度为无穷大）。破裂面上的剪切应力被简化为随位错的增加而线性下降，如图 4-5 所示。

　　摩擦应力 τ_f，有效应力 τ_e 和应力降 $\Delta\tau$ 可表示如下：

$$\tau_f = \mu_f \sigma_n \tag{4-18}$$

$$\tau_e = \tau_0 - \tau_f \tag{4-19}$$

$$\Delta\tau = \tau_0 - \tau_a \tag{4-20}$$

式中　μ_f——摩擦系数；

　　　σ_n——破裂面上的法向应力。

　　破裂面上某一点的最终滑移量为：

$$\Delta u_r = \frac{1.52\tau_e}{G}a\left(1 - \frac{r^2}{a^2}\right)^{1/2}$$ (4-21)

式中　G——剪切刚度；

　　　r——该点与破裂面中心之间的距离。

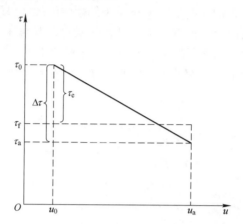

图 4-5　破裂面上剪切应力在剪切破裂过程中的变化

τ_0—破裂发生前的初始剪应力；τ_a—破裂结束后破裂面上的最终剪应力；

u_0—初始位移，u_a—破裂面的最终位移

由于最终滑移的特殊形式，应力降 $\Delta\tau$ 与有效应力 τ_e 之间的关系可以表示为：

$$\Delta\tau = 1.34\tau_e$$ (4-22)

然后，将式（4-19）及式（4-22）代入式（4-20），最终剪应力 τ_a 可以表示如下：

$$\tau_a = 1.34\tau_f - 0.34\tau_0$$ (4-23)

忽略温度效应，剪切破裂的能量守恒定律可以表示为：

$$U_w = U_s + U_k + U_f$$ (4-24)

式中　U_w——破裂面上应力所做的总功，它来自应变能，是驱动岩石破裂的能量源；

　　　U_s——破裂面能量；

　　　U_k——动能；

　　　U_f——破裂面两侧相对运动时的摩擦耗散能。

破裂面上的应力所做的总功可根据式（4-25）计算：

$$U_w = \pi a^2 \frac{\tau_0 + \tau_a}{2}\overline{\Delta u^a}$$ (4-25)

式中　$\overline{\Delta u^a}$——破裂面上的平均滑移，可通过式（4-26）计算。

$$\overline{\Delta u^a} = \frac{1}{\pi a^2}\int_0^{2\pi}\int_0^a \Delta u_r dr d\theta = \frac{1.52\tau_e}{\pi aG}\int_0^{2\pi}\int_0^a \left(1 - \frac{r^2}{a^2}\right)^{0.5} dr d\theta = \frac{1.52\tau_e}{\pi aG}\frac{\pi^2 a}{2} = \frac{1.52\pi\tau_e}{2G}$$

(4-26)

将式（4-26）代入式（4-25）得：

$$U_w = \frac{1.52\pi^2\tau_e(\tau_0 + \tau_a)}{4G}a^2$$ (4-27)

摩擦耗散能可表示为:

$$U_f = \pi a^2 \tau_f \overline{\Delta u^a} = \frac{1.52\pi^2 \tau_e \tau_f}{2G} a^2 \tag{4-28}$$

表面能由下式计算:

$$U_s = \frac{2\pi(1 - \nu^2) K_{\mathrm{II}}^2}{E} a^2 \tag{4-29}$$

式中 ν——泊松比;

K_{II}——II 型断裂韧性;

E——弹性模量。

破裂面形成过程中产生的动能等于微震能量:

$$U_k = \sum_{C = \mathrm{P,\ S}} U_C = \sum_{C = \mathrm{P,\ S}} 4\pi\rho V_C \frac{\langle R_C \rangle^2}{R_C^2} L^2 J_C \tag{4-30}$$

式中 ρ——岩石密度;

V_C——P 波或 S 波速度($V_{\mathrm{SH}} = V_{\mathrm{SV}}$);

R_C——特定微震传感器处 P 波或 S 波的辐射方向系数;

$\langle R_C \rangle$——平均辐射方向系数;

L——微震源与微震传感器之间的距离;

J_C——P 波或 S 波的辐射能量通量。

对于剪切断裂,$\langle R_{\mathrm{P}} \rangle^2$ 等于 4/15,$\langle R_{\mathrm{S}} \rangle^2$ 等于 2/5。

在式 (4-24) 中代入式 (4-27)~式(4-30),剪切破裂的能量守恒定律可以表示为:

$$\frac{1.52\pi^2 \tau_e(\tau_0 + \tau_a)}{4G} a^2 = \frac{2\pi(1 - \nu^2) K_{\mathrm{II}}^2}{E} a^2 + \sum_{C = \mathrm{P,\ S}} 4\pi\rho V_C \frac{\langle R_C \rangle^2}{R_C^2} L^2 J_C + \frac{1.52\pi^2 \tau_e \tau_f}{2G} a^2 \tag{4-31}$$

则裂纹半径为:

$$a = \sqrt{\sum_{C = \mathrm{P,\ S}} 4\pi\rho V_C \frac{\langle R_C \rangle^2}{R_C^2} L^2 J_C \left/ \left[\frac{1.52\pi^2 \tau_e(\tau_0 + \tau_a - 2\tau_f)}{4G} - \frac{2\pi(1 - \nu^2) K_{\mathrm{II}}^2}{E} \right] \right.} \tag{4-32}$$

将式 (4-18) 及式 (4-23) 代入式 (4-32),剪切裂纹的直径 d 可表示为:

$$d = 2a = 2\sqrt{\sum_{C = \mathrm{P,\ S}} 4\rho V_C \frac{\langle R_C \rangle^2}{R_C^2} L^2 J_C \left/ \left[\frac{1.0032\pi(\tau_0^2 - \mu_f^2 \sigma_n^2)}{4G} - \frac{2(1 - \nu^2) K_{\mathrm{II}}^2}{E} \right] \right.} \tag{4-33}$$

用矩张量反演方法可以计算剪切破裂面的法向矢量。结合剪切破裂面法向矢量,通过加载装置对试件施加荷载可得到破裂面上的法向应力 σ_n 和初始剪应力 τ_0。

4.3.2.2 张拉破坏新生破裂面的量化模型

张拉破坏新生破裂面的量化模型同样基于能量守恒定律,由于张拉破坏不涉及破裂面两侧相对运动时的摩擦耗散能,因此张拉破裂的能量守恒定律可以表示为:

$$U_w = U_s + U_k \tag{4-34}$$

张拉破裂过程中应力所做的总功可根据式（4-35）计算：

$$U_w = \frac{\pi(1-\nu^2)\sigma_n^2}{E}a^2 \tag{4-35}$$

式中　σ_n——垂直张拉破裂面的正应力。

张拉破裂的表面能可由式（4-36）计算：

$$U_s = \frac{2\pi(1-\nu^2)K_I^2}{E}a^2 \tag{4-36}$$

式中　K_I——Ⅰ型断裂韧性。

张拉破裂面形成过程中产生的动能仍然可以用式（4-30）表示，将式（4-30）、式（4-35）及式（4-36）代入式（4-34）中就可得到张拉破坏新生破裂面的量化模型：

$$a = \sqrt{\frac{4\rho E L^2 \sum\limits_{C=P,\,S} V_C \dfrac{\langle R_C \rangle^2}{R_C^2} J_C}{(1-\nu^2)(\sigma_n^2 - 2K_I^2)}} \tag{4-37}$$

4.4　破裂面位错及开度的量化方法

下面对微震派生裂隙的另一个重要参数——开度进行推导。通过对岩体破裂时裂隙的运动特性描述可知，岩体发生破裂会引起裂隙的扩张与闭合，即岩石破裂会引起裂隙开度的变化[2]，如图4-6所示。岩石发生张拉破裂时引起裂隙的扩张，开度增大；发生压缩破裂时引起裂隙的闭合，开度减小。

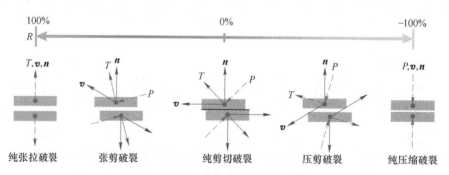

图4-6　几种岩石破裂机制下裂隙运动形态

（扫描书前二维码看彩图）

从式（3-30）可得，矩张量的迹满足[2]：

$$M_{kk} = \Delta V(3\lambda + 2\mu)\boldsymbol{n} \cdot \boldsymbol{v} \tag{4-38}$$

其中：

$$M_{kk} = M_{11} + M_{22} + M_{33} \tag{4-39}$$

$$\begin{cases} \lambda = \dfrac{E\nu}{(1+\nu)(1-2\nu)} \\[3mm] \mu = \dfrac{E}{2(1+\nu)} \end{cases} \tag{4-40}$$

式中　　n——裂隙的法向；

$\qquad$ v——运动矢量；

$\qquad$ ΔV——裂隙因损伤而带来体积变化；

$\quad$ λ，μ——拉梅常数；

$\qquad$ E——弹性模量；

$\qquad$ ν——泊松比。

M_{kk} 是由矩张量矩阵决定的合力矩，如图 4-6 中绿色线表示的力矩，其描述了岩体破裂源处裂隙运动产生的等效点源总力矩。在地震学中点源力矩即地震距，表示为裂隙运动距离、面积及剪切模量三者的乘积：

$$M_0 = \mu \overline{u} A \tag{4-41}$$

式中　　μ——震源的剪切模量；

$\qquad$ $\overline{u}$——裂隙面的平均运动；

$\qquad$ A——裂隙面积。

假定微震派生裂隙为硬币状，根据图 4-6 所描述的微震派生裂隙的运动特性，联合微震派生裂隙的尺度求解式（4-39）和式（4-42）可得出由震源机制推导出的微震派生裂隙开度[6]：

$$\Delta t = \overline{u} \times \cos\theta = \frac{M_{kk} \times \cos\theta}{\pi a^2 \times (3\lambda + 2\mu) n \cdot v} \tag{4-42}$$

$$t = t_0 + \Delta t \tag{4-43}$$

式中　　a——由 4.3.2 节确定的裂隙半径；

$\qquad$ θ——n 和 v 的夹角；

$\qquad$ t_0——原生裂隙的初始开度。

当岩体发生张拉破裂时，Δt 为正，引起裂隙的扩张。反之，发生压缩破裂时，Δt 为负，引起裂隙的闭合。

参 考 文 献

[1] MADARIAGA R. Dynamics of an expanding circular fault [J]. Bulletin of the Seismological Society of America, 1976, 66 (3): 639-666.

[2] GIBOWICZ S J. An introduction to mining seismology [M]. International Geophysics, 1994.

[3] CAI M, KAISER P K, MARTIN C D. A tensile model for the interpretation of microseismic events near underground openings [J]. Pure Applied Geophysics, 1998, 153 (1): 67-92.

[4] ZHANG P, GUAN K, DENG W, et al. A model for rock dissipated energy estimation based on acoustic emission measurements [J]. Frontiers in Earth Science, 2023, 10: 1033012.

[5] ZHANG P, LIU H, GUAN K, et al. A shear model for rock microfracture size estimation based on AE measurement [J]. Rock Mechanics and Rock Engineering, 2021, 54: 2533-2546.

[6] ZHAO Y, YANG T, ZHANG P, et al. Method for generating a discrete fracture network from microseismic data and its application in analyzing the permeability of rock masses: A case study [J]. Rock Mechanics and Rock Engineering, 2019, 52: 3133-3155.

5 微震派生裂隙网络模型构建及矿山围岩损伤渗流通道识别方法

成簇的微震事件可反映岩体的应力水平与损伤程度。2018 年，Candela 等在 *Science* 中发表论文[1]指出，对微震活动的连续监测有助于捕获应力重分布导致的裂隙演化行为。因此，对一定空间内的微震簇进行裂隙映射，建立裂隙网络模型，可为分析裂隙岩体的渗透性、损伤程度及其他宏观力学参数提供帮助。基于微震数据构建派生裂隙网络模型需获取微震派生裂隙的尺度、方位和开度。通过矩张量推导会得出震源的两个震源面的方位参数。那么，如何从震源面中识别出符合物理意义的裂隙面，则是构建派生裂隙网络模型的关键，是主要研究问题之一。

岩体受外部扰动影响，发生裂隙发育、扩展，继而形成贯通通道，为突水的发生提供了条件。在工程中，准确探测岩体裂隙是了解渗流和突水通道的可行方法。岩体破坏所形成的渗流、突水通道，往往赋存于岩体内部，常规方法较难实现对导水通道形成过程的动态描绘。如何利用微震数据确定裂隙渗流通道是本章的主要研究问题之一。

对微震派生裂隙网络模型构建及裂隙渗流通道识别方法的实现流程进行简单概述。

（1）微震数据处理。

对传感器接收到的波形，进行微震信号识别、滤波，获取信噪比高的微震波形，并利用第 2 章方法进行 P 波到时拾取。

（2）求解矩张量。

利用 MSSA-HMT 矩张量反演方法，对微震数据进行矩张量求解，获取震源的破裂类型并计算震源面的几何参数。

（3）微震派生裂隙网络模型构建。

这是本章的主要工作之一，通过矩张量理论与 Mohr-Coulomb 破坏准则，提出主应力已知与未知条件下从震源面中识别合理裂隙的方法。当微震派生裂隙的尺度、方位和开度都已知时，便可构建微震派生裂隙网络模型。

（4）裂隙渗流通道识别与分析。

这是本章的主要工作之一，提出以微震派生裂隙为基础，利用矩张量理论和图论方法反演岩体内渗流通道的方法。同时，根据 Darcy 定律对微震派生裂隙渗流网络进行渗流计算，并给出渗流主通道的获取方法。

5.1 岩体破裂震源机制与应力的关系

本节从工程岩体破坏准则出发，探讨岩体破裂震源机制与应力的关系。在岩石力学领域，岩石的损伤破裂取决于应力状态和岩石的强度[2]，如图 5-1 所示。可以看出，在压缩域，当岩石所受应力达到岩石强度后，岩体沿着预先存在的裂隙滑动或发生破裂形成新的裂隙[3]，这个过程称为剪切破裂。纯剪切破裂满足条件：$\sigma_n = 0\text{MPa}$，$C_{DC} = 100\%$，此时裂隙的运动矢量平行于裂隙表面，即运动矢量 $\boldsymbol{v}$ 垂直于裂隙法向 $\boldsymbol{n}$，不引起裂隙开度的改变。对于压剪破裂机制，作用于裂隙上的正应力 σ_n 满足条件：$\sigma_n > 0\text{MPa}$，矩张量的 DC比重 C_{DC} 虽不再等于100%，但其占矩张量的主要部分，此时 $\boldsymbol{n}$ 倾斜于 $\boldsymbol{v}$，引起裂隙开度的减小。

在张拉域，为了理解岩体在张拉域的应力状态，必须关注强度包络线的相对较小且强非线性区域（图5-1）。当最小主应力 σ_3 达到岩体抗拉强度时，岩体发生张拉破裂。对于纯张拉破裂，裂隙面的运动矢量 $\boldsymbol{v}$ 平行于裂隙面的法向 $\boldsymbol{n}$，引起开度的增大。Non-DC 分量（$\boldsymbol{M}_{ISO}$ 和 $\boldsymbol{M}_{CLVD}$ 的总和，即非 DC 分量）占比达到了 100%，剪切成分 DC 分量占比 C_{DC} 为 0。介于纯张拉与纯剪切破裂之间的破裂模式称为

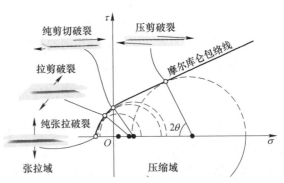

图 5-1 莫尔-库仑准则阐述不同的破裂机制

混合张拉破裂也可称为拉剪破裂[2-5]，其代表着从张拉破裂向剪切破裂过渡的破裂状态。在这个过程中所形成的裂隙在地质中称为扩张裂隙。此时，运动矢量 $\boldsymbol{v}$ 倾斜于裂隙表面，引起开度的增大。裂隙所受应力状态满足 $\sigma_3 < \sigma_n < 0\text{MPa}$ 和 $|\sigma_3|$ 小于岩体的抗拉强度。在这种情况下，矩张量分量也处于过渡状态。也就是说，矩张量分量向纯张拉破裂所对应的矩张量分量过渡时，正值的 Non-DC 成分增加，而当其向纯剪切状态过渡时，正值的 Non-DC 成分减少，DC 分量成分增加。根据工程现场试验，在统计意义上，部分拉剪和纯张拉破裂归为张拉破裂，纯剪切、部分压剪和部分拉剪破裂归为剪切破裂，同样地，部分压剪与纯压缩破裂归为压缩破裂。对于压缩破裂机制，是一种与张拉机制相反的破裂机制。裂隙面所受的压应力导致裂隙发生闭合，裂隙体积减小。破裂机制由剪切向压缩机制过渡时，DC 成分减小，Non-DC 负值成分增大，裂隙压缩，开度减小。

应力是驱动裂隙运动的直接条件，通过对岩体的震源机制和破裂机理的认识，可知不同破裂机制形成的裂隙与应力分布息息相关。确定一定应力状态下的裂隙分布，对于分析裂隙的扩展、渗流通道的形成及定量描述岩体的破裂过程具有重要意义。下面介绍如何根据主应力分布从震源面中识别出合理的裂隙。

5.2 主应力已知条件下的裂隙识别

5.2.1 剪切破裂机制下的裂隙识别准则

在岩体破裂中，剪切破裂机制的微震事件通常认为是由于裂隙面的剪切错动造成的。Vavryčuk[6] 提出了基于 Mohr-Coulomb 破坏准则的"断层非稳定系数"，从震源面中确定剪切机制下的断层面，公式如下：

$$I = \frac{\tau - \mu(\sigma - 1)}{\mu + \sqrt{1 + \mu^2}} \tag{5-1}$$

其中：

$$\sigma = n_1^2 + (1 - 2R)n_2^2 - n_3^2 \tag{5-2}$$

$$\tau = \sqrt{n_1^2 + (1 - 2R)^2 n_2^2 + n_3^2 - [n_1^2 + (1 - 2R)n_2^2 - n_3^2]^2} \tag{5-3}$$

对于剪切破坏源，当剪应力超过剪切强度，则会发生剪切运动[7]。由于同一震源的两个震源面的内聚力和摩擦系数是相同的，在对比一定震源区域的裂隙活动性时可忽略掉两者的影响，则式（5-1）可以简化为：

$$I = T_s = \frac{\tau}{\sigma_n} \tag{5-4}$$

T_s 是剪应力与正应力的无因次比值[8-10]，在地质上称为滑动倾向性，是判断断层不稳定性常用的参数之一[7,10,11]。运动倾向性与裂隙的活动性有关，不妨将该运动倾向性称为剪切破裂倾向性，将其作为剪切破裂机制下识别裂隙的指标。

作用在裂隙面上的剪应力与正应力取决于主应力分布和裂隙方位，如式（5-5）和式（5-6）所示：

$$\sigma_n = \sigma_1 \times l^2 + \sigma_2 \times m^2 + \sigma_3 \times n^2 \tag{5-5}$$

$$\tau = [(\sigma_1 - \sigma_2)^2 l^2 m^2 + (\sigma_2 - \sigma_3)^2 m^2 n^2 + (\sigma_1 - \sigma_3)^2 l^2 n^2]^{1/2} \tag{5-6}$$

式中 l，m，n——裂隙在主应力 σ_1，σ_2，σ_3 轴上的法向余弦。

给定一主应力分布：σ_1 大小为 60MPa，方位角 280°，倾伏角 90°；σ_2 大小为 40MPa，方位角 30°，倾伏角 0°；σ_3 大小为 10MPa，方位角 120°，倾伏角 0°。则每个裂隙的剪切破裂倾向性 T_s 可通过式（5-4）~式（5-6）获得，如图 5-2 所示（图中 4 个裂隙的方位分别为 315°∠45°、0°∠45°、90°∠45° 和 120°∠0°）。所以当裂隙面附近的主应力状态已知时，可由式（5-4）~式（5-6）分别求出震源的两个震源面的剪切破裂倾向性 T_s，其中 T_s 值大的震源面是易发生剪切破裂的面，可认为该震源面是剪切破裂机制下合理的裂隙面。

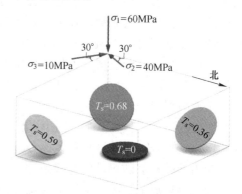

图 5-2　裂隙的剪切破裂倾向性

5.2.2　张拉破裂机制下的裂隙识别准则

诸多学者对于裂隙的判断集中于剪切破裂模式下的判断，这主要由于多数地球物理学者的研究集中于大尺度剪切型地震的研究。近些年，学者们越来越关注张拉破裂机制[3,12,13]。本节根据 Mohr-Coulomb 破坏准则中张拉破裂的应力关系，提出张拉破裂机制下从微震震源面中识别合理裂隙的方法。从图 5-1 中可以看出当正应力 σ_n 越倾向于 σ_3 时越容易发生张拉破裂。Ferrill 和 Morris[2] 将这种性质称为扩张倾向性，这在地质上被用来描述裂隙面发生扩张的能力。在此，不妨将其称为裂隙发生张拉破裂的倾向性 T_t。裂隙的

扩张主要受正应力 σ_n 的控制，它是构造应力和流体压力的函数。在已知主应力分布的情况下，正应力可通过式（5-5）求得。这种正应力可以通过与差应力的比来归一化处理。因此，T_t 可由式（5-7）求得：

$$T_t = (\sigma_1 - \sigma_n)/(\sigma_1 - \sigma_3) \qquad (5\text{-}7)$$

如图 5-3 所示，在 σ_1、σ_2 和 σ_3 已知的条件下，图中裂隙的张拉破裂倾向性 T_t 可由式（5-5）~式（5-7）求得（主应力值与方位同图 5-2）。所以，当裂隙附近的主应力状态已知时，可求出震源的两个震源面的张拉倾向性 T_t，其中 T_t 值

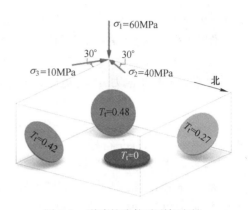

图 5-3　裂隙的张拉破裂倾向性

大的震源面是容易发生张拉破裂的面，可认为该震源面便是张拉破裂机制下合理的裂隙面。

5.2.3　压缩破裂机制下的裂隙识别准则

压缩与张拉破裂机制相反，即正应力 σ_n 越接近最大主应力 σ_1，裂隙上的压应力越大，则震源处岩体越容易发生压缩破裂。定义这种现象为压缩破裂倾向性 T_c，该指标反映了裂隙发生压缩、体积收缩的倾向性，T_c 定义如下：

$$T_c = (\sigma_n - \sigma_3)/(\sigma_1 - \sigma_3) \qquad (5\text{-}8)$$

如图 5-4 所示，在 σ_1、σ_2 和 σ_3 已知的条件下，图中裂隙面的压缩破裂倾向性 T_c 可由式（5-5）、式（5-6）和式（5-8）求得。同样

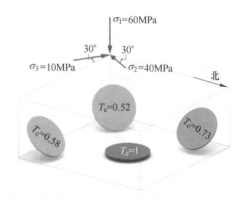

图 5-4　裂隙的压缩破裂倾向性

地，当震源所处区域的主应力已知时，可求出震源的两个震源面的压缩破裂倾向性指标 T_c，其中 T_c 值大的震源面是容易发生压缩破裂的面，可认为该震源面便是压缩破裂机制下合理的裂隙面。

5.3　主应力未知条件下的裂隙识别

5.3.1　剪切破裂机制下的主应力反演

岩体中应力场状态与破裂状态密切相关[14]，岩体破裂类型取决于裂隙方位上的应力状态[15]。在矿山采动中，多个微震事件的综合特征能够反映应力场的特征[16]。裂隙错动与扩展受剪应力、孔压、内聚力和摩擦系数的控制。岩体发生剪切破裂时，裂隙位移矢量与裂隙上最大剪应力的方向一致，这就是应用广泛的 Wallace-Bott[17,18] 假设。由此可知，裂隙的方位和位移矢量可视为反演主应力的源信息。基于 Wallace-Bott 假设，Michael[19] 提出了应用广泛的主应力反演方法，诸多学者在此基础上进行了改进[19-22]。通过主应力反演可以求出应力张量的 4 个参数，3 个主应力 σ_1、σ_2 和 σ_3 的方向及主应力比 $R_s = (\sigma_1 -$

$\sigma_2)/(\sigma_1 - \sigma_3)$。下面阐述只考虑剪切破裂机制的主应力反演过程：

作用在法向 $\boldsymbol{n}$ 的裂隙 Σ 上与应力张量 σ_{ij} 有关的力称为牵引力 $\boldsymbol{T}$，可表示为：

$$T_i = \sigma_{ij}n_j \tag{5-9}$$

裂隙 Σ 上的正应力 σ_n 与剪应力 τ 可表示为：

$$\sigma_n = T_i n_i = \sigma_{ij}n_i n_j \tag{5-10}$$

$$\tau N_i = T_i - \sigma_n n_i = \sigma_{kj}n_k(\delta_{ik} - n_i n_k) \tag{5-11}$$

式中　δ——Kronecker 符号；

　　　N——剪应力 τ 的方向矢量。

Wallace-Bott 假定[17,18]：剪应力矢量 N 平行于裂隙的运动矢量 $\boldsymbol{v}$。由于反演方法不能求出主应力的绝对值，那么将式（5-11）中的 τ 归一化为 1。则主应力反演方程式（5-11）可以写成如下形式：

$$\boldsymbol{v} = \sigma_{kj}n_j(\delta_{ik} - n_i n_k) \tag{5-12}$$

将式（5-12）写成矩阵形式，则：

$$A\boldsymbol{\sigma} = \boldsymbol{v} \tag{5-13}$$

简化后的应力张量 $\boldsymbol{\sigma}$：

$$\boldsymbol{\sigma} = \begin{bmatrix} \sigma_{11} & \sigma_{22} & \sigma_{33} & \sigma_{23} & \sigma_{13} & \sigma_{12} \end{bmatrix}^T \tag{5-14}$$

式（5-13）中矩阵 A 为 3×6 的矩阵，可由裂隙的法向 $\boldsymbol{n}$ 进行求解：

$$A = \begin{bmatrix} n_1(1-n_1^2) & -n_1 n_2^2 & -n_1 n_3^2 & -2n_1 n_2 n_3 & n_3(1-2n_1^2) & n_2(1-2n_1^2) \\ -n_2 n_1^2 & n_2(1-n_2^2) & -n_2 n_3^2 & n_3(1-2n_2^2) & -2n_1 n_2 n_3 & n_1(1-2n_2^2) \\ -n_3 n_1^2 & -n_3 n_2^2 & n_3(1-n_3^2) & n_2(1-2n_3^2) & n_1(1-2n_3^2) & -2n_1 n_2 n_3 \end{bmatrix} \tag{5-15}$$

如果一定区域内有 m 个微震事件参与计算，那么应力张量中的 6 个应力元素，是由 $3 \times m$ 个线性方程确定的，可利用广义线性反演方法 L2-norm 进行求解[23]。

5.3.2　多种破裂机制下的主应力反演

上面提及的反演方法假定破裂机制只有剪切破裂，然而并不是所有的震源机制都是剪切破裂。在地热工程、矿山开采及水力压裂的流体注射等工程中经常发生张拉破裂[3,24,25]，那么上述提到的假设"震源的位移矢量都满足平行于裂隙面的条件"并不是总成立的。因此，需要对上述反演方法进行修改。参考 Jia 等[26]提出的修正方法，不再对牵引力 $\boldsymbol{T}$ 进行分解，而是以合力的方式来表达。也就是说，认为合力的方向平行于由矩张量确定的裂隙运动矢量。在张拉或压缩破裂机制下，牵引力 $\boldsymbol{T}$ 的方向不再平行于裂隙表面。因此，可将式（5-9）写成以下形式：

$$T_i^e = \sigma_{ij}^e n_j = (\sigma_{ij} - \delta_{ij}P)n_j = \boldsymbol{v} \tag{5-16}$$

式中　σ_{ij}^e——有效应力张量；

　　　P——流体压力。

同样，可将式（5-16）转化成矩阵形式，如式（5-17）所示：

$$A\boldsymbol{\sigma}^e = \boldsymbol{v} \tag{5-17}$$

其中：

$$A = \begin{bmatrix} n_1 & 0 & 0 & 0 & n_3 & n_2 \\ 0 & n_2 & 0 & n_3 & 0 & n_1 \\ 0 & 0 & n_3 & n_2 & n_1 & 0 \end{bmatrix} \qquad (5\text{-}18)$$

$$\boldsymbol{\sigma}^e = \begin{bmatrix} \sigma_{11}^e & \sigma_{22}^e & \sigma_{33}^e & \sigma_{23}^e & \sigma_{13}^e & \sigma_{12}^e \end{bmatrix}^T \qquad (5\text{-}19)$$

最后，通过求解式（5-17）可以得到 3 个主应力的方向和应力比 R_s。

5.3.3　算法实现

根据式（5-18）可知，在主应力反演过程中需要知道每个震源面的法向。也就是说，如果震源对应裂隙是未知的，则每个震源的两个震源面在计算过程中都有 50% 可能被选择。显然，震源面选择不准确会影响主应力的反演结果。在本节，利用主应力反演的重点不是为了获取具体的主应力值，而是为了从震源的两个震源面中选择出更合理的裂隙。为了解决这个问题，编制考虑不同破裂机制的主应力反演程序，为了简便，将该程序命名为 STC-SI。

STC-SI 程序的实现过程共分为 4 步，实施流程如图 5-5 所示，概述如下。

（1）首先，按照第 3 章给出的 MSSA-HMT 方法求解待研究区域的微震事件的矩张量，计算矩张量解的 RMS 误差，为保证反演结果的准确性，删除 RMS 大于 0.3 的矩张量解。根据第 3.2 节内容求解出每个震源的破裂类型及震源面的法向和运动矢量。

（2）从每个震源的两个震源面中重复随机挑选一个面进行初步应力场的反演计算。由于震源分布具有规律性，因此随着不断地随机选取，可以确定出趋于稳定的初始迭代的主应力。

（3）根据每个震源的破裂类型求出对应的破裂倾向性指标，确定出在该主应力下易发生破裂的震源面作为裂隙。根据识别出的裂隙再次进行主应力反演，再根据主应力反演结果识别裂隙。重复上述操作，一直迭代下去，直到达到用户定义的终止条件，设定终止条件为一定的迭代步数。随着迭代的不断进行，结束时获取的震源面便可为合理的裂隙。

（4）输出裂隙参数（法向和运动矢量）和主应力参数（3 个主应力方向及应力比 R_s）。

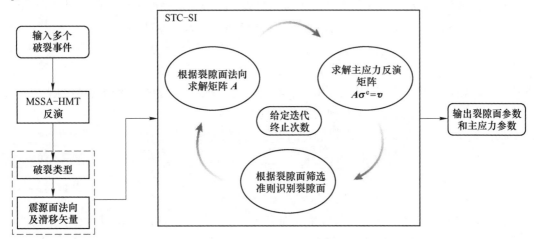

图 5-5　STC-SI 程序实施流程

5.4 微震派生裂隙渗流网络模型构建

下文对如何从构建的微震派生裂隙网络中识别出裂隙渗流通道进行研究。由于外界干扰，岩体原有的裂隙活化或生成新的裂隙，这将改变裂隙中流体的流动性。本节研究中，仅考虑根据微震数据所派生的裂隙面，忽略未活化的裂隙。微震数据派生的裂隙网络中的流体流动主要受微震派生裂隙的交叉[27]、拓扑结构[28]和几何性质的影响[29]。

5.4.1 微震派生裂隙空间关系判断

准确评价裂隙岩体中裂隙的连通性是确定裂隙渗流通道的首要工作。对于低渗透岩石，裂隙之间相互贯通所形成的裂隙通道，对岩体介质中的流体输送起着重要作用[30]。流体通过微震派生裂隙的交叉从一个微震派生裂隙流向另一个微震派生裂隙。裂隙的交叉分析是评价微震派生裂隙连通性的一种方法。

假设微震派生裂隙为圆盘状，两条微震派生裂隙在三维空间上平行时，判断方法比较简单，而当不平行时则存在四种空间关系：相交、相连、相嵌和相离，如图5-6所示。

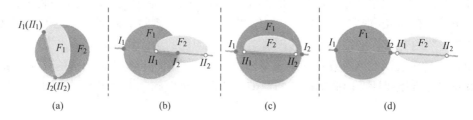

图 5-6 微震派生裂隙的空间关系

(a) 相交；(b) 相连；(c) 相嵌；(d) 相离

可将微震派生裂隙的空间关系转换为数学问题。每个裂隙圆盘数据由圆心坐标 (x_0, y_0, z_0)、半径 R、倾向 α 和倾角 β 构成。根据空间解析几何方法，可判断两两裂隙之间是否存在交线。若存在，则可进一步求得交线方程及交点坐标。数学描述如下[31]：

由微震派生裂隙的 6 个几何参数，可得出微震派生裂隙所在的平面方程（见式(5-20)）及圆心坐标 (x_0, y_0, z_0) 和半径 R 确定的球面坐标（见式（5-21））：

$$a_1(x - x_0) + b_1(y - y_0) + c_1(z - z_0) = 0 \tag{5-20}$$

$$(x - x_0)^2 + (y - y_0)^2 + (z - z_0)^2 = R^2 \tag{5-21}$$

式中，$n_1 = \sin\alpha\cos\beta$、$n_2 = -\sin\alpha\sin\beta$、$n_3 = \cos\alpha$，$n_1$、$n_2$、$n_3$ 为微震派生裂隙的法向。式（5-20）和式（5-21）相交便可获得裂隙的圆周。

设任意空间两个微震派生裂隙所在平面的平面方程为：

$$a_1(x - x_0) + b_1(y - y_0) + c_1(z - z_0) = 0 \tag{5-22}$$

$$a_2(x - x_0) + b_2(y - y_0) + c_2(z - z_0) = 0 \tag{5-23}$$

根据几何关系可知，两个微震派生裂隙交线的方向矢量与这两个裂隙所在平面的法向均垂直，那么可求得交线的方向矢量 $\boldsymbol{I} = (m, n, l)$，满足 $\boldsymbol{I} = (a_1, b_1, c_1) \times (a_2, b_2, c_2)$，即：

$$\begin{cases} m = b_1c_2 - b_2c_1 \\ n = c_1a_2 - a_1c_2 \\ l = a_1b_2 - a_2b_1 \end{cases} \tag{5-24}$$

当矢量 I 求得后，便可根据微震派生裂隙与矢量 I 的距离关系，判断两裂隙的位置关系。取交线上的一点 $P(x_p, y_p, z_p)$，则点 P 可用一个变量 t 的函数来表达，即两微震派生裂隙的交线方程为：

$$\begin{cases} x = x_p + mt \\ y = y_p + nt \\ z = z_p + lt \end{cases} \tag{5-25}$$

联立方程式（5-21）和式（5-25），利用二次方程解的存在条件判别式，可以判定直线与球面是否存在交点的情况，若存在两个交点，可以求解出交线在微震派生裂隙上的两个端点。交线与裂隙的关系如图 5-6 所示，图中 I_1、I_2、II_1 和 II_2 分别表示交线与裂隙的交点。I_1 和 I_2，II_1 和 II_2 在标记时按照同一顺序进行标记。从图 5-6 中可知，可根据 I_1、I_2、II_1 和 II_2 的位置获取微震派生裂隙间的空间关系。当 I_1 与 II_1，I_2 和 II_2 都重合时，则两裂隙相交，如图 5-6（a）所示。当 I_1、I_2、II_1 和 II_2 交替排列时，则两裂隙相连，如图 5-6（b）所示。当 II_1 和 II_2 夹在 I_1 和 I_2 之间时，则两裂隙相嵌，如图 5-6（c）所示。当按 I_1、I_2、II_1 和 II_2 顺序排列，且 I_1 与 II_1 之间距离大于 I_1 和 I_2 之间距离时，则两裂隙相离，如图 5-6（d）所示。

除此之外，在进行三维裂隙网络分析时，通常采用立方体的形式，可方便在边界处施加边界条件。因此，除了判断微震派生裂隙间关系之外，还需确定微震派生裂隙与边界之间的关系。对于这种关系判断比较简单，方法同上述裂隙之间的判断一样。当微震派生裂隙与边界的交线及交点坐标确定后，便可对边界之外的裂隙进行切割，保留边界内的裂隙。

利用上述方法，对随机分布的 100 个裂隙进行空间关系判断，结果如图 5-7 所示，图中裂隙之间及裂隙与边界之间的交叉线如图中红色圆管所示。

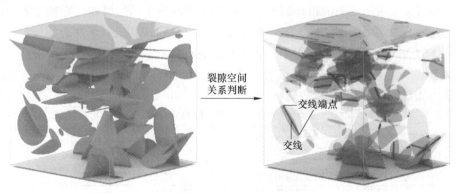

图 5-7 裂隙和交叉线
（扫描书前二维码看彩图）

5.4.2 微震派生裂隙网络模型图结构概化

在微震派生裂隙网络中，多条派生裂隙的交叉和连接可形成裂隙渗流网络。构建三维裂隙渗流网络的重要步骤是：确定空间内裂隙间的搭接关系。本节利用图论法，将微震派生裂隙网络转化成图结构。在数学中，图是由一组结点组成的结构，结点之间由边连接[32]。根据这种方法，微震派生裂隙网络可以表示为一个图。与微震派生裂隙有关的几何信息（如开度、交线长度、方位等）和水力特性（包括渗透性、压力梯度和黏滞系数等）被分配到连接结点的边中，如图5-8所示。有关图论的详细信息，可参阅文献［33］和［34］。图论的应用有利于解决工程中复杂的三维裂隙网络问题，节约计算空间[35]。

在裂隙渗流研究中，通常将三维裂隙网络转化为管道模型。通过微震派生裂隙的圆心和该裂隙与另一微震派生裂隙的交线中心之间建立用于流体流动的管道模型，如图5-8（a）所示。图5-8（b）给出了由微震派生裂隙网络转换为图结构的示意图，图中红色球体表示结点，灰色管表示裂隙的交线，蓝色管表示边（渗流管道）。

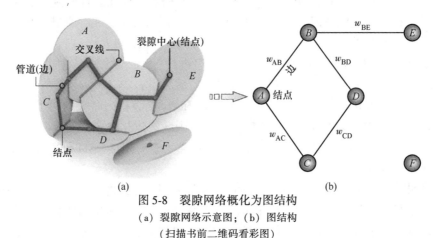

图 5-8 裂隙网络概化为图结构
（a）裂隙网络示意图；（b）图结构
（扫描书前二维码看彩图）

在处理工程裂隙问题时，裂隙网络中交叉形成的点与边的数量较大。鉴于邻接链表在数据存储时具有节省计算空间[36]，可处理大规模的裂隙网络问题的优点，本节采用邻接链表记录微震派生裂隙之间的拓扑关系、裂隙的水力属性及几何属性。邻接链表实际上储存了微震派生裂隙网络的图结构。本章程序主要利用MATLAB进行编制，邻接链表在储存时以结构体的形式进行储存，如图5-9给出了图5-8中数据的邻接链表记录形式。"dest"表示邻接点域，表示边的终点在顶点表中的下标，如图5-8中边 AB 的终点 B。"weight"用以记录边 AB 的几何属性和水力属性。

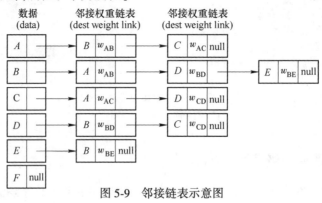

图 5-9 邻接链表示意图

5.4.3 微震派生裂隙网络模型渗流路径识别

大量裂隙的交叉贯通便形成了可渗的众多路径。邻接链表中记录了微震派生裂隙复杂的拓扑关系。如何从复杂的拓扑关系中识别出渗流路径是最终目的。三维裂隙网络渗流路径识别过程是：去除对流体流动无贡献的裂隙，识别出对流体流动起作用的裂隙。识别过程可概括为三步：（1）确定流入和流出边界，将邻接链表中记录的微震派生裂隙拓扑关系概化为图结构；（2）对数据预处理，去除孤立结点与叶子结点；（3）利用图的搜索算法搜索出沿水力梯度方向，连接流入面与流出面的通路，即渗流路径。

结合图 5-10 阐述这 3 个步骤，图中左侧为流水边界，右侧为流出边界。与流水边界相交的微震派生裂隙储存为起始结点，标识符记为 1。与流出边界相交的微震派生裂隙储存为终止结点，标识符记为 2。只有连通了起始结点与终止结点的路径，才能形成从流入面到流出面的通路，即有效渗流通道。可以看出，除了黄色结点组成的有效渗流通道之外，有 3 种情况对流体流动不起作用，分别为：孤立结点（该裂隙未与任何裂隙相交），叶子结点（仅与另外一个裂隙相交，

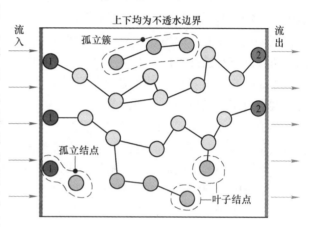

图 5-10　裂隙网络渗流路径示意图
（扫描书前二维码看彩图）

且不与水力梯度方向上的流入面和流出面相交），孤立簇（多个裂隙相交形成簇，但其构成的路径不与流入面或流出面相交）。去除以上 3 种裂隙即去除对应图结构中的结点和边，得到的便是渗流路径。

孤立结点与叶子结点也称死结点，在渗流路径搜寻中，在死结点上回溯是没有意义的，删除死结点可大大减少渗流路径识别的工作量。孤立结点与叶子结点的去除方法比较简单，在邻接链表中与这两类结点相连的结点数分别为 0 和 1。因此，可直接在邻接链表中将这两类微震派生裂隙删除。

到此为止，微震派生裂隙网络的图结构中只剩下有效的渗流路径与孤立簇。那么可通过图的搜索算法找出所有与流入面和流出面相连通的连通路径便是具有水力传导意义的渗流路径。剩下的连通路径便是由孤立簇确定的，应给予删除。本章采用深度优先搜索算法（DFS，Depth First Search）搜寻有效渗流路径。对于 DFS 算法在渗流路径搜寻中的应用优越性已得到诸多学者的印证[31,36,37]。DFS 遍历可递归地描述[38]为：（1）从图中的某个结点 s_0 出发，首先访问结点 s_0；（2）依次从 s_0 的未被访问的邻接结点出发递归地进行同样的 DFS 搜索，直至图中所有与 s_0 相连通的结点都被访问到；（3）依次回溯到上一个被访问的结点，看是否还有未被访问过的邻接结点。如果图中还有未被访问到的结点，那么以此结点作为起点，重复上述过程，直至图中所有的结点都被访问为止，该方法的详细介绍可见文献［39］。为了简单地理解这一过程，下面举例说明：8 个微震派生裂隙的空间关

系图结构如图5 11所示。如果从裂隙1发起DFS搜索（访问次序并不是唯一的，第2个点既可以是裂隙2也可以是3或4），则可能得到如下的一个访问过程：裂隙1→裂隙2→裂隙5，到裂隙5截断，回溯到裂隙1。与裂隙1相连没有被搜寻过的点为裂隙3和裂隙4，然后搜寻裂隙3，访问过程：裂隙1→裂隙3→裂隙6→裂隙8→裂隙7→裂隙4。与裂隙4相连的裂隙1已

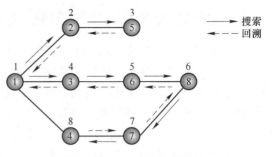

图5-11 DFS算法搜索示例

经被搜寻过，因此，回溯寻找未被搜寻的点，回溯到裂隙1，裂隙1没有未访问的相邻结点，所有结点都被搜寻过，本次搜索结束。图中各结点旁边附加的数字表明了各结点的访问次序。每次DFS搜索的结果必然是形成一个路径。那么通过此次搜寻可确定这8个派生裂隙共组成了两条连通分量即两条路径。

如上所述，当组成裂隙网络的微震派生裂隙数量较多时，则通过DFS算法所搜寻的路径数量是巨大的。三维裂隙渗流路径识别过程便是从DFS算法所搜寻的大量路径中确定出能够连通流入面与流出面路径。利用DFS算法搜寻微震派生裂隙渗流路径步骤如下。

（1）利用MATLAB构造结构体"Node"，按照堆栈的形式储存渗流路径上的结点。设流入面上裂隙交线的中点构成的集合为初始结点集 S，流出面上的裂隙交线的中点构成的集合为终止结点集 E。

（2）从初始结点集 S 中选择一个初始结点 s 出发，寻找 s 未访问过的邻接结点 w。若 w 是存在的，则入栈记录在Node结构体上。依次对所有的邻接结点进行访问，访问结束后，判断Node结构体的顶点是否为终止结点集的元素。若不是，则删除该结点信息（出栈），回溯到前一个结点进行遍历，直至搜索到属于终止结点集的结点为止。至此，Node结构体中的结点从上到下组成了一条连接流入面与流出面的简单渗流路径，将Node结构体中结点对应的微震派生裂隙信息存入结构体"Pathway"中。

（3）然后将Node结构体中的顶点出栈，回溯到前一结点，作为起点进行遍历，直到所有的邻接结点全部访问完成。此时，判断Node结构体顶部结点是否与路径Pathway相连。若不满足，则将上次回溯的结点与Node结构体顶部结点之间的结点出栈。若满足，则将该段结点对应的微震派生裂隙信息存入Pathway结构体中。重复上述操作，直至Node结构体为空。至此，Pathway结构体中便存储了连接初始结点 s 与终止结点集中某个终止结点的有效路径的微震派生裂隙信息。

重复步骤（1）~（3）直至初始结点集合中所有结点都被访问过为止，便获得了最终连接流入面与流出面的微震派生裂隙渗流路径。

为了演示上述计算，构建一个包含400个随机裂隙（倾向、倾角和长度都服从随机分布）的离散裂隙网络，如图5-12（a）所示。按照图5-12（a）所示渗流管道构建方法，经裂隙空间关系判断和DFS渗流路径识别后的可得到如图5-12（b）所示的裂隙渗流网络。

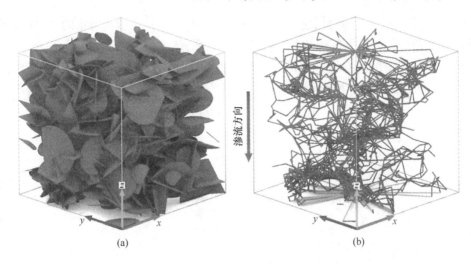

图 5-12 渗流路径搜索示意图

(a) 离散裂隙网络；(b) 渗流路径

(扫描书前二维码看彩图)

5.5 微震派生裂隙渗流网络模型渗流计算

Darcy 定律[33] 通常被用来评估流体通过单裂隙的流动行为。对于微震派生裂隙中流体流动分析需要给出两个基本假设：（1）岩石材料是不渗透的，即只考虑微震派生裂隙中的流体流动；（2）每个微震派生裂隙都是由一定开度和渗透率的光滑平板组成。

如前文所示，微震派生裂隙渗流网络其结构要素为微震派生裂隙的交点及交点间的边。假定某一渗流空间内，在微震派生裂隙渗流网络系统中取一个由结点 i 和 k 个交于结点 i 的边组成的均衡域，按水流均衡原理（质量守恒），得结点 i 处的流动方程为[40,41]：

$$\left(\sum_{j=1}^{k} q_j \right)_i + Q_i = 0 \quad (i = 1, 2, \cdots, k) \tag{5-26}$$

式中 q_j——从边 j 流入或者流出结点 i 的流量；

k——与结点 i 连接的边数；

Q_i——结点 i 处的源/汇项。

在微震派生裂隙渗流网络的图结构中，有 3 种类型的结点：流入结点、内部结点和流出结点。流入结点对应于流入边界，流出结点对应于流出边界。流入和流出结点设置一定压力边界，如流入结点水头设为 H_1，流出结点设为 H_2，其他面为不透水边界则水头设置为 0。对于三维渗流模型而言，流出面可设置多个。如果微震派生裂隙渗流网络的图结构中有 n 个结点，则式（5-26）可以转化为 n 个方程组。结合边界条件，可得由矩阵形式表示的微震派生裂隙渗流网络数学模型为：

$$\begin{cases} \boldsymbol{Aq} + \boldsymbol{Q} = 0 \\ H_{\text{inlet}} = H_1 \\ H_{\text{outlet}} = H_2 \\ H_{\text{other}} = 0 \end{cases} \tag{5-27}$$

式中，$\boldsymbol{Q} = [Q_1, Q_2, \cdots, Q_n]^{\mathrm{T}}$；$\boldsymbol{q} = [q_1, q_2, \cdots, q_n]^{\mathrm{T}}$；$\boldsymbol{A}$ 为渗流网络的 $N{\times}M$ 阶衔接矩阵，描述了裂隙渗流网络系统中边与结点的衔接关系，$\boldsymbol{A} = [a_{ij}]_{n{\times}m}$。

从式（5-27）中可以看出，未知量是微震派生裂隙渗流网络中内部结点的水头压力 H，可通过 Darcy 定律中的下列方程求解：

$$H_j = \frac{\sum\limits_{i=1}^{n} C_{ij} H_i}{\sum\limits_{i=1}^{n} C_{ij}} \tag{5-28}$$

$$q_j = C_{ij} \Delta H_j \tag{5-29}$$

$$C_{ij} = \frac{g a^3 b}{12 \nu L} \tag{5-30}$$

式中　H_j——结点 j 的水头压力；

　　　C_{ij}——结点 i 和 j 之间边的传导系数，由重力加速度 g，边的开度 a，裂隙交线长度 b，黏度系数 ν 及边的长度 L 求得。

由于微震派生裂隙渗流网络中不同的微震派生裂隙的开度是不一致的，本节取结点 i 和 j 对应的微震派生裂隙开度的平均值作为边的开度 a。

根据式（5-26）~式（5-30），可通过数值计算获取各个边的流量 q 和各结点水头压力 H。求得了各结点水头压力 H 后，也可以根据 Darcy 定律求解每个微震派生裂隙的渗透率，如式（5-31）所示：

$$K = \frac{q \nu L}{\Delta H a b} \tag{5-31}$$

同样地，为了展示上面的求解过程，利用图 5-12 构建的 400 个裂隙及识别的渗流路径，调用邻接链表中保存的结点和边的几何及水力属性，利用式（5-26）~式（5-30）对各结点和边进行渗流计算。设裂隙渗流网络立方体的顶面为流入面 $H_1 = 1$，底面为流出面 $H_2 = 0$，四周为不透水边界 $H_{\text{other}} = 0$。图 5-13（a）给出了裂隙渗流网络中结点与边的分布

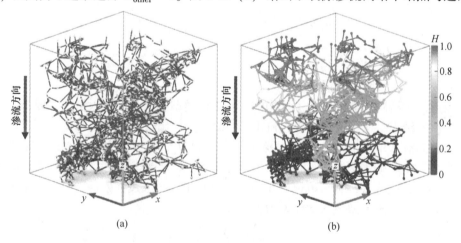

图 5-13　渗流网络中流体计算

(a) 图结构（节点和边）；(b) 结点的水头分布

（扫描书前二维码看彩图）

（黄色球体表示结点，蓝色管表示边）。图 5-13（b）给出了所有结点的水头压分布，其中边的水头值由结点水头值插值求得。

5.6 微震派生裂隙渗流网络模型主通道识别

外界扰动所形成的微震事件能量不同，对应的派生裂隙则具有不同的几何与水力属性，这便造成了不同的渗流路径中流体流动性质不同。在岩体工程中，汇水点与突水点之间通常具有许多渗流路径。岩体剧烈损伤形成的一些具有较大开度的微震派生裂隙，可以形成易于流体流动的通道。微震派生裂隙的几何和水力特性的不同，表现在图结构中，连接两结点的边具有不同的流动权重。本节将流体在微震派生裂隙中的流动时间作为衡量微震派生裂隙导水性能的权重，推导过程如下：

微震派生裂隙中的流速：

$$V = \frac{Q}{A} = \frac{K\Delta H}{vL} \tag{5-32}$$

时间 T_f 表示从一个微震派生裂隙流通到另一个微震派生裂隙的时间（即流体在边中的流动时间）：

$$T_f = \frac{L}{V} = \frac{vL^2}{K\Delta H} \tag{5-33}$$

某条渗流通道中所有边中的流通时间之和，则为该条渗流通道的导水性能权重：

$$\omega = \sum_{i=1}^{n} T_f^i \tag{5-34}$$

从式（5-31）和式（5-33）中可以看出，裂隙渗透率越大，开度越大，则流动时间越短。以式（5-34）为基础，在微震派生裂隙渗流网络中，最小的导水性能权重表明最佳的渗流通道，本节将其作为渗流主通道。识别主通道便是从微震派生裂隙渗流网络图结构中搜寻出最小的导水性能权重的路径。可以通过数据处理中常用的路径搜索算法实现，如本章采用的 Dijkstra 算法[34]。该方法是搜索最短路径常用的方法之一，鉴于篇幅原因，本章不再对其进行赘述，读者可参阅文献[34]。实施过程简述如下：通过对渗流通道中所有的边计算 T_f 值，然后将 T_f 值存入到邻接链表中。然后采用的 Dijkstra 算法搜寻邻接链表中所有的内部结点，找出导水性能权重 ω 最小的路径，那么该路径便是微震派生裂隙渗流网络的主通道。

继续利用图 5-13 中给出的渗流通道，来简单阐述上述方法的实施过程。从流出面随机选取了 3 个流入结点，利用上述方法遍历所有邻接链表的内部结点，便可找出这 3 个流入结点所能确定出的对应权值 ω 最小的路径，结果如图 5-14 所示。

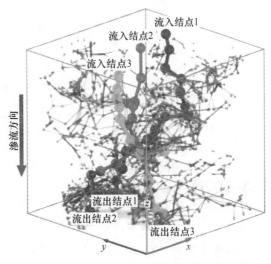

图 5-14　三个流入结点所搜寻出的最短路径
（扫描书前二维码看彩图）

5.7 工程案例验证

本节借助张马屯铁矿帷幕突水工程实例，对其微震数据按照前文方法进行处理，对裂隙渗流路径进行分析，验证本章方法的工程应用性。

5.7.1 张马屯铁矿帷幕突水工程背景

张马屯铁矿水文地质条件极其复杂，为中国少见的大水矿床。矿区地层主要为闪长岩、大理岩和第四系覆盖层（见图5-15（a））。其中大理岩岩溶裂隙发育、富水性强、透水性较好，为含水层。闪长岩含水弱、透水差，故可视为相对隔水层。张马屯铁矿于1977年投产，随着开采深度的增加，排水量及水害隐患不断增加。为保证安全生产，该矿于1996年进行了大帷幕钻孔注浆堵水工程，整个帷幕堵水工程共施工241个钻孔，全长1410m，深度330~560m，厚10m左右，形成一个"匚"字形将矿体整体包围，帷幕位置及岩层分布如图5-15（b）所示。帷幕按照方位被分为南区帷幕（AB）、西南区帷幕（BC）、西区帷幕（CD）及北区帷幕（DE）。该矿区主要含水层为−280~−500m间大理岩层，以BC段岩性最弱，富含溶洞、裂隙，且距离采场最近，为重点监测区域，关于张马屯铁矿详细的工程背景可参阅文献 [42]。

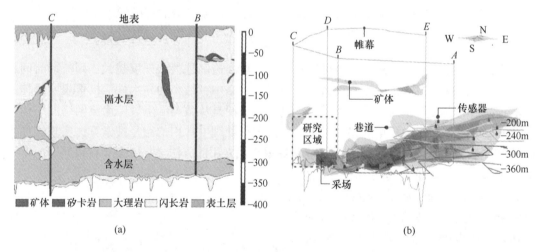

(a)　　　　　　　　　　　　　　　(b)

图5-15　张马屯铁矿地质剖面与矿山模型图
（a）研究区帷幕沿线地质剖面图；（b）三维矿山模型
（扫描书前二维码看彩图）

随着开采活动的不断进行，开采位置逐渐靠近西南区BC段帷幕，矿山涌水量开始明显增加，帷幕的堵水效果开始降低。图5-16给出了1997年及2010年的水位变化曲线，可以发现：西南区帷幕中段的水力梯度发生了十分明显的变化，2010年的−180m水位线较1997年的−180m水位线延伸至帷幕内近60m，表明该区域帷幕的堵水效果大大降低，发生了帷幕突水灾害，同时微震监测系统捕捉到了突水位置。根据水力梯度的变化可确定BC段帷幕出现了连接帷幕内外的渗水通道，如图5-16中浅蓝色箭头所示。

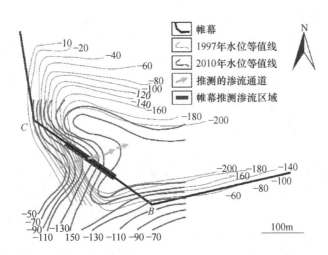

图 5-16 1997 年和 2010 年 −324m 水位排水试验水位等值线
（扫描书前二维码看彩图）

5.7.2 微震数据

选择帷幕突水阶段的微震数据进行分析，图 5-17 给出了 2007 年 7 月 24 日至 2009 年 3 月 17 日期间记录的微震事件及相应的震源球分布。关于该时间段的微震活动性分析，可参阅文献 [43]。利用第 3 章方法求解微震事件的震源机制，研究区域岩体破坏以剪切破裂为主，剪切破裂主要是由采矿活动和裂隙中充填物的水弱化引起的。其张拉破裂机理主要是由于采场顶板的高水压和破坏引起的。帷幕内 No. 9 和 No. 10 采场周围的微震事件主要是由采矿活动引起的。此外，微震事件在帷幕 BC 段呈带状分布，表明西南部帷幕出现了裂隙带。如果这些裂隙相互连通，在帷幕内外巨大水压差的作用下，将形成突水通道。

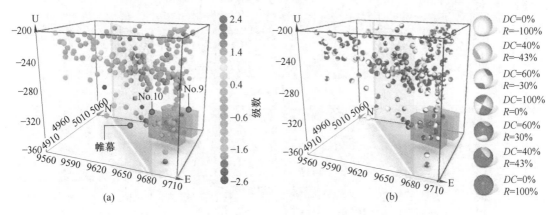

图 5-17 张马屯铁矿研究区域微震事件和震源球分布
（扫描书前二维码看彩图）

5.7.3 渗流通道识别

根据前文的研究内容对图 5-17 中的微震数据进行预处理，得出微震派生裂隙网络。

为了便于分析裂隙演化过程，将渗流通道形成过程分为 4 个阶段：阶段 1 （07.07.24～07.12.01）、阶段 2 （07.12.02～08.02.01）、阶段 3 （08.02.02～08.06.20）、阶段 4 （08.06.21～09.03.27）。No.9 采场在阶段 4 开采，No.10 号采场在阶段 1 和阶段 2 开采。渗透通道的形成过程如图 5-18 所示：

阶段 1：随着 No.10 采场的开采，No.9 和 No.10 采场上方及 No.10 采场南部开始形成数条交叉裂隙。在 -200～-240m 之间形成穿过帷幕的裂隙通道，同时在帷幕内散布着一些通道。

阶段 2：随着 No.10 采场的不断开采，在采动损伤与高水压联合作用下，本阶段形成了由帷幕西南方延伸到帷幕东北方的裂隙渗流通道。该裂隙渗流通道与图 5-16 中测定的渗流路径一致。相应地，该阶段测试的巷道涌水量增加了 $3 \times 10^4 m^3/$月[43]。

阶段 3：本阶段 No.10 采场已采空，帷幕附近没有采矿活动进行，新萌生的裂隙与渗流通道非常少，出现了一个不活跃的阶段。

阶段 4：本阶段 No.9 采场开始回采，No.9 和 No.10 采场上部形成交织的网状裂隙渗流通道。此阶段所形成的渗流通道相比阶段 2 要少得多，这说明阶段 2 所形成的渗流通道为渗流主通道。该阶段所形成的通道在是阶段 2 所形成渗流主通道上的扩展。经过此阶段渗流通道的进一步的扩展，最终形成了贯穿帷幕的裂隙渗流通道，巷道涌水量增加了 $4 \times 10^4 m^3/$月[43]。

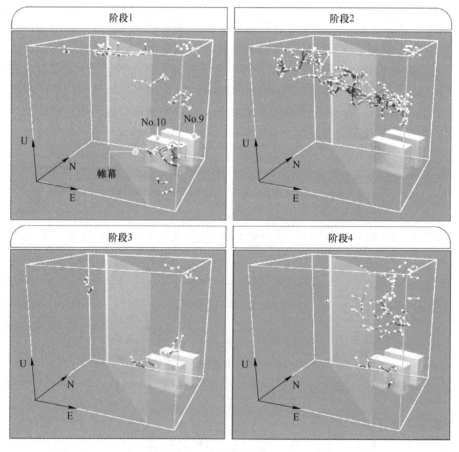

图 5-18 渗流通道形成过程
（扫描书前二维码看彩图）

对研究区域内由微震数据派生的裂隙渗流网络进行渗流计算。在此计算过程中，将与帷幕西侧相对应的长方体西表面设为流入面，$H_{inlet}=1$，将与帷幕东侧相对应的长方体东表面设为流出面，$H_{outlet}=0$，其他面设置为不透水边界，水流方向由西到东。所有结点的水压分布如图 5-19（a）所示，可以看出帷幕外的水压较高，水压下降缓慢。然而，当渗流通道通过帷幕时，水压迅速下降。这表明渗流路径所穿过的帷幕堵水效果较帷幕建成的初期大大降低，需要给予相应的堵水措施，以防影响安全生产。

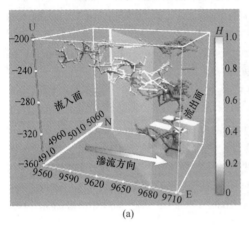
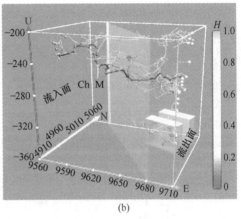

(a)　　　　　　　　　　　　　(b)

图 5-19　水压分布及渗流主通道分布
（扫描书前二维码看彩图）

为了找出 BC 段帷幕突水的主通道，以流出面所有的结点搜寻渗流路径中导水性能权值 ω 最小的路径，结果为图 5-19（b）中路径 Ch M，该路径决定了研究区域的突水情况。对比图 5-16 和图 5-19，可以得出该路径与实测水压梯度变化所确定的渗流路径一致，继而验证了本章方法的工程适用性。

参 考 文 献

［1］ CANDELA T, WASSING B, TER H J, et al. How earthquakes are induced［J］. Science, 2018, 360（6389）：598-600.

［2］ FERRILL D A, MORRIS A P. Dilational normal faults［J］. Journal of Structural Geology, 2003, 25（2）：183-196.

［3］ FISCHER T, GUEST A. Shear and tensile earthquakes caused by fluid injection［J］. Geophysical Research Letters, 2011, 38（5）：L05307.

［4］ HANCOCK P. Brittle microtectonics：Principles and practice［J］. Journal of Structural Geology, 1985, 7（3/4）：437-457.

［5］ GEORG M. Mechanics of tectonic faulting：Models and basic concepts［M］. SERBIULA（Sistema Librum 2.0）, 1988.

［6］ VAVRYČUK V. Iterative joint inversion for stress and fault orientations from focal mechanisms［J］. Geophysical Journal International, 2014（1）：69-77.

［7］ WANG R. Fundamentals of rock mechanics［J］. Engineering Geology, 1981, 17（3）：302.

［8］ MORRIS A, Ferrill D A, Henderson D B. Slip-tendency analysis and fault reactivation［J］. Geology, 1996, 24（3）：275-278.

[9] LISLE R J, SRIVASTAVA D C. Test of the frictional reactivation theory for faults and validity of fault slip analysis [J]. Geology, 2004, 32 (7): 569-572.

[10] MOECK I, KWIATEK G, ZIMMERMANN G. Slip tendency analysis, fault reactivation potential and induced seismicity in a deep geothermal reservoir [J]. Journal of Structural Geology, 2009, 31 (10): 1174-1182.

[11] BYERLEE J D, WYSS M. Rock friction and earthquake prediction [M]. Switzerland: Birkhäuser, 1978.

[12] STIERLE E, VAVRYCUK V, ŠÍLENÝ J, et al. Resolution of non-double-couple components in the seismic moment tensor using regional networks—I: a synthetic case study [J]. Geophysical Journal International, 2013, 196 (3): 1869-1877.

[13] WANG R, GU Y J, SCHULTZ R, et al. Faults and Non-Double-Couple Components for Induced Earthquakes [J]. Geophysical Research Letters, 2018, 45 (17): 8966-8975.

[14] SCHOLZ C H. The Mechanics of Earthquakes and Faulting [M]. Cambridge: Cambridge University Press & Assessment, 2002.

[15] VAVRYCUK V. Tensile earthquakes: Theory, modeling, and inversion [J]. Journal of Geophysical Research, 2011, 116 (B12): B12320.

[16] 李铁, 蔡美峰, 孙丽娟, 等. 基于震源机制解的矿井采动应力场反演与应用 [J]. 岩石力学与工程学报, 2016, 35 (9): 1747-1753.

[17] WALLACE R E. Geometry of shearing stress and relation to faulting [J]. Journal of Geology, 1951, 59 (2): 118-130.

[18] BOTT M H P. The mechanics of oblique slip faulting [J]. Geological Magazine, 2009, 96 (2): 109-117.

[19] MICHAEL A J. Determination of stress from slip data: Faults and folds [J]. Journal of Geophysical Research Solid Earth, 1984, 89 (B13): 11517-11526.

[20] GEPHART J W, FORSYTH D W. An improved method for determining the regional stress tensor using earthquake focal mechanism data: Application to the San Fernando Earthquake Sequence [J]. Journal of Geophysical Research, 1984, 89 (B11): 9305-9320.

[21] HARDEBECK J L, MICHAEL A J. Damped regional-scale stress inversions: Methodology and examples for southern California and the Coalinga aftershock sequence [J]. Journal of Geophysical Research: Solid Earth, 2006, 111 (B11): 310.

[22] MAURY J, CORNET F H, DORBATH L. A review of methods for determining stress fields from earthquakes focal mechanisms: Application to the Sierentz 1980 seismic crisis (Upper Rhine graben) [J]. Bulletin De La Societe Geologique De France, 2014, 184 (4/5): 319-334.

[23] LAY T, WALLACE T C. Modern global seismology [M]. Salt Lake City: Academic Press, 1995.

[24] ROSS A C. The geysers geothermal area, California: Tomographic images of the depleted steam reservoir and non- double-couple earthquakes [D]. Durham: Durham University, 1996.

[25] JULIAN B R, FOULGER G R. Non-double-couple earthquakes [J]. Geophysical Research Letters, 1998, 23 (8): 877-880.

[26] JIA Q S, EATON D W, WONG R C K. Stress inversion of shear-tensile focal mechanisms with application to hydraulic fracture monitoring [J]. Geophysical Journal International, 2018, 215 (1): 546-563.

[27] BEAR J, TSANG C F, MARSILY G D. Flow and Contaminant Transport in Fractured Rock [M]. Salt Lake City: Academic Press, 1993.

[28] HUSEBY O, THOVERT J F, ADLER P M. Geometry and topology of fracture systems [J]. Journal of Physics A General Physics, 1999, 30 (5): 1415.

［29］ ALGHALANDIS Y F, XU C S, DOWD P A. A general framework for fracture intersection analysis: Algorithms and practical applications ［C］ // Australian Geothermal Energy Conference, 2011.

［30］ BERKOWITZ B. Characterizing flow and transport in fractured geological media: A review ［J］. Advances in Water Resources, 2002, 25 (8/9/10/11/12): 861-884.

［31］ 赵红亮, 陈剑平. 裂隙岩体三维网络流的渗透路径搜索 ［J］. 岩石力学与工程学报, 2005, 24 (4): 622-627.

［32］ SANDERSON D J, NIXON C W. Topology, connectivity and percolation in fracture networks ［J］. Journal of Structural Geology, 2018, 115: 167-177.

［33］ PRIEST S D. Discontinuity Analysis for Rock Engineering ［M］. London: Chapman & Hall, 1993.

［34］ GROSS J L, YELLEN J, ZHANG P. Handbook of graph theory ［M］. New York: CRC press, 2004.

［35］ ALGHALANDIS Y F, DOWD P A, XU C S. Connectivity Index and Connectivity Field towards fluid flow in fracture-based geothermal reservoirs ［C］ // Stanford Geothermal Workshop Conference, 2013.

［36］ 刘华梅, 王明玉. 三维裂隙网络渗流路径识别算法及其优化 ［J］. 中国科学院大学学报, 2010, 27 (4): 463-470.

［37］ 吕伏, 梁冰. 基于 Matlab 的裂隙岩体渗透路径搜索 ［J］. 辽宁工程技术大学学报, 2007 (S2): 86-88.

［38］ 叶茂. 三维裂隙网络线单元渗流模型及其校正 ［D］. 北京: 华北电力大学, 2014.

［39］ 卢开澄, 卢华明. 图论及其应用 ［M］. 北京: 清华大学出版社, 1995.

［40］ 仵彦卿, 张倬元. 岩体水力学导论 ［M］. 成都: 西南交通大学出版社, 2005.

［41］ 杨天鸿, 于庆磊, 陈仕阔, 等. 范各庄煤矿砂岩岩体结构数字识别及参数表征 ［J］. 岩石力学与工程学报, 2009, 28 (12): 2482-2489.

［42］ 郭献章. 微震监测技术在济南张马屯铁矿的应用 ［D］. 沈阳: 东北大学, 2008.

［43］ ZHOU J R, YANG T H, ZHANG P H, et al. Formation process and mechanism of seepage channels around grout curtain from microseismic monitoring: A case study of Zhangmatun iron mine, China ［J］. Engineering Geology, 2017, 226: 301-315.

6 基于微震数据与数值模拟的矿山岩体损伤演化动态表征方法

6.1 引言

岩体力学参数在岩体工程（边坡、洞室等）分析和设计中的地位至关重要，岩体稳定性问题的研究是当前亟待研究的岩石力学课题[1]。岩体的力学参数取决于岩石的力学参数和结构面的发育程度及其性质，同时受到采动损伤的影响[2,3]。岩体受开挖爆破、采动卸荷的影响随采场向下延伸而更趋严重。如何正确地选取岩体力学参数是当前岩体力学的基本问题，同样也是解决当前实际岩体工程问题的难点。

岩体力学参数的可靠性直接影响着岩体工程结构的稳定性。通过数值计算处理实际工程问题时，一直存在的"声誉甚高、信誉甚低"的问题，也跟岩体的力学参数选取有关[4,5]。由于断层和不连续面的地质勘察结果不够详细，各种采矿活动、爆破干扰和地下水等因素，导致岩体力学参数不准确，从而导致力学参数的弱化。因此，很难基于静态参数模拟工程现场实际力学行为。在模拟计算中，需要不断修正岩体的力学参数。获取岩体力学参数行之有效的方法是进行大型现场试验[6]，现场试验可以准确地反映岩体的变形和强度特征，但由于大规模的现场试验需要的时间长，费用高[7,8]。以室内岩石力学试验为基础，综合考虑节理裂隙、尺寸效应和地下水的影响，对岩体强度做出合理的估算已成为岩石力学中重要研究课题[9]。当前国内外岩体参数获取包括各种分级系统分析，经验公式分析等方法[10,11]，如 Q 分级系统[12]、岩体评价 RMR 方法[13]、地质强度指标 GSI 方法[14]。但大多是通过对室内岩石力学试验获取的力学指标进行折减或统计分析，然而这仅仅考虑了岩体破坏的静态影响因素（水、地应力等），而忽略了岩体破坏的动态触发因素（爆破震动、工程开挖等）[8]。Hoek 等[15]在 Hoek-Brown 准则中利用了扰动系数来表征爆破损伤和应力松弛对岩体的扰动程度，这启发了学者们在研究岩石时对考虑动态触发因素的思考。然而，由于节理岩体损伤的复杂性，Hoek-Brown 准则中对于扰动系数的选择具有主观性和困难性。因此，为了获得合理的岩体力学参数，需要考虑动力触发因素和岩体损伤程度。

随着矿山工程开采活动的加剧，岩爆、空区垮塌、滑坡、地质缺陷活化等问题日渐突出，且单纯靠传统手段已经不能满足安全监测的需要。在矿山开采过程中，岩体力学参数是动态变化、不断劣化的，而以往采用数值模拟分析岩体损伤过程时通常选取固定的力学参数，参数选择不准，模拟结果很难符合实际情况。微震监测系统作为监测岩体损伤演化的有效手段，如何将监测数据与数值模拟有效地结合起来，动态修正岩体参数具有重要意义[16]。

近年来，学者们利用微震数据对岩体损伤和岩体应力分布进行了定量分析。结合实例，Cai 等[17]应用声发射监测技术实现了对隧道围岩强度分布的反演分析。Xu 等[18]尝试将微震数据与 RFPA 数值模拟相结合，对锦屏一级水电站边坡稳定性进行了分析。Zhou 等[19]根据震源机制得到的裂隙体积确定了损伤系数，并分析了岩体损伤过程。然而，这种类型的研究还处于初级阶段，需要进一步的研究。

本章的研究目的是借助"基于数值模拟的微震监测与基于微震监测的数值模拟"这一学术思想，以石人沟铁矿为工程依托，通过野外地质调查（结构面扫描和实际调查）确定不稳定区和重点保护区，并建立该区域的微震监测系统。研究思路概念图，如图 6-1 所示。通过第 2 章~第 4 章的研究方法，对微震波形进行处理，得到定位事件和震源参数。结合工程实际情况，对微震事件和震源参数进行了时空分析，分析了岩体的损伤过程。此外，利用震源参数与岩体力学参数之间的关系，给出了建立微震与岩体力学参数相连接的损伤模型。以损伤模型作为三维数值软件的输入，不断修改岩体参数，进行数值计算，分析损伤过程，确定损伤程度，圈定失稳区域，并提供治理方案。通过微震监测与数值模拟结果的耦合分析，为下一步矿山设计和微震监测区设定提供参考。

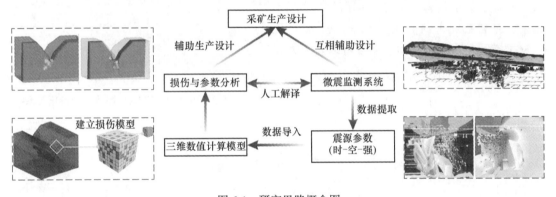

图 6-1　研究思路概念图
（扫描书前二维码看彩图）

6.2　基于微震辐射能的岩体损伤模型建立

6.2.1　考虑损伤的各向同性可释放应变能

岩体破坏可表述为能量驱动下的一种状态失稳现象[20]。岩石产生损伤、岩性劣化、岩石破坏的过程经历着能量的积聚、耗散和释放[21]。近年来，国内外学者在通过能量分析来描述岩体破坏行为方面做出了重要贡献[22,23]。由此可见，研究岩石破坏过程中的能量变化与岩体力学性质的关系，有利于反映岩体强度变化与整体破坏行为。

在岩石破裂过程中，岩石从受力至变形破坏会经历多种变形方式，每种变形破坏方式会对应一种或多种能量存在形式，如卸载后可恢复变形引起的弹性能 U^e，总应变与可恢复应变的差值对应的塑形能 U^p，裂隙与裂纹萌生、扩展对应的表面能 U^Ω，岩石灾变过程中的辐射能 U^m 与动能 U^v，以及其他形式被耗散的能量 U^x。虽然岩石在变形过程中总能量是守恒的，但是岩石中的总能量不是上述所有能量的叠加，因为 U^p、U^Ω、U^m 等能量会相互转化，是一个耦合的状态，它们和总能量之间存在一种函数关系[24]。谢和平[20]总结了岩体系统的能量表达关系，将U^p、U^Ω、U^m、U^v、U^x归于耗散能U^d，假设单位体积的岩体单元为封闭系统，根据热力学第一定律可得：

$$U = f(U^e, U^p, U^\Omega, U^m, U^v, U^x) = U^e + U^d \tag{6-1}$$

式中　U^d——岩体单元耗散能；

　　　U——外界对岩体单元所做的总功。

岩体单元中U^d和U^e的关系如图6-2所示。应力-应变曲线下U_i^d面积代表了形成损伤和塑性形变时岩体单元i所消耗的能量，阴影面积U_i^e表示可释放应变能。

在岩体破坏过程中，岩石单元储存的弹性能被释放，这些被释放的弹性能转化为岩体破坏的动能、辐射能等，为岩体损伤提供了动力。在应力后期，当岩石发生灾害时，岩石内部释放出弹性能，并转化为不同形式的能量。事实上，岩石破坏释放的能量是岩石破坏早期所储存的弹性应变能，是岩石灾害的前兆。根据弹性力学原理，主应力空间中岩体单元的总能量可以表示为[25]：

$$U = \int_0^{\varepsilon_1} \sigma_1 d\varepsilon_1 + \int_0^{\varepsilon_2} \sigma_2 d\varepsilon_2 + \int_0^{\varepsilon_3} \sigma_3 d\varepsilon_3 \tag{6-2}$$

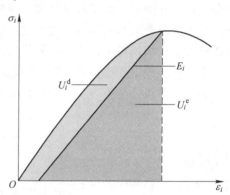

图6-2　可释放应变能与耗散能的量化关系

主应力空间中岩体单元的应变能可以表示为：

$$U^e = \frac{1}{2}\sigma_1 \varepsilon_1^e + \frac{1}{2}\sigma_2 \varepsilon_2^e + \frac{1}{2}\sigma_3 \varepsilon_3^e \tag{6-3}$$

其中：

$$\varepsilon_i^e = \frac{1}{E_i}[\sigma_1 - v_i(\sigma_j + \sigma_k)], \quad (i, j, k = 1, 2, 3; i \neq j \neq k) \tag{6-4}$$

将式（6-4）代入式（6-3）可得出岩体单元在无损伤时的可释放应变能U^e：

$$U^e = \frac{1}{2}\left\{ \frac{\sigma_1^2}{E_1} + \frac{\sigma_2^2}{E_2} + \frac{\sigma_3^2}{E_3} - v\left[\left(\frac{1}{E_1} + \frac{1}{E_2}\right)\sigma_1\sigma_2 + \left(\frac{1}{E_2} + \frac{1}{E_3}\right)\sigma_2\sigma_3 + \left(\frac{1}{E_1} + \frac{1}{E_3}\right)\sigma_1\sigma_3 \right] \right\} \tag{6-5}$$

式中，σ_1、σ_2、σ_3为三个主应力；E_1、E_2、E_3为主应力方向的弹性模量。

岩体单元在受载破坏过程中，储存在岩体单元中的弹性能U^e不断释放，转化为耗散能U^d，力学参数不断劣化。Lemaitre从损伤力学角度出发，建立了一维损伤模型：

$$\sigma = E_0(1 - D)\varepsilon \tag{6-6}$$

式中　E_0——无损伤状态下的弹性模量；

　　　D——损伤变量，表示材料体积单位中的缺陷率；

　　　σ——有效应力；

　　　ε——有效应变。

对于三维模型，在主应力方向上，式（6-6）可展开为三维损伤模型，如下所示：

$$\sigma_i = E_0^i(1 - D_i)\varepsilon_i \tag{6-7}$$

式中 E_0^i——在主方向 i 上无损伤状态下的弹性模量,当损伤发生时,岩体单元在主方向上损伤后的弹性模量可以表示为 $E_D^i = E_0^i(1 - D_i)$;

$\quad\quad\sigma_i$——主方向 i 上的应力;

$\quad\quad\varepsilon_i$——主方向 i 上的应变。

由于工程计算的复杂性,在实际计算中需进行简化,通常将岩体单元视为各向同性,取各方向岩体损伤后的弹性模量为 E_D,故考虑损伤时的单元体体积为 V 的可释放应变能 U_D^e 可表示为:

$$U_D^e = V \cdot \frac{1}{2E_D}[\sigma_1^2 + \sigma_2^2 + \sigma_3^2 - 2\nu(\sigma_1\sigma_2 + \sigma_2\sigma_3 + \sigma_1\sigma_3)] \tag{6-8}$$

式中 E_D——当前损伤状态下岩体单元的弹性模量;

$\quad\quad\nu$——泊松比。

前人所建立的考虑微震效应的可释放应变能中弹性模量取未损伤弹性模量[18],而岩体损伤是一个动态过程,弹性模量是不断损伤变化的,故可释放应变能在整个计算过程中都要考虑上一阶段损伤的影响。弹性应变能在主应力条件下表示的原因是,在数值模拟过程中,弹性应变能主要以增量的形式表示,而且提取应力比提取应变更容易。

本章在计算可释放应变能时,利用 FLAC³ᴰ 数值模拟的软件对其求解过程中单元体的应力信息进行提取计算,该软件内置 FISH 语言可灵活、方便地提取模型单元信息。FISH 是 FLAC³ᴰ 中嵌入的一种编程语言,使用户能够定义新的变量和函数。这些功能可用于扩展 FLAC³ᴰ 的可选性或用户定义的功能。例如,定义新的变量并被记录或输出,可控制特殊网格的生成,在数值模拟中实现伺服控制,可对岩体单元指定复杂的力学参数分布等,用户可方便地控制仿真过程[26]。通过调用计算过程中编译的函数,可快速获得计算过程中各单元和节点的应力、应变、位移等参数信息。新的单位信息可以添加到单位的存储地址中。FISH 是为了响应用户的请求而开发的,以便用户可以编写自己的函数,用户可以通过 ITASCA 软件了解不易处理或不可能处理的现有程序结构的代码。式(6-8)的实施程序简单概述如下。

· DefineDamage;% 定义一个损伤变量

· Shear0 = z_prop (p_z, 'shear ');% 获取计算过程中某个状态下的岩体单元 ' P-Z '的剪切模量

· v=0.22;% 设置泊松比

· Em=Shear0 * 2 (1+v);% 获取计算过程中某个状态下岩体单元 ' P-Z '的弹性模量

· S1 =z_sig1 (p_z);% 获取计算过程中某个状态下岩体单元 ' P-Z '的第一主应力

· S2 =z_sig2 (p_z);% 获取计算过程中某个状态下岩体单元 ' P-Z '的第二主应力

· S3 =z_sig3 (p_z);% 获取计算过程中某个状态下岩体单元 ' P-Z '的第三主应力

· Vol = z_volume (p_z);% 获取计算过程中某个状态下岩体单元 ' P-Z '的体积

· Ue = Vol * (S1 * S1 +S2 * S2 + S3 * S3-2 * v * (S1 * S2 +S2 * S3 + S1 * S3))/(2 * Em);% 获取计算过程中某个状态下岩体单元' P-Z '的弹性能

· End;% 结束

6.2.2 震源参数选取

建立微震监测参数与数值模拟之间的关系需要考虑 3 个问题:(1)微震事件对应的岩

体破坏范围；（2）微震事件对应的岩体破坏程度；（3）岩石破坏的实际能量由微震事件的能量反映。因此，有必要对微震波形进行计算，得到能解决这 3 个问题的震源参数。

微震震源参数包括震源位置、时间、微震能量、震源尺度、视体积等。在进行岩体损伤程度评估和预测矿山压力时，地震能量是重要的物理参数之一[27]，这是建立微震监测与数值模拟关系的重要参数。地震能量与远场的平方速度谱的积分成比例，可以从记录的波形中得到。

前人尝试采用震源尺度进行微震事件影响范围的折减。震源尺度通常用环形断层的半径表示，该值与 P 波或 S 波的拐角频率有关，但该值与震源模型的选取相关性较大，易出现不切实际的结果[27,28]。故本文选取 4.3 节中提出的新的破裂尺度量化方法来确定震源尺度。

在利用微震能量研究岩体损伤情况时，需要用到地震效率参数 η。在岩体损伤过程中累积的弹性应变能不断释放。然而，只有一部分能量是以弹性波的形式释放出来的，而大部分能量是以其他方式消耗的，如新生裂隙的表面能、裂隙运动的摩擦热能等。矿山的地震效率 η 表示地震能量 E 与破裂过程中所释放的总能 E_T 之比。

地震波的弹性辐射能即微震辐射的能量，可以从传感器接收到的波形中通过积分求得。一些学者对地震效率 η 进行了现场测量，η 数值较低：McGarr[29]通过矿井巷道开挖所释放的总能量与所观测到的辐射能量，计算得出南非某矿地震效率为 0.24%，此外 McGarr[30]通过对 Witwatersrand 深部金矿开采诱发的多个微震事件进行计算，求出地震效率在 0.2% 到 4.8% 之间。Olgaard 和 Brace[31]在新断面开挖时对所释放的能量进行了大量的研究，结果表明在南非采矿区 2km 深度处的地震效率为 1%~10%。窦林名[32]认为所监测到的微震能量与岩体破坏所释放的能量相比是很小的一部分，为 0.1%~1%。尽管获得的地震效率只是岩体破坏释放能量的一小部分，但这一部分是声发射监测和微震监测发展的关键。弹性波在传播过程中的衰减和传感器带宽的限制是导致低地震效率的重要因素。由于矿区地质条件复杂、地下结构多变、岩体的非均质性等因素影响了岩石破裂波形的传播，削弱了岩石破裂波形传播的能量。有人提出用定点爆破的方式来获取地震效率。Xu[18]利用采取定点爆破的方法，然后通过微震监测获取的爆破波形能量与爆破释放能量的关系，计算了锦屏水电站边坡的地震效率，地震效率值为 0.001%，该值与其他学者的研究差别较大。这是因为爆破产生的波与微震事件产生的应力波，无论在波速还是频率上差别都较大。在爆破过程中，大部分能量转化为热能和动能，较少部分用于产生微震事件。因此，地震效率必然会引起较大的计算误差。作者建议通过筛选已知破坏区域的微震事件，采用数值模拟的方式提取岩体单元储存的能量与微震能量的关系进行求解。

6.2.3 损伤模型建立

1976 年 Dougill 等最早在岩石类材料应用损伤的概念来描述岩石与混凝土的弹性本构关系[33]。随后国内外学者定义了多种损伤变量来描述材料的损伤状态。常来山[3]指出基于能量的角度来表征岩石的损伤演化符合工程实际。故基于微震监测获得的微震能量与可释放应变能之间的关系定义损伤是合理的。考虑到工程计算的复杂性和震源参数损伤分析的探索性研究目的，我们假设在微震事件发生前岩体不存在损伤，岩体单元破坏释放的能量全部来自可释放的应变能。

如果震源尺度范围内由于岩体损伤所产生的总能量为 ΔU，微震设备监测到的地震能量为 $\Delta U'$（单个微震事件），则将 ΔU 可定义为：

$$\Delta U = \Delta U'/\eta \tag{6-9}$$

定义震源尺度范围内的单个岩体损伤变量 D 可定义为：若单个微震事件的损伤半径 R 内有 m 个岩体单元，则 m 个岩体单元可释放应变能为 $m \cdot U_D^e$，其中震源尺度范围内岩体损伤所释放应变能为 ΔU，因此损伤变量 D 定义为：

$$D = \Delta U/(m U_D^e) = \Delta U'/(\eta m U_D^e) \tag{6-10}$$

6.3 基于多微震参数的岩体损伤模型建立

由于外界扰动的岩体内部损伤变化过程使一个无法直接观察到的动态过程，而在此过程中捕获到的每一个微震信号包含了岩体内部状态变化的丰富信息，因此，通过研究微震监测信息可以有效地分析岩体内部损伤演化规律，具有很好的优越性。微震震源参数包括震源位置、时间、微震能量和视应力等。在进行岩体损伤程度评估和预测矿山压力时，这些参数是重要的物理参数之一[27]，这是建立微震监测与数值模拟关系的重要参数。建立微震监测参数与数值模拟之间的关系需要考虑 3 个问题：

（1）岩石破坏的时序性；

（2）微震事件对应的岩体破坏范围；

（3）微震事件对应的岩体破坏程度。

因此，有必要对微震波形进行计算，得到能解决这 3 个问题的震源参数。一般情况下，单独的微震事件的出现并不足以表示岩体已经发生了破裂。而单位体积、单位时间内岩体内部累计微震事件数越多，事件集中程度越高，累计视体积越大，说明该区域岩体内部应力越活跃，变形越剧烈。相对应的，岩体产生损伤破坏越严重，岩体强度降低越大。综合研究学者对震源参数的研究[34,35]，可选取累计微震事件数、事件集中程度及视应力这 3 个参数作为衡量岩体损伤程度的综合指标。这些参数的求解方法在前文给出了详细阐述。

6.3.1 震源参数与岩体内部损伤演化关系

综合考虑微震"时、空、强"三要素，建立微震监测数据参数与岩体内部损伤演化关系。

6.3.1.1 时序因子

微震频次越大，即微震时序越密集，则微震活动性越强，岩体损伤越严重，对应区域的岩体强度弱化程度越严重。反之微震活动性越弱，岩体损伤越轻微。以一定体积，一定时间下进行数据统计，可得出震源频次 Q_1，即：

$$Q_1 = \frac{N}{T} \tag{6-11}$$

式中　N——一定时间内一定体积下的微震事件数目；

　　　T——时间，天。

6.3.1.2　空间因子

在一定的研究范围内，微震密集分布（簇状，条带状）时，微震活动性强，岩体损伤程度大，损伤越严重。分散分布时，则微震活动性低，岩体损伤越轻微。蔡武等[36]提出了一种描述微震事件集中程度的指标，用来对矿压进行预测：令 Σ 为描述震源坐标 x，y，z 的协方差矩阵，$X = (x, y, z)^T$，对应期望矩阵为 $u = (u_1, u_2, u_3)^T$。考虑到 $(X - u)^T \Sigma^{-1} (X - u) = d^2$（$d$ 为常数），为计算方便设 $u = 0$，因此有：

$$d^2 = X^T \Sigma^{-1} X = \frac{Y_1^2}{\lambda_1} + \frac{Y_2^2}{\lambda_2} + \frac{Y_3^2}{\lambda_3} \tag{6-12}$$

式中　λ_1，λ_2，λ_3——协方差矩阵 Σ 的特征根；

　　　Y_1，Y_2，Y_3——特征根对应的主成分。

式（6-12）是一个椭球方程，设参量 x，y，z 遵从三元正态分布，则其概率密度函数为[37]：

$$f(x, y, z) = \frac{1}{(2\pi)^{3/2} |\Sigma|^{1/2}} \exp\left(-\frac{1}{2} X^T \Sigma^{-1} X\right) \tag{6-13}$$

很明显，式（6-13）为三元正态分布的等概率密度椭球曲面。即椭球体积越大，说明椭球表面处样本出现的概率越小，分布的集中程度越低；反之，椭球表面处样本出现的概率越大，集中程度越高。因此，在三维空间中可采用等概率密度椭球的体积（$\frac{4}{3}\pi d^3 \sqrt{\lambda_1 \lambda_2 \lambda_3}$）来反应微震事件的震源空间集中程度。消除常量及量纲影响，可得出震源集中程度指标为（为了取得好的效果，本章在计算集中程度时，最小的微震事件数目为 4）：

$$Q_2 = \sqrt[3]{\sqrt{\lambda_1 \cdot \lambda_2 \cdot \lambda_3}} \tag{6-14}$$

6.3.1.3　强度因子

除微震事件频次及集中程度外，视应力是反映岩体破坏程度的综合指标，它考虑了岩体的剪切模量、岩体变形的驱动力和释放的能量。且不易受震源模型的影响[27,38]。在实际监测工作中，视应力代表了震源处岩体的应力水平，在地震学中，视应力被定义为震源区域岩体的非弹性应变辐射能。视应力越大，则岩体破坏越严重。它是一个标量，不依赖于震源模型是一个稳健的震源参数[39]，定义如下：

$$\sigma_A = \frac{\mu E}{M_0} \tag{6-15}$$

式中　μ——震源区域岩体的剪切模量；

　　　E——微震辐射能；

　　　M_0——地震距。

因此，在一定体积内的视应力之和可以定义为强度因子，如下所示：

$$Q_3 = \sum_{i=1}^{N_v} \sigma_A^i \tag{6-16}$$

式中　σ_A^i——在一定体积内的微震事件 i 的视应力；

　　　N_v——一定体积内的微震数量。

6.3.2 损伤模型建立

在可靠度分析理论中，指数分布函数可用来描述介质的失效行为[36,40]：

$$F(t) = 1 - e^{-\lambda t} \tag{6-17}$$

式中 $F(t)$ ——介质失稳分布函数；

         λ ——介质的失稳率。

将介质的失稳率与矿山岩体的损伤行为建立联系。介质失稳即为该监测手段下的被监测物体出现失稳行为。在工程上，可以看作是岩体的失稳破坏行为。

为了计算的简单化，对式（6-17）乘以系数 $e(e-1)$ 可得岩体失稳异常系数 $K_i = (e - e^{1-\lambda_i(t)})/(e-1)$，式中，$\lambda_i(t)$ 为相应指标在统计时间窗 t 内监测指标的异常隶属度，取值范围为 0~1。$\lambda_i(t)$ 的计算采用归一化处理，微震事件时序因子 Q_1 和微震事件强度因子 Q_3 的异常隶属度（正序因子）可表示为：

$$\lambda_i(t) = \frac{Q_i - Q_i^{\min}}{Q_i^{\max} - Q_i^{\min}} \tag{6-18}$$

微震事件的空间因子 Q_2 的异常隶属度（反序因子）可表示为：

$$\lambda_i(t) = \frac{Q_i^{\max} - Q_i}{Q_i^{\max} - Q_i^{\min}} \tag{6-19}$$

式中，Q_i 为指标序列值即时序因子、空间因子或强度因子的值；$Q_i^{\max}$ 为指标序列最大值；$Q_i^{\min}$ 为指标序列最小值。

综合多微震参数的异常指数 W 可定义如下：

$$W = \sum_{i=1}^{n} (\omega_i \cdot K_i) \tag{6-20}$$

式中，ω_i 为各因子的权重，满足 $\sum_{i=1}^{3} \omega_i = 1$；$K_i$ 是岩体失稳系数，当有大量的训练样本数据时即具有足够的岩体损伤情况与 3 个因子的对应关系数据，可以用回归分析法来确定每个因子的权重，如果没有有效的训练样本数据，参照蔡武等的研究[36]，可以假设每个因子的权重是相似的，即 3 种因子衡量损伤指标的能力是相同的。由此可知当 $W=1$ 时，研究介质完全失效，即岩体发生完全破坏；而当 $W=0$ 时，研究介质不会发生失效行为，即岩体无任何损伤。

在矿山中，岩体破坏并不意味着岩体力学参数的完全损失，因此有必要引入一个将微震数据与岩体力学参数连接起来的常数 α。岩体的损伤系数 D 可以表述为：

$$D = \alpha \sum_{i=1}^{3} (\omega_i \cdot K_i) = \alpha \left(\omega_1 \cdot \frac{e - e^{1-\lambda_1}}{e-1} + \omega_2 \cdot \frac{e - e^{1-\lambda_2}}{e-1} + \omega_3 \cdot \frac{e - e^{1-\lambda_3}}{e-1} \right) \tag{6-21}$$

其中 α 是一个无量纲待求解的系数。α 是建立微震数据和损伤系数的桥梁，表明岩体破坏过程中微震事件的能量释放效率（从物理意义上同上文提到的地震效率 η），本文称之为关联系数。在有限的岩体区域内，α 的值变化很小。因此，假设研究区域内的 α 为常数。如果确定后未知参数 α，则可以通过微震数据实现岩体力学参数的动态修正。

6.4   基于微震派生裂隙的损伤模型建立

岩石在内外因作用下，裂隙得到发育。由于这些裂隙具有方向性，致使岩石表现出各向异性的特点。因此，准确地描述裂隙的各向异性，是描述岩石各向异性力学性质的基础。岩石裂隙的发育过程可通过微震监测进行捕获，这为描述岩石的动态损伤及其各向异性搭建了桥梁。在此，尝试借助 Kawamoto[41] 提出的基于裂纹体积密度定义损伤变量的方法，依托矩张量理论，建立基于微震数据的各向异性损伤模型，以期实现既反映岩体初始状态下的损伤情况，又能将扰动所引起的损伤考虑进去。

Kawamoto[41] 给出的损伤公式如下：

$$D_{natural} = \sum_{i=1}^{M} D_i = \frac{1}{V} \sum_{i=1}^{M} \left[\overline{b}_i (n_i \otimes n_i) \sum_{k=1}^{N} S_{k,i} \right] \tag{6-22}$$

式中　$D_{natural}$——原生裂隙组的总体损伤；

　　　D_i——各裂隙组的损伤张量；

　　　V——所研究的岩体体积；

　　　$\overline{b}_i$——第 i 组裂隙的平均开度；

　　　n_i——第 i 组裂隙的平均法向；

　　　$\otimes$——向量并矢符号；

　　　M——裂隙组数；

　　　N——裂隙数量；

　　　$S_{k,i}$——第 i 组第 k 条裂隙的面积。

利用前几章的研究工作可获取每个微震派生裂隙的方位、尺度和开度信息，则由微震派生裂隙得出的损伤张量可表示为：

$$D_{MS} = \frac{1}{V} \sum_{i=1}^{N} \left[S_i \cdot b_i (n_i \otimes n_i) \right] \tag{6-23}$$

式中　V——计算域的岩体体积；

　　　i——第 i 个微震派生裂隙；

　　　S_i——微震派生裂隙的面积；

　　　b_i——4.4 节内容确定的开度改变量；

　　　n_i——由第 4 章确定的微震派生裂隙法向。

因此，对于发生破裂损伤的岩体而言，其总的损伤张量 D_{total} 由原生裂隙的损伤张量 $D_{natural}$ 和微震派生裂隙的损伤张量 D_{MS} 组成：

$$D_{total} = D_{natural} + D_{MS} \tag{6-24}$$

损伤张量 D_{total} 的等效损伤系数 D 为三个损伤主值 D_1、D_2 和 D_3 的几何平均值，其表达式为：

$$D = \sqrt[3]{D_1 \cdot D_2 \cdot D_3} \tag{6-25}$$

根据前人的研究[42]，由裂隙所获得的损伤值与实际损伤值存在量级上的差别，需要对该损伤值进行标定，即乘以一个修正系数 α。岩体的实际损伤系数 D 可以表述为：

$$D = \alpha \sqrt[3]{D_1 \cdot D_2 \cdot D_3} \tag{6-26}$$

式中　α——一个无量纲待求解的系数。

α 是建立原生裂隙和微震派生裂隙与损伤系数的桥梁，可表示为岩体破坏过程中用于驱动裂隙发展的能量释放率，本文称之为关联系数。在有限的岩体区域内，α 的值变化很小。因此，假设研究区域内的 α 为常数。如果确定出未知参数 α 后，则可以通过微震派生裂隙实现岩体力学参数的动态修正及岩体损伤的动态评估。

对于三维模型，在主应力方向上，三维损伤模型可表示如下：

$$\sigma_i = E_0^i(1 - D_i)\varepsilon_i \qquad (6-27)$$

式中　　E_0^i——在主方向 i 上无损伤状态下的弹性模量，当损伤发生时，岩体单元在主方向上损伤后的弹性模量可以表示为 $E_D^i = E_0^i(1 - D_i)$；

　　　　σ_i——主方向 i 上的应力；

　　　　ε_i——主方向 i 上的应变。

考虑到工程计算的复杂性，我们假设在微震派生裂隙形成前岩体只受原生裂隙带来的几何损伤，同时在实际计算中需进行简化，通常将岩体单元视为各向同性，取各方向岩体损伤后的弹性模量为 E_D。岩石损伤会导致材料的弹性模量、黏聚力和摩擦角降低[43]。然而，黏聚力、内摩擦角与弹性模量损伤程度之间的关系难以量化。因此本章假设弹性模量、黏聚力和内摩擦角都具有相同的损伤程度。岩体损伤是一个动态过程，故岩体单元损伤不是一个单步过程，而是多步损伤的叠加。因此，当前步岩体单元对应的损伤后的弹性模量 E_D、内聚力 C_D 和摩擦角 φ_D 可表示为：

$$E_D = E_0(1 - D^k) = E_0(1 - D^{k-1})(1 - D_k) \qquad (6-28)$$

$$C_D = C_0(1 - D^k) = C_0(1 - D^{k-1})(1 - D_k) \qquad (6-29)$$

$$\tan\varphi_D = \tan\varphi_0(1 - D^k) = \tan\varphi_0(1 - D^{k-1})(1 - D_k) \qquad (6-30)$$

式中　　　D^k——第 k 步累积损伤；

　　　　　D_k——第 k 步瞬时损伤；

E_0，C_0，φ_0——无损伤时的弹性模量，黏聚力，内摩擦角。

当 $D=1$ 时岩体单元完全损伤，$D=0$ 时表示未损伤。

参 考 文 献

［1］孙广忠. 岩体结构力学 ［M］. 北京：科学出版社，1988.

［2］WITTKE W. Rock mechanics based on an anisotropic jointed rock model（AJRM）［M］. New Jersey：John Wiley & Sons，2014.

［3］常来山. 节理岩体采动损伤与稳定 ［M］. 北京：冶金工业出版社，2014.

［4］章梦涛. 煤岩流体力学 ［M］. 北京：科学出版社，1995.

［5］SONMEZ H，ULUSAY R. Modifications to the geological strength index（GSI）and their applicability to stability of slopes ［J］. International Journal of Rock Mechanics Mining Sciences，1999，36（6）：743-760.

［6］OKADA T，TANI K，OOTSU H，et al. Development of in-situ triaxial test for rock masses ［J］. International Journal of the JCRM，2006，2（1）：7-12.

［7］蔡美峰. 岩石力学与工程 ［M］. 北京：科学出版社，2002.

［8］LIU Y C，CHEN C S. A new approach for application of rock mass classification on rock slope stability assessment ［J］. Engineering geology，2007，89（1/2）：129-143.

［9］YANG T，WANG P，XU T，et al. Anisotropic characteristics of jointed rock mass：A case study at Shirengou iron ore mine in China ［J］. Tunnelling And Underground Space Technology，2015，48：129-139.

［10］胡盛明，胡修文. 基于量化的 GSI 系统和 Hoek-Brown 准则的岩体力学参数的估计 ［J］. 岩土力学，

2011, 32 (3): 861-866.

[11] CAI M, KAISER P K, MARTIN C D. Quantification of rock mass damage in underground excavations from microseismic event monitoring [J]. Int J Rock Mech Min, 2001, 38 (8): 1135-1145.

[12] BARTON N. Some new Q-value correlations to assist in site characterisation and tunnel design [J]. International Journal of Rock Mechanics & Mining Sciences, 2002, 39 (2): 185-216.

[13] BIENIAWSKI Z. Engineering classification of jointed rock masses [J]. Civil Engineer in South Africa, 1973, 15 (12): 343-353.

[14] HOEK E, BROWN E T. Practical estimates of rock mass strength [J]. International Journal of Rock Mechanics & Mining Sciences, 1997, 34 (8): 1165-1186.

[15] HOEK E, CARRANZA-TORRES C, CORKUM B. Hoek-Brown failure criterion-2002 edition [J]. Proceedings of NARMS-Tac, 2002, 1 (1): 267-273.

[16] ZHAO Y, YANG T, ZHANG P, et al. The analysis of rock damage process based on the microseismic monitoring and numerical simulations [J]. Tunnelling and Underground Space Technology, 2017, 69: 1-17.

[17] CAI M, MORIOKA H, KAISER P K, et al. Back-analysis of rock mass strength parameters using AE monitoring data [J]. Int J Rock Mech Min, 2007, 44 (4): 538-549.

[18] XU N W, DAI F, LIANG Z Z, et al. The Dynamic Evaluation of Rock Slope Stability Considering the Effects of Microseismic Damage [J]. Rock Mech Rock Eng, 2013, 47 (2): 621-642.

[19] ZHOU J, YANG T, ZHANG P, et al. Formation process and mechanism of seepage channels around grout curtain from microseismic monitoring: A case study of Zhangmatun iron mine, China [J]. Engineering geology, 2017, 226: 301-315.

[20] XIE H, LI L, PENG R, et al. Energy analysis and criteria for structural failure of rocks [J]. Journal of Rock Mechanics Geotechnical Engineering, 2009, 1 (1): 11-20.

[21] ZHANG Z, KOU S, JIANG L, et al. Effects of loading rate on rock fracture: Fracture characteristics and energy partitioning [J]. International Journal of Rock Mechanics & Mining Sciences, 2000, 37 (5): 745-762.

[22] MIKHALYUK A, ZAKHAROV V. Dissipation of dynamic-loading energy in quasi-elastic deformation processes in rocks [J]. Journal of Applied Mechanics Technical Physics, 1997, 38 (2): 312-318.

[23] SUJATHA V, KISHEN J C. Energy release rate due to friction at bimaterial interface in dams [J]. Journal of Engineering Mechanics, 2003, 129 (7): 793-800.

[24] 赵忠虎, 谢和平. 岩石变形破坏过程中的能量传递和耗散研究 [J]. 工程科学与技术, 2008, 40 (2): 26-31.

[25] SOLECKI R, CONANT R J. Advanced mechanics of materials [M]. New York: Oxford University Press, 2003.

[26] Itasca. FLAC3D Version 3.1 User's Manual [M]. Itasca Consulting Group Minneapolis, MN, 2005.

[27] MENDECKI A J. Seismic Monitoring in Mines [M]. London: Chapman & Hall, 1997.

[28] CAI M, KAISER P K, MARTIN C D. A tensile model for the interpretation of microseismic events near underground openings [J]. Pure And Applied Geophysics, 1998, 153 (1): 67-92.

[29] MCGARR A. Seismic moments and volume changes [J]. Journal of Geophysical Research, 1976, 81 (8): 1487-1494.

[30] MCGARR A. Some comparisons between mining-induced and laboratory earthquakes [J]. Pure Applied Geophysics, 1994, 142 (3/4): 467-489.

[31] OLGAARD D, BRACE W. The microstructure of gouge from a mining-induced seismic shear zone [J].

International Journal of Rock Mechanics and Mining Sciences & Geomechanics Abstracts, 1983, 20（1）: 11-19.

［32］窦林名，牟宗龙，陆菜平. 采矿地球物理理论与技术［M］. 北京：科学出版社，2014.

［33］李树茂，齐伟，刘红帅. 岩体损伤力学理论进展［J］. 世界地质，2001，20（1）：72-78.

［34］MENDECKI A, LYNCH R, MALOVICHKO D. Routine seismic monitoring in mines［C］// VNIMI Seminar on seismic monitoring in Mines, 2007.

［35］XIAO Y-X, FENG X-T, HUDSON J A, et al. ISRM suggested method for in situ microseismic monitoring of the fracturing process in rock masses［J］. Rock Mech Rock Eng, 2016, 49（1）: 343-369.

［36］蔡武，窦林名，李振雷，等. 微震多维信息识别与冲击矿压时空预测——以河南义马跃进煤矿为例［J］. 地球物理学报，2014（8）：2687-2700.

［37］SCHIESSL O, JANIGA I. Algoritham of graphic pesantation of constant probability density ellipsoid with application to forest products research［J］. IFAC Proceedings Volumes, 1986, 19（12）: 275-278.

［38］DAI F, LI B, XU N, et al. Microseismic early warning of surrounding rock mass deformation in the underground powerhouse of the Houziyan hydropower station, China［J］. Tunnelling and Underground Space Technology, 2017, 62: 64-74.

［39］GIBOWICZ S, KIJKO A. An introduction to mining seismology［M］. San Diego：San Diego Academic Press, 1994.

［40］MELCHERS R E, BECK A T. Structural reliability analysis and prediction［M］. New Jersey：John Wiley & Sons, 2018.

［41］KAWAMOTO T, ICHIKAWA Y, KYOYA T. Deformation and fracturing behaviour of discontinuous rock mass and damage mechanics theory［J］. International Journal for Numerical Analytical Methods in Geomechanics, 1988, 12（1）: 1-30.

［42］师文豪. 考虑节理岩体各向异性的边坡力学特征分析及应用［D］. 沈阳：东北大学，2013.

［43］MARTIN C, CHANDLER N. The progressive fracture of Lac du Bonnet granite［J］. International Journal of Rock Mechanics Mining Science Geomechanics Abstracts, 1994, 31（6）: 643-659.

7 石人沟铁矿围岩损伤智能监测及预警指标体系研究

随着露天矿山开采深度不断增加，大量的金属矿山开始由露天开采向地下开采转化，露天转地下开采阶段主要涉及以下 3 个问题[1]：（1）露天转地下境界顶柱的稳定性；（2）露天坑底采场的稳定性；（3）露天坑底汇水涌入地下采场与巷道。石人沟铁矿是我国典型的露天开采转地下开采矿山，其露天转地下开采阶段设计如图 7-1 所示。石人沟铁矿具有露天坑底面积大，坑底汇水量大的特点。因此，掌握露天转地下阶段岩体内部裂隙的发育过程、围岩渗透特性的演化及渗流通道形成过程，可为露天转地下安全开采提供保障。

本章主要工作是：首先基于微震数据的震源参数对围岩损伤演化过程进行分析，从宏观规律上初步确定渗流通道。同时，根据微震数据构建微震派生裂隙网络模型，并利用该模型进行围岩渗透特性及裂隙渗流通道形成过程分析，明确裂隙渗流通道。

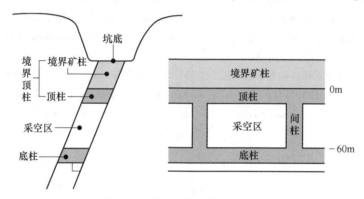

图 7-1　石人沟铁矿采矿示意图

7.1　工程概况及微震监测系统

7.1.1　工程概况

石人沟铁矿隶属河北钢铁集团，是其主要的铁矿生产矿山，位于河北省遵化市西北 10km 处，唐山市东南 90km 处，是中国典型的露天开采转地下开采矿山。该矿为铁硅质沉积建造变质铁矿床，矿石自然类型为石英岩型磁铁矿。矿区内断裂构造发育，矿区出露各类脉岩。岩性以黑云母角闪斜长片麻岩、角闪斜长片麻岩和花岗片麻岩为主。矿区为一单斜构造，矿体倾角为 50°~70°。矿区内断裂构造发育，分布着多组断层。矿体属急倾斜矿体，初期开采方法为露天开采，形成了长 2800m、宽 260m、深 120m 的南北向露天矿，如

图 7-2 (a) 所示。然后，转入地下后采用空场法开采。经过数十年开采，-60m 水平遗留下 129 个正规采空区和多个盗采空区，地下空间结构复杂（见图 7-2 (a)）。矿区内地质条件复杂，断层断裂构造发育，基岩中存在承压水。露天坑底汇水量大，若坑底的采场与露天坑之间裂隙发生贯通，可发生"突涌"灾害。此外，17 号勘探线上部有重点保护对象充填站存在（见图 7-2 (a)），充填站场地标高为+99.7m 左右，未运营时边坡可以保持稳定；当充填站运营时各立仓堆满物料砂浆，坡顶载荷增大，影响边坡稳定性。但该区段的境界顶柱中有大量盗采空区（图 7-2 (a) 中红色块体表示盗采空区），最近的距离坑底只有 4~8m，境界顶柱岩体破坏程度较大，坑底积水严重且存在局部滑坡，如图 7-2 (b) 所示，探明其内部裂隙发育情况对围岩稳定性及渗流通道分析至关重要。

露天矿底部汇水高度达数十米（见图 7-2 (b)），0m 水平巷道变形严重，出现局部塌方，巷道顶板存在多个透水带（见图 7-2 (c)）。此外，-60m 巷道存在数条大裂隙，巷道壁面出现连续渗水（见图 7-2 (d)）。这一区域的主要人为活动是 17 号勘探线附近南侧排土场继续内排回填，境界顶柱承受较大载荷，一旦境界顶柱在上覆载荷作用下失稳破坏，不仅可诱导其下部采场连锁垮塌引发上部充填站外延边坡变形，而且裂隙贯通将诱发细颗粒的回填物料和水溃入地下采场，发生突水、突泥灾害。因此，图 7-2 (a) 中的蓝线区域即 17 号勘探线附近值得重点关注，列为本章的研究区域。

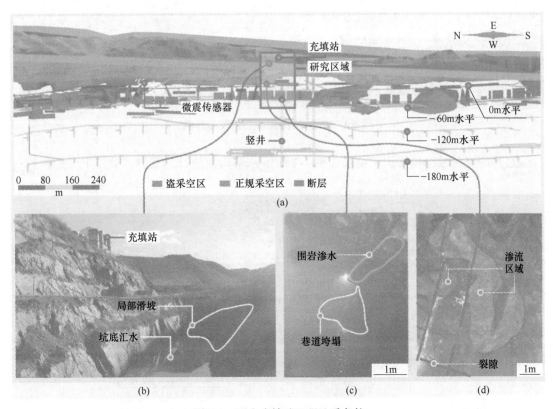

图 7-2 石人沟铁矿工程地质条件

(a) 石人沟铁矿空间三维模型；(b) 研究区地表现状；(c) 巷道塌方；(d) 岩壁水渗流

（扫描书前二维码看彩图）

7.1.2 结构面调查

岩体的软弱结构面、结构体对岩体稳定性、导水性影响较大，其力学性质、产状及空间组合在某种程度上控制着矿山地压活动与工程岩体的稳定性[2]。对围岩结构面进行调查，是确定岩体力学参数和后续建立原生裂隙网络模型的基础。

本书采用澳大利亚 MAPTEK 公司生产的 I-Site 8810 三维激光扫描系统对石人沟露天边坡进行结构面的测量，其能完整、快速、高精度、无接触地采集岩土地质及地形三维数据，同时对不连续面进行识别和统计分析[3]，激光扫描仪如图 7-3 所示。结构面扫描的工作共分为两步：（1）通过扫描的点云数据重构三维模型；（2）通过设定一定的结构面参数对三维模型表面进行拟合，自动获取结构面信息。

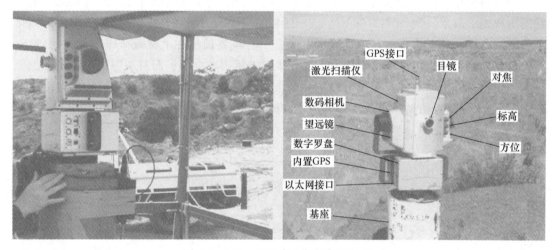

图 7-3　I-Site 8810 激光扫描仪硬件图

最终研究区域结构面识别结果如图 7-4 所示，结构面统计结果列入表 7-1。表中 3 种

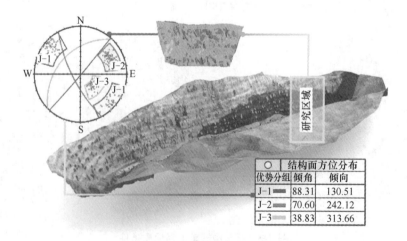

○	结构面方位分布	
优势分组	倾角	倾向
J-1	88.31	130.51
J-2	70.60	242.12
J-3	38.83	313.66

图 7-4　石人沟铁矿研究区域结构面

（扫描书前二维码看彩图）

分布类型的概率密度公式分别为：

（Ⅰ）
$$f(x) = \lambda e^{-\lambda x}, \; \lambda = \frac{1}{\mu_x} \qquad (7\text{-}1)$$

（Ⅱ）
$$f(x) = \frac{1}{\sqrt{2\pi}\,\sigma_x} \int_{-\infty}^{x} \exp\left[-\frac{1}{2}\left(\frac{x-\mu_x}{\sigma_x}\right)^2\right] dx \qquad (7\text{-}2)$$

（Ⅲ）
$$f(x) = \frac{1}{\sigma_x x \sqrt{2\pi}} \exp\left[-\frac{(\ln x - \mu_x)^2}{2\sigma_x^2}\right] \qquad (7\text{-}3)$$

式中　μ_x——标准差；

　　　σ_x——方差。

表 7-1　结构面的几何参数与分布函数

分组	倾角/(°)			倾向/(°)			迹长/m			间距/m			密度/m⁻¹
	类型	平均值	标准差	类型	平均值	标准差	类型	平均值	标准差	类型	平均值	标准差	
J-1	Ⅲ	88.31	6.77	Ⅲ	130.51	14.31	Ⅲ	0.63	0.47	Ⅰ	0.59	0.89	1.69
J-2	Ⅲ	70.60	4.23	Ⅱ	242.12	7.60	Ⅲ	1.11	0.76	Ⅲ	0.32	0.41	3.15
J-3	Ⅲ	38.83	10.13	Ⅲ	313.66	12.85	Ⅲ	0.71	0.69	Ⅰ	0.80	1.00	1.26

7.1.3　微震监测系统建立

为有效监测石人沟铁矿露天转地下开采过程中采场、边坡、境界顶柱的稳定性及渗流突水问题，建立了 ESG 微震监测系统以确保矿山的安全生产。在 0m 和 -60m 水平共设置 22 个传感器，包括 21 个单轴速度型传感器和 1 个三轴速度型传感器，覆盖矿区 11~18 号勘探线之间 -60m 以上区域岩体。在矿山开采过程中，岩体受扰动而发生损伤破裂，岩体中储存的弹性能在非弹性变形过程中以弹性波的形式释放出来。传感器接收到弹性波信号首先转换成电信号，然后发送到微震监测系统的 Paladin 信号采集单元。该电信号由模数转换器转换成数字信号，经运行在数据采集计算机上的软件处理后，传送到分析计算机。利用自主编制的程序对微震信号进行处理和分析，得到微震事件的位置、震源参数、震源机制，跟踪裂隙发展趋势，监测系统流程如图 7-5 所示。

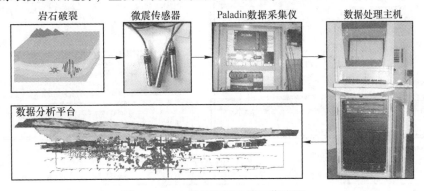

图 7-5　ESG 微震监测系统工作流程

（扫描书前二维码看彩图）

研究区域附近的传感器分布如图 7-6 所示。图 7-6（a）和（b）分别显示了 0m 和 −60m 水平的传感器水平分布图。图 7-6（c）和（d）显示了研究区域周围传感器的三维分布图。研究区域附近 100m 以内布置了 9 个传感器（11 个通道）集中分布，较好地包裹了研究区，可保证较高的定位精度。传感器与岩体的良好接触是获得高质量波形的关键，传感器安装过程的详细说明，请参阅文献 [4] 和 [5]。

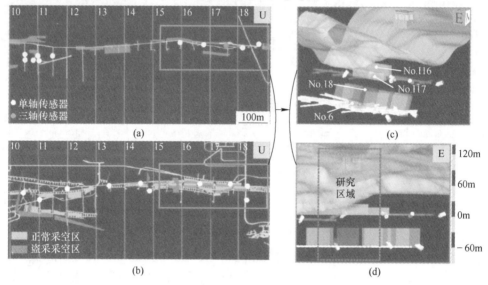

图 7-6　研究区域传感器布置

图 7-7 给出了研究区域内所有微震事件的定位误差。图中球体表示微震事件，颜色表示定位误差的大小。后侧的云图是定位误差的平面投影。可以看出，定位误差主要集中在 6~12m 范围内，显示了良好的定位精度。良好的定位精度归功于时常的波速校正和监测区域密集的传感器布置。高定位误差事件主要位于研究区域外边界附近，主要受地下结构的影响。由于后续研究对定位精度要求较高，因此删除定位误差大于 16m 的微震事件。

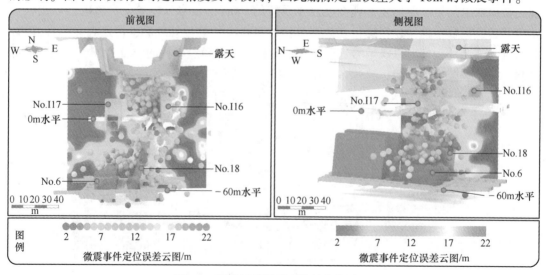

图 7-7　研究区域微震事件的定位误差

（扫描书前二维码看彩图）

7.2 基于微震参数的围岩损伤过程分析

矿山动力灾害从孕育到最后灾害发生期间，微震事件的数量、视应力、视体积等参数存在一个同岩体状态耦合变化的过程[6-8]，可以通过研究参数的时空变化规律发现岩体破坏的前兆特征。矿山渗流突水灾害的发生往往与采动活动具有特定的联系。学者指出[9,10]，对矿山采矿活动产生的微震信号进行空间和时间序列中的分析，对矿山水害发生的机制和预测预报具有重要的作用。在地震学研究中，通常采用统计学方法对一定时空内的微震事件进行研究，从而得到微震事件随时空变化的演化规律。许多学者[6-8]对视应力和视体积参数进行了广泛的研究。视应力和视体积是描述震源区应力水平和应变水平的一对物理量。视应力表示震源岩体的应力强弱水平，在地震学里定义为震源单位非弹性应变区岩体辐射的微震能。视应力越大，则岩体破坏越严重。它是一个标量，不依赖于震源模型是一个稳健的震源参数[5]，定义如下：

$$\sigma_A = \frac{\mu E}{M_0} \tag{7-4}$$

视体积表示震源非弹性变形的体积，累积视体积随时间变化的曲线斜率可表示岩体应变速率，公式如下：

$$V_A = \frac{\mu P^2}{E} \tag{7-5}$$

式中，E 为微震辐射能；μ 为震源区域岩体的剪切模量；M_0 为地震距；P 为微震体变势。

震源参数的突变特征蕴含了岩体发生破坏的信息[8,11,12]：微震事件的视应力越高，岩石破坏的驱动力越大，发生破坏的可能性越大；累积视体积的显著增加是岩爆和大尺度岩体破裂发生前的显著特征。基于此，本节通过结合现场日志、勘查与震源参数时空演化规律对围岩损伤过程进行研究，初步确定具有宏观规律的裂隙渗流通道。

7.2.1 震源参数时间演化规律

图 7-8 给出了研究区域岩体失稳从孕育到破坏的全过程，整个过程可分为 5 个阶段。

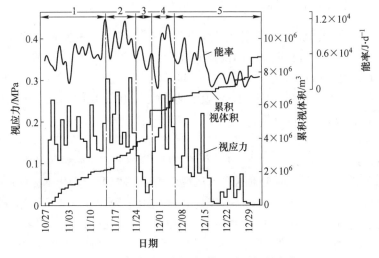

图 7-8 视应力和累积视体积随时间的变化

(1) 阶段1 (09.10.27~09.11.14): 该阶段对应于裂隙稳定扩展阶段, 微震能量不断累积, 平均值为3600J/d, 平均视应力值变化较小。从累积视体积可以看出, 在09.10.27~09.11.14期间, 累积视体积缓慢上升。意味着岩体变形速度相对稳定, 没有突然变形。岩体中裂隙稳步扩展, 未形成大的裂隙。根据矿山日志, 并无采场破坏记录。

(2) 阶段2 (09.11.15~09.11.24): 该阶段对应于裂隙非稳定扩展阶段。09.11.15之后微震能量迅速上升, 出现了多个高能量微震事件, 最大日平均能量增加到8900J/d。这意味着储存在岩体中的能量开始剧烈释放。09.11.23岩体达到屈服状态。从累积视体积曲线中可以看出, 在此阶段曲线上升斜率增大, 岩体非弹性变形增大, 视应力维持在较高应力状态。巷道壁面出现多条裂隙, 并伴有大裂隙存在, 可以预见初步形成了连接坑底与地下采场的贯通通道。

(3) 阶段3 (09.11.25~09.11.29): 该阶段对应于破坏阶段。岩体中储存的能量逐渐释放, 微震能量不断下降。视体积骤增, 视应力骤降, 积累的应力得到释放, 岩体非弹性变形体积增大。裂隙扩展与贯通程度增加, 初步形成的渗流通道进一步发展。根据记录, No. 6、No. 18采场出现局部坍塌破坏, No. I16采场围岩出现数条切割裂隙并伴有大块掉落。

(4) 阶段4 (09.11.30~09.12.06): 此阶段对应于裂隙第二次不稳定阶段。微震能量再次增加, 最大日平均能量接近阶段2。由于尾矿不断的内排导致境界顶柱受载增大, 岩体进一步破坏。前3个阶段由于岩体破坏而释放的应力, 在该阶段重新急剧上升, 岩体非弹性变形急剧上升, 岩体裂隙重新急剧扩展、贯通, 初步形成的渗流通道导水性增强。

(5) 阶段5 (09.12.07~10.01.01): 该阶段对应于二次破坏阶段。此阶段, 微震日平均能量先是出现两次高能量情况, 随后降低, 趋于较低的能量值。视应力经历多个骤增—骤降, 累积视体积经历多个骤增, 最后趋于稳定, 岩体系统再次达到平衡状态。09.12.09日以后, 裂隙完全贯通形成最终的渗流通道, 岩体破坏完成。根据现场勘查结果, No. 18采场破坏程度加剧, 且-60m巷道与该采场积水严重。第一次岩体破坏 (阶段3), 诱发并加速了后续破坏的发生 (阶段4和5), 该区域岩体表现为 "主震-余震型"。

7.2.2 震源参数空间演化规律

为了深入了解裂隙渗流通道的宏观形成过程, 对微震能量和视应力进行云图绘制。微震事件空间定位、能量和视应力云图随时间的变化结果分别绘制于图7-9~图7-11中。图7-9图例中L-e表示微震能量介于1000~5000J的低能量区间, M-e表示微震能量介于5000~10000J之间的中等能量区间, H-e表示能量大于10000J的高能量区间。

结合图7-8~图7-11进行分析:

(1) 阶段1: 此阶段微震事件主要有两个聚集带, 其中一个从露天坑底延伸到No. I16采场底板。另一处主要在No. 6和No. 18采场之间。微震事件能量处于低等到中等之间, 主要分布在坑底和No. I16采场西侧围岩。从视应力云图中可以看出No. I16采场西侧及底板处视应力较高, No. 6采场的顶板应力较高。这是由于阶段1尾矿不断内排, No. I16采场西侧围岩由于上覆荷载的增加而承受较大的荷载。当荷载达到岩体强度时, 矿柱底部裂隙开始扩展。第二处微震事件聚集带形成的原因是No. 6和No. 18采场存在采矿活动。No. 6采场顶板暴露面积较大, 易引起顶板破裂。

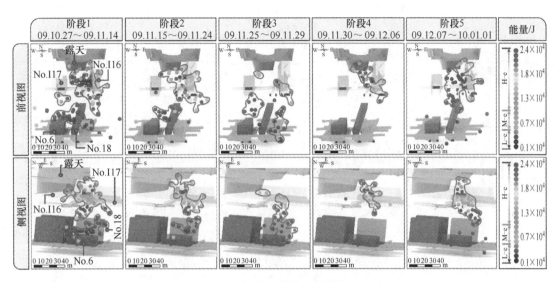

图 7-9 微震事件空间分布
（扫描书前二维码看彩图）

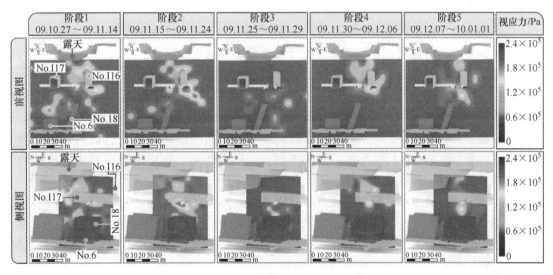

图 7-10 微震事件视应力参数空间分布
（扫描书前二维码看彩图）

（2）阶段 2：微震事件在阶段 1 所形成的微震带中进一步聚集，且能量升高，出现数个高能量事件，标志着岩体损伤程度升高。No. I16 采场附近的微震聚集带能量升高明显。视应力在此阶段达到最大值，其底板应力值达到最大。由此可见，No. I16 附近岩体劣化程度进一步增大，该区域裂隙发育严重，形成裂隙带。No. 18 采场及周边巷道积水较多，且巷道壁多处出现大裂隙。表明露天坑地、No. I16 和 No. 18 采场之间，即境界顶柱与 No. 18 采场之间初步形成了贯通性渗流通道。此阶段所形成的原因同阶段 1，但是外部扰动比阶段 1 更加强烈。

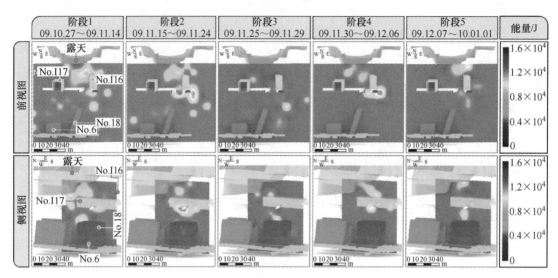

图 7-11 微震事件能量参数空间分布

(扫描书前二维码看彩图)

（3）阶段3：经历阶段1和阶段2中能量累积后，该阶段发生岩体破坏，累积的应力得到释放，视应力和能量都迅速降低。由于坑底尾矿的进一步内排，No. I16采场附近在阶段2已经形成的贯通性裂隙进一步贯通，初步形成的渗流通道进一步发展。No. I16采场附近形成多个大裂隙，且出现局部坍塌。低能量微震事件主要分布在No. 6采场顶板和No. 18号采场下盘。该区域在此阶段并无采矿活动，该区域微震事件形成原因主要是由于经历了阶段2后，No. 6和No. 18采场附近岩体所形成的裂隙相互贯通，形成导水通道，岩性弱化。另外，−60m下部开拓工程的进行，会对上部初步形成的裂隙网络造成扰动，加剧裂隙网络的连通性，增大导水性。

（4）阶段4：微震事件再次在境界顶柱附近聚集，再次出现多个高能量微震事件，微震事件能量虽比阶段1的高，但低于阶段2。说明该阶段，岩体损伤较阶段2弱。No. I16采场附近裂隙进一步急剧衍生、扩展。该阶段时间较短，之前所形成的裂隙网络导水性加剧，将造成岩体强度的进一步劣化。

（5）阶段5：境界顶柱周围的微震事件能量多处于低能量水平。从图7-11中可以看出，在09. 12. 07与09. 12. 15之间，视应力值和能量较高，该阶段的较高应力值与微震能量主要分布在No. 18、No. I16和坑底之间，即境界顶柱区域，该区域经历了第二次破坏。阶段3的岩体破坏引起了阶段5第二次破坏。岩体发生最终破坏，渗流通道发育完成，大量坑底汇水涌入No. 18采场。09. 12. 15之后，岩体系统达到新的平衡。境界顶柱的岩体破坏将对边坡东帮的稳定性造成影响，且会对东帮边坡上部充填站的稳定性造成严重影响。

7.3 围岩破裂机制分析

矩张量反演作为一种分析破裂机理和损伤过程的有效工具，在矿山微震研究中得到了广泛的应用[13-15]。本节利用第 3 章提出的矩张量求解方法，对研究区域的震源机制进行求解，对震源破裂类型进行判断，结果如图 7-12 所示。图中给出了正视图与侧视图的震源球分布及剪切、张拉、压缩破裂占比。从图 7-12 中可以看出：剪切震源在整个破坏阶段占主要比重，张拉震源零星分布占比较低。压缩震源占比最小，这种破裂机制与境界顶柱受载严重有关。地下工程中主要破坏为压剪破坏[16,17]，张拉破裂主要成因是高压水涌入裂隙及采场顶板应力集中造成裂隙扩张。

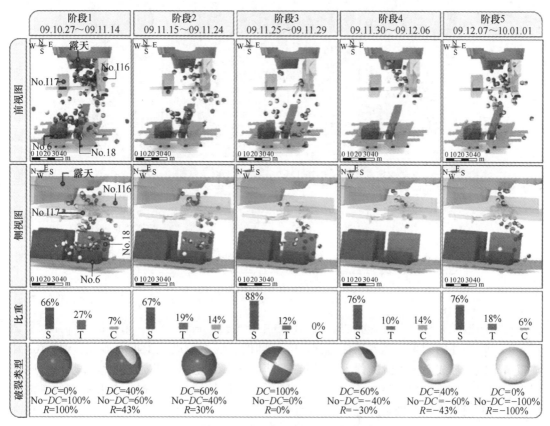

图 7-12　破裂机制空间演化过程

(扫描书前二维码看彩图)

从阶段 1 中可以看出，岩体破裂初期，剪切破坏占比 66%，张拉破坏占比 27%，压缩破坏占比仅为 7%。张拉裂隙主要聚集于境界顶柱、No.6 采场顶板与 No.18 采场围岩。剪切裂隙除了在境界顶柱内密集分布之外，在 No.6 和 No.18 采场之间也密集分布，形成剪切裂隙带。坑底南侧不断内排的尾矿，造成境界顶柱承受较大的压力，同时坑底积水对裂隙的扩张及对充填物的润滑，这些是造成阶段 1 发生剪切和张拉破裂的主要原因。

进入阶段 2 和阶段 3 后，剪切破裂分别占到了 67% 和 88%，剪切裂隙在阶段 1 所形成的裂隙区域进一步扩展。岩体的承载能力下降，而所承受的压力不断上升。图 7-13（b）中可以看出该区域岩体较为破碎，岩体发生剪切错动，剪切破裂进一步加剧，剪切裂隙进一步萌生扩展，释放更多的能量。除此之外，岩体本身节理裂隙发育，容易与坑底汇水区连通，高压水进入裂隙会对裂隙起到润滑作用，使得岩体更容易发生剪切破裂，同时高水压所引起的裂隙张开，诱发张拉破裂。在经历了阶段 2 与阶段 3 后，境界顶柱与采场之间形成了宏观的剪切破裂带，形成导水通道，坑底汇水不断流入境界顶柱周边巷道如图 7-13 (a) 所示，No. 6 和 No. 18 采场之间可见数条大裂隙，围岩不断漏水，如图 7-13 (c) 所示。

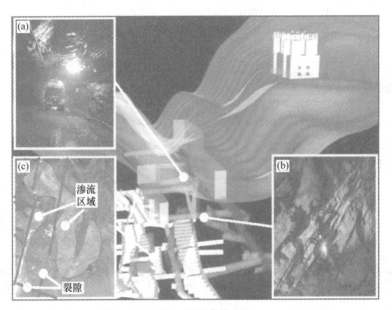

图 7-13　井下岩体现状

进入阶段 4 和阶段 5 后，剪切破裂依旧占主导地位，占比 76%，第一次破坏完成后诱发了第二次破坏的到来，境界顶柱与 No. 18 之间的剪切裂隙进一步扩展形成贯通，No. 18 顶板由于裂隙形成后，水流的侵入造成张拉破坏。裂隙的进一步贯通，加剧了坑底汇水的下渗。No. I16 和 No. 18 采场内积水严重，已形成的连接坑底与 -60m 水平巷道的渗流通道，会对矿山安全生产带来隐患。

7.4　微震派生裂隙网络模型构建

为了避免混淆，强调几个术语。原生裂隙是指现场激光扫描识别的裂隙，相应的裂隙网络称为原生裂隙网络，下文简称 DFN（微震事件发生前）。术语"微震派生裂隙网络"是指由微震派生裂隙组成的裂隙网络，下文简称 MS-DFN。术语"综合裂隙网络"指的包含 DFN 和 MS-DFN 的总体裂隙网络，下文简称 C-DFN。

利用第 5 章研究方法对前面研究的微震数据的每个震源面进行破裂倾向性指标 T_s、T_t 和 T_c 的求解，最后根据破裂倾向性指标识别出合理的裂隙。图 7-14 给出了裂隙识别前震源面及识别后的微震派生裂隙走向和倾角分布，图中黄色为识别前震源面的分布，蓝色为识别后确定出的微震派生裂隙分布。

如图 7-14 (a) 所示，裂隙识别前的震源面倾角集中在 30°~90°。识别后得到的微震

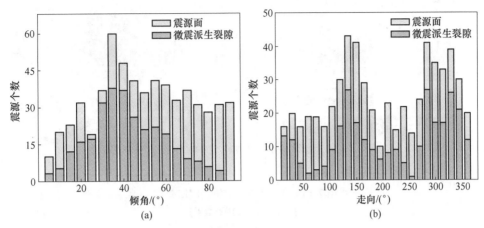

图 7-14 识别前的震源面与识别后的裂隙分布

（a）倾角分布；（b）走向分布

（扫描书前二维码看彩图）

派生裂隙倾角呈高斯分布，主要集中在 30°~60° 范围内。如图 7-14（b）所示，裂隙识别前的震源面走向呈双峰分布，主要集中在 120°~165° 和 270°~360° 范围内。识别后的派生裂隙走向双峰分布更为集中。对微震派生裂隙进行赤平投影及聚类分组，结果如图 7-15 所示。可以看出，岩体损伤破裂后形成的微震派生裂隙可分为两组，优势方向分别为 133°∠33° 和 310°∠32°。由此可见，通过裂隙识别后得到的微震派生裂隙分布更加集中，更能清晰反映与岩体损伤方向性有关的行为。

获取微震派生裂隙的方位后，可通过第 3 章给出的裂隙几何参数计算方法求解微震派生裂

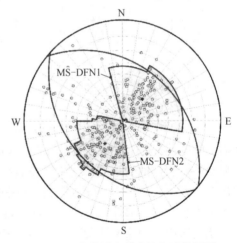

图 7-15 微震派生裂隙的赤平投影图

隙的尺度和开度。微震派生裂隙的开度受裂隙弹性模量与泊松比的取值影响。结合激光扫描的结构面信息和室内岩石试验结果，利用 Hoek-Brown 准则获取了研究区域的岩体参数，如表 7-2 所示。总结前人的研究[18-20]，节理与完整岩石之间的弹性模量和强度等力学性能的比值通常取 1%~20%，本文取 10%。经计算，研究区域所有微震派生裂隙开度改变量的均值为 0.001m。由于没有对石人沟铁矿原生裂隙的开度进行现场测量，原生裂隙的初始开度 t_0 参照 Odonne[21] 和 Larsen[22] 等人的现场统计结果，t_0 取 0.8mm，按照结构面的张开度分级为张开节理[23]。当求得了微震派生裂隙的方位、大小以及开度后，便可构建出 MS-DFN，如图 7-16 所示。图中裂隙的厚度表征裂隙开度，为了彰显不同微震派生裂隙的开度区别，图中裂隙厚度放大了 50 倍。微震派生裂隙的形成表征着岩体的损伤，研究区域裂隙的形成将加剧坑底的积水向坑底采场流动，进一步弱化岩体的强度。

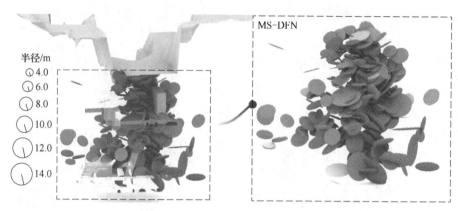

图 7-16 微震派生裂隙网络 MS-DFN

（扫描书前二维码看彩图）

表 7-2 石人沟铁矿岩体参数

岩体类型	密度/g·cm⁻³	抗拉强度/MPa	内聚力/MPa	内摩擦角/(°)	弹性模量/GPa	泊松比
矿体	3.06	1.09	2.43	38.00	4.70	0.21
围岩	2.64	0.45	0.89	36.00	4.41	0.22

7.5 围岩渗透特性分析

　　裂隙岩体中赋存着不同方向和大小的裂隙，裂隙相互切割和贯通形成裂隙渗流网络。MS-DFN 的形成表征岩体发生损伤进一步改变了裂隙岩体的切割和贯穿程度、渗透性及流体流动性。岩体的变形破坏会诱发裂隙发育、扩展等行为，伴随着微震能量的释放，引起岩体渗透性的变化。本节尝试用微震数据来表征渗透性的变化，即给出考虑原生裂隙与微震派生裂隙的渗透率计算方法，以期实现既能反映岩体初始状态下的裂隙岩体渗透性，又能将扰动所引起的渗透性考虑进去。关于裂隙岩体渗透性的研究，Oda[24]在统计理论的基础上提出了一种适用性较强的裂隙岩体渗透率计算方法，该方法不仅适用于空间分布的随机裂隙，还适用于参数明确的裂隙。近年来，该方法在石油水力压裂、地热开发、页岩气开发等重大工程中得到了广泛的应用[25,26]。

7.5.1 考虑微震派生裂隙的渗透率张量计算方法

　　岩体的渗透张量是裂隙张量的函数，它与裂隙的几何属性有关，由表征单元体中每个裂隙贡献的体积平均值表示。计算方法考虑了裂隙的方位、开度和长度对渗透率的影响。裂隙张量定义如下：

$$P_{ij} = \frac{\pi \rho}{4} \int_0^{r_m} \int_0^{t_m} \int_\Omega r^2 t^3 \boldsymbol{n}_i \boldsymbol{n}_j E(\boldsymbol{n}, \ r, \ t) \, \mathrm{d}\Omega \mathrm{d}r \mathrm{d}t \tag{7-6}$$

式中　P_{ij}——与裂隙有关的对称二阶张量；

　　　r——裂隙面的直径；

t——裂隙的开度；

t_m，r_m——裂隙开度和长度的最大值；

n_i，n_j——裂隙的法向 n 在坐标轴上的分量；

$E(\boldsymbol{n}, r, t)$——关于裂隙长度 r、开度 t 和法向 n 的联合概率密度函数；

ρ——单位体积中的裂隙数量；

Ω——单位球表面的偶角。

如果裂隙可以划分成足够多的均匀组，则裂隙的方位、长度和开度相互独立，那么概率密度函数 $E(\boldsymbol{n}, r, t)$ 可以简化为：

$$E(\boldsymbol{n}, r, t) = q(\boldsymbol{n})f(r)g(t) \tag{7-7}$$

式中 $q(\boldsymbol{n})$，$f(r)$，$g(t)$——裂隙的法向、长度和开度的概率密度函数。

对于岩体发生破裂损伤后，其总的裂隙张量 P_{total} 由原生裂隙的裂隙张量 $P_{natural}$ 和微震派生裂隙的裂隙张量 P_{MS} 组成：

$$P_{total}^{ij} = P_{natural}^{ij} + P_{MS}^{ij} \tag{7-8}$$

如果所有与裂隙几何有关的信息都是可知的，则式（7-8）可用加法形式进行求解。显然，微震派生裂隙满足这一条件，则 P_{MS} 可以简化为：

$$P_{MS}^{ij} = \frac{\pi}{4V} \sum_{k=1}^{m} (r^{(k)})^2 (t^{(k)})^3 \cos\theta^{(k)} \sin\theta^{(k)} \tag{7-9}$$

式中 k——m 个微震派生裂隙中的第 k 个裂隙；

θ——微震派生裂隙的法向与参考轴的夹角；

V——计算域的体积；

t，r——微震派生裂隙的开度和长度。

渗透率张量的表达式如下[24]：

$$K_{ij} = \lambda'(P_{kk}\delta_{ij} - P_{ij}) \tag{7-10}$$

式中 P_{ij}——裂隙张量，$P_{kk} = P_{11} + P_{22} + P_{33}$；

λ'——反映裂隙连通性的无量纲系数，满足不等式 $0 \leqslant \lambda' \leqslant 1/12$。如果裂隙具有高度连通性，则可将 λ' 设为 $1/12$。反之，标量 λ' 应设置小于 $1/12$。

当 P_{ij} 取 $P_{natural}^{ij} + P_{MS}^{ij}$ 时，则等效渗透率张量既考虑了原生裂隙又考虑了微震派生裂隙。

渗透张量 K 的等效渗透系数 $\overline{K}$ 为三个渗透主值 K_1、K_2 和 K_3 的几何平均值，其表达式为[27]：

$$\overline{K} = \sqrt[3]{K_1 \cdot K_2 \cdot K_3} \tag{7-11}$$

7.5.2 围岩渗透率分析

对于裂隙岩体而言，岩体力学参数不仅取决于岩体的结构特征和赋存地质环境，还取决于岩体的尺寸，该特性称为岩石的尺寸效应。不同尺度的岩体往往具有不同的力学参数[28,29]，当岩体大于临界尺寸时，岩体力学参数才趋于稳定，这个临界尺寸称为岩体力学参数的表征单元体（REV）。岩体工程中的尺寸效应是普遍存在的[30]，与岩体强度参数一样，渗透率也具有尺寸效应[31-33]。本节求解 REV 的目的是以 REV 块体的形式直观地显示围岩的渗透率分布。基于 7.1.2 节中三维激光扫描确定的结构面统计信息（见表 7-1），由 Monte Carlo[34]方法生成的 DFN 如图 7-17 所示。

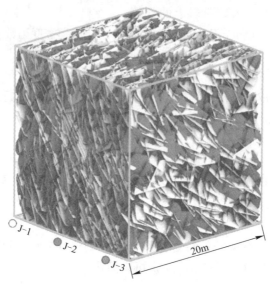

图 7-17 研究区域的 DFN
（扫描书前二维码看彩图）

以图 7-17 所构建的 DFN 中心为起点，建立 (1×1×1)m³ 到 (12×12×12)m³ 的共 12 个计算模型（见图 7-18 (a)），根据前文渗透率求解方法对每个模型进行求解，并以等效渗透系数 $\bar{K}$ 的形式表示渗透率的大小。求出的渗透率随着计算单元尺寸的变化如图 7-18 (b) 所示。结果表明，当模型长度大于 9m 以后，渗透率趋于稳定，那么本章 REV 的尺寸取 (10×10×10)m³。

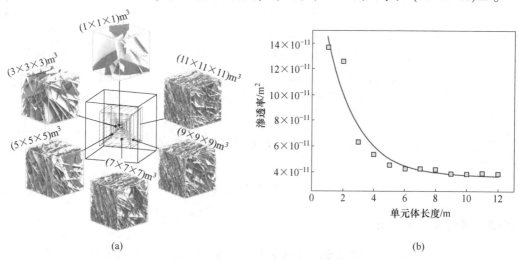

(a) (b)

图 7-18 尺寸对节理岩体渗透性的影响
（a）不同尺寸的 DFN 模型；（b）渗透率随节理岩体尺寸的变化曲线
（扫描书前二维码看彩图）

根据研究区域微震事件的分布和 REV 大小，将研究区划分为 574 个 REV。为了分析研究区域渗透率值的变化情况，每一个 REV 内的渗透率计算分为两部分：一部分是由原生裂隙引起的，另一部分是微震派生裂隙引起的。可由图 7-18（b）得出，每个 REV 内由原生裂隙引起的渗透性为 $3.80×10^{-11}\,\mathrm{m}^2$。而对于 REV 内由微震派生裂隙引起的渗透率变化，可根据 7.5.1 节内容求解裂隙张量。在这部分计算中，开度 t 取微震派生裂隙的开度改变量。继而，求出每个 REV 中由微震派生裂隙引起的渗透率改变。最后，每个 REV 中的最终渗透率是由原生裂隙的渗透率和微震派生裂隙引起的渗透率改变量之和组成，结果如图 7-19 所示。

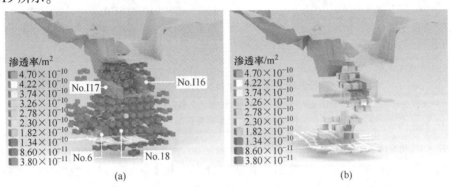

图 7-19　渗透率的空间分布

（a）所有的 REV；（b）渗透率大于 $2.0×10^{-10}\,\mathrm{m}^2$ 的 REV

（扫描书前二维码看彩图）

图 7-19（a）中立方体代表 REV，为了清楚地观察到内部渗透率分布，REV 尺寸减少了 50%。图 7-19（b）中的 REV 尺寸为原来的 80%，且仅显示渗透率值大于 $2.0×10^{-10}\,\mathrm{m}^2$ 的 REV。从图 7-19 中可以看出，高渗透率单元主要分布于境界顶柱内，No.I16 采场西侧围岩的渗透率最高。表明该区域裂隙密集，岩体破裂严重。REV 中最低的渗透率代表在微震事件发生之前由原生裂隙引起的渗透率，因为这些区域中的派生裂隙的开度改变量远小于原生裂隙的开度。由于裂隙受扰动影响，研究区域的渗透率大大增加。从图 7-19 中可看出监测区的渗流通道由坑底流向采场。

为了更加清晰地了解研究区域的围岩渗透特性，挑选最大渗透率所在的纵向面为截面。此截面上的渗透率分布及实际观测点的渗流情况如图 7-20 所示。如图 7-20（a）所示，坑底汇水经境界顶柱流入 No.6 和 No.18 采场。在 0m 和-60m 水平的巷道进行了两次观测，观测点的现状如图 7-20（b）所示。可以看出，观测点 1 的条件非常恶劣，巷道壁渗流严重，且围岩受裂隙切割严重。观测点 2 的壁面可见多条大裂缝，岩体表面在轻微地渗水。

7.5.3　围岩渗透率张量分析

上述结果描述了微震派生裂隙导致岩体渗透性增强的情况，然而，微震派生裂隙的形成不仅会改变渗透率的大小，还会改变渗透率的方向。为研究微震派生裂隙对渗透率方向的影响，采用 K-means 聚类法[35]将建立的 MS-DFN（见图 7-21）划分为 3 个区域进行分析。采用聚类分析的原因是：微震事件簇通常具有相似的形成机制[36,37]。图 7-21（a）给出了分类结果，MS-DFN 共分为 3 组，组 1、组 2 和组 3。分组后的裂隙密度分布如图 7-21

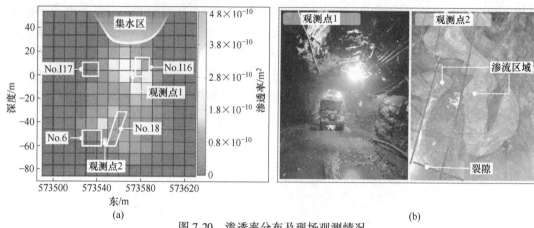

(a)　　　　　　　　　　　　　　　　　(b)

图 7-20　渗透率分布及现场观测情况

（a）渗透率分布；（b）现场点 1 和 2 的实际状况

（扫描书前二维码看彩图）

（b）所示。以每组的密度最高处的 30m 范围为区间，挑选了 3 个分析区域分别为区域 1、区域 2 和区域 3。图 7-21（a）中给出了其空间分布，其中区域 1 对应境界顶柱区域，区域 2 对应 No. I16 西侧围岩，区域 3 对应 No. 6 和 No. 18 采场附近围岩。

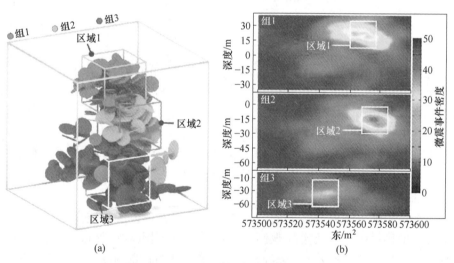

(a)　　　　　　　　　　　　　　　　　(b)

图 7-21　MS-DFN 分组与分析区域选取

（a）MS-DFN 的分组；（b）微震派生裂隙密度云图

（扫描书前二维码看彩图）

与 7.5.2 节相比，本节中渗透率张量不再用几何平均的方式进行分析，而考虑主值和主方向进行分析。共进行了 4 次渗透张量求解，第 1 次计算只考虑原生裂隙的渗透张量。由于渗透率的 REV 尺寸为（10×10×10）m³，因此区域 1、区域 2 和区域 3 内由原生裂隙引起的渗透张量是相同的。第 2 次对区域 1 内由 DFN 和 MS-DFN 组成综合裂隙网络（记为 CDFN-1）进行渗透张量求解。第 3 次和第 4 次计算分别对区域 2 和区域 3 内的综合裂隙网络（记为 CDFN-2 和 CDFN-3）进行求解。计算体积都是（30×30×30）m³，计算结果如图 7-22 和表 7-3 所示。

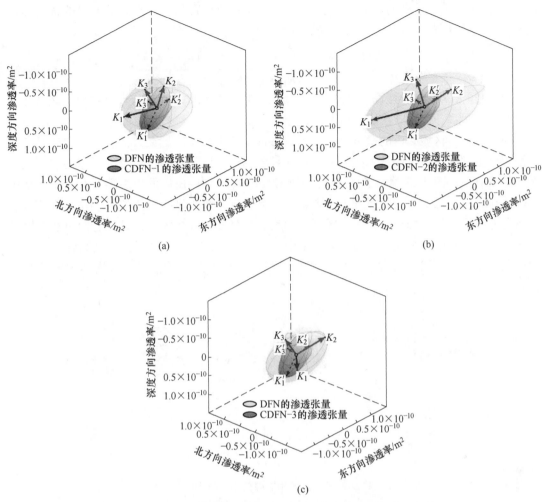

图 7-22　区域 1、区域 2 和区域 3 的 DFN 与 CDFN 的渗透张量

（a）区域 1；（b）区域 2；（c）区域 3

（扫描书前二维码看彩图）

表 7-3　研究区域的渗透张量结果

研究区域	K_1/m^2	K_2/m^2	K_3/m^2	Rot_{11}^K	AD
DFN	6.74×10^{-11}	5.63×10^{-11}	2.64×10^{-11}	—	0.35
CDFN-1	9.49×10^{-11}	7.77×10^{-11}	6.30×10^{-11}	67.59	0.17
CDFN-2	1.55×10^{-10}	1.46×10^{-10}	6.80×10^{-11}	80.34	0.32
CDFN-3	8.70×10^{-11}	8.13×10^{-11}	4.70×10^{-11}	32.86	0.25

通过对图 7-22 和表 7-3 分析得出：区域 1 受微震派生裂隙的影响，最大渗透率主值由 $6.74\times10^{-11}\mathrm{m}^2$ 增大到 $9.49\times10^{-11}\mathrm{m}^2$，最大主渗透率偏转角 Rot_{11}^K（DFN 的最大主渗透方向与 CDFN-1 的最大主渗透方向夹角）为 67.59°；区域 2 最大渗透率主值增大到了 $1.55\times10^{-11}\mathrm{m}^2$，最大主渗透率偏转角 Rot_{11}^K 为 80.34°；区域 3 最大渗透率主值增大到了 $8.70\times$

10^{-11}m^2，最大主渗透率偏转角 Rot_{11}^K 为 32.86°；MS-DFN 的形成也改变了围岩的各向异性程度，各向异性程度可由式（7-12）确定：

$$AD = \frac{\sqrt{(K_1 - K_2)^2 + (K_2 - K_3)^2 + (K_1 - K_3)^2}}{K_1 + K_2 + K_3} \tag{7-12}$$

AD 值越大，各向异性程度越高。对区域 1、区域 2 和区域 3 进行计算得出，区域 2 各向异性程度最高，区域 3 次之，区域 1 最小。

由此可见，区域 2 内的微震派生裂隙对渗透率的影响无论是在数值、主方向还是各向异性程度上都最显著，区域 1 次之，区域 3 最弱，这与该区域的微震派生裂隙的主方向及裂隙数目有关。图 7-23 给出了区域 1、区域 2 和区域 3 内的微震派生裂隙分布情况。从中可以明显看出，区域 2 的微震派生裂隙最多，且具有一组明显的优势裂隙。这是其造成渗透率主方向发生较大偏转的原因。区域 1 的裂隙数目较区域 2 的少，且具有两组非常明显的优势裂隙，其中一组优势裂隙与表 7-1 中原生裂隙 J-3 方向较接近，这是其各向异性程度最小的原因。区域 3 的微震派生裂隙数目最少，且方向离散，因此对岩体渗透率影响较弱。

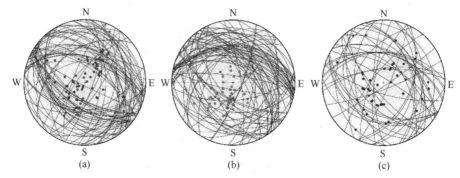

图 7-23　微震派生裂隙的赤平投影图

（a）区域 1；（b）区域 2；（c）区域 3

7.6　渗流通道形成过程分析

7.6.1　渗流通道形成过程及水压力分布

利用前文研究方法对前文构建的 MS-DFN 进行处理，可识别出围岩内的微震派生裂隙渗流网络。为了便于研究裂隙渗流通道的形成过程，将渗流通道的形成过程分为 4 个阶段：阶段 A（09.10.27~09.11.14）、阶段 B（09.11.15~09.11.29）、阶段 C（09.11.30~09.12.06）和阶段 D（09.12.07~10.01.01）。需要陈述一点，7.2 节对于该区域微震事件的分析时，将研究区段分成了 5 个阶段。由于阶段 2 和 3 中微震事件分布规律相似，故在本节将阶段 2 和 3 合并为阶段 B。阶段 A 对应阶段 1，阶段 C 对应阶段 4，阶段 D 对应阶段 5。基于微震数据所反演的裂隙渗透通道的形成过程如图 7-24 所示。

阶段 A：No.18 和 No.I16 采场之间形成了贯通裂隙通道，No.6 和 No.18 采场之间也形成了贯通裂隙通道。但是，这两个集中区域的裂隙通道并未贯通到一起。第一个裂隙通

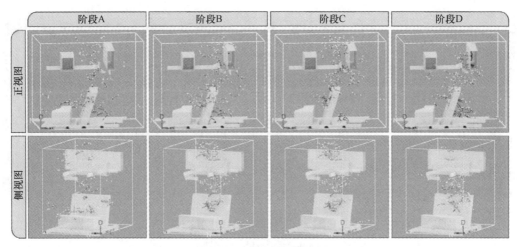

图 7-24　渗流通道形成过程
（扫描书前二维码看彩图）

道集中区形成的原因是该阶段尾矿不断排入坑底，造成 No. I16 采场西侧覆岩荷载较大，岩体破坏。第二个裂隙通道集中区形成的原因是 No. 6 和 No. 18 采场存在采矿活动增加了裂隙的扩展与贯通。No. 6 采场顶板暴露面积较大，易引起顶板渗流通道发育。

　　阶段 B：阶段 A 中的裂隙通道因新裂隙的生成，交叉、连通性程度增强。第一个集中区域的裂隙通道与第二个集中区域的裂隙通道形成了贯通。初步形成了从露天坑底（汇水区）到-60m 巷道（泄水区）的渗流通道。在 No. I16、No. 18 采场周围发现了大量的裂隙，加大了岩体的破坏程度。在此阶段，坑底积水不断地渗入 No. 18 采场，与现场记录相符，No. 18 采场存在积水。

　　阶段 C：裂隙在境界顶柱和 No. 18 采场之间进一步的聚集，对应岩体在损伤期后迅速进入的第二个非稳定扩展阶段。造成了境界顶柱和 No. 18 采场之间裂隙交叉程度增大，连通性增强，裂隙通道数量增多，渗流网络的导水性增强，No. 18 采场内的积水增多。

　　阶段 D：阶段 A~C 已经形成了良好导水性裂隙渗流网络，此阶段离散的裂隙分布，仍然大大增强了裂隙网络的贯通、交叉程度。至此，形成了最终的裂隙渗流通道。

　　利用 5.5 节中的裂隙渗流网络的渗流计算方法及编制的相关程序，对研究区域的微震派生裂隙渗流网络进行渗流计算。在计算过程中，将与坑底相对应的渗流网络模型的上表面设置为流入面，$H_{inlet} = 1$。将与-60m 水平相对应的渗流网络模型下表面设置为流出面，四周为不透水边界，$H_{outlet} = 0$，水流方向由上到下。所有结点的水压分布如图 7-25 所示。可以看出：No. I16 采场与坑底之间即境界顶柱区域，水压下降程度低，该区域赋存于高水压中，No. I16 采场及其西侧的巷道易发生突水风险。除此之外，No. 18 采场附近的水压处于中等水压且与其上面的裂隙贯通性程度较高，同样易发生突水灾害。渗流通道所贯穿的区域，应当采取相应的堵水措施来预防突水灾害的发生。

7.6.2　渗流主通道分析

　　正如 5.6 节中提到的方法，以流动时间最短的渗流路径作为渗流主通道，值得重点关注。以 3 种情况来分析研究区域的主通道。如图 7-26 左图所示，以 No. 18 采场顶板作为突

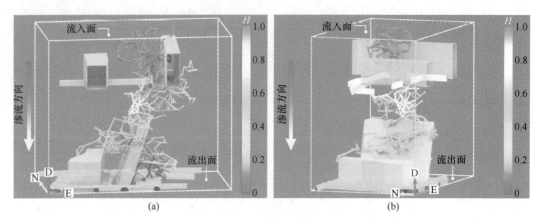

图 7-25 渗流网络的水压分布

(a) 正视图；(b) 侧视图

（扫描书前二维码看彩图）

水区，以顶板附近的 3 个结点 1、2 和 3 为流出结点。取其中流出结点 1，遍历所有内部结点，寻找出连接流出结点 1 的渗流路径中权值最小的路径。按照相同方法，依次计算剩下的流出结点 2 和 3。图 7-26 左图中给出了从坑底到 No.18 采场顶板最短的 3 条路径。图中结点和边的颜色代表了导水性权值 ω 的大小，红色代表最大权值。可以发现，这 3 条路径有着一段共同的路径 Ch 1，该路径是坑底到 No.18 采场的渗流主通道。

同理对 No.6 采场顶板的两个流出结点 4 和 5 进行路径搜索，求得了两条路径，如图 7-26 中间图所示。这两条路径的权值 ω 较大，说明 No.6 采场顶板较 No.18 采场发生渗流突水的能力弱。有趣的是，该两条路径同样拥有一段共同的路径 Ch 2。

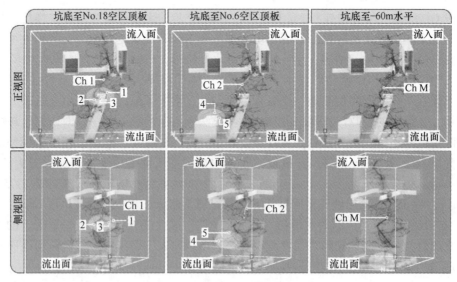

图 7-26 三种情况下的主通道分析

（扫描书前二维码看彩图）

图 7-26 右图表示的是，对 -60m 水平所有流出结点进行搜索，求出连接所有流入结点

与流出结点的渗流路径中权值 ω 最小的渗流路径 Ch M。该路径便为研究区域整体的渗流主通道。不难发现，Ch M、Ch 1 和 Ch 2 有着一部分重合的路径。说明，该重合路径对研究区域的渗流起了主导作用，控制着研究区域的渗流行为，可称为主渗流通道。前文图 7-20 以截面图的形式展示了研究区域渗透率的分布及实际观测点的渗流情况。我们将主渗流通道绘制于该图中，如图 7-27 所示。从图 7-27 中可以看出主渗流通道与研究区域的渗透性分布趋势相吻合，巷道 0m 水平的观测点 1 的现场水文条件极差，巷道壁渗流严重。非常遗憾，No. 18 采场顶柱不具备观测的条件，并没有现场记录的照片，但是在 No. 18 与 No. 6 空区之间（观测点 2）记录了现场的水利条件，观测点附近岩壁出现多处连续渗流的宏观裂隙。通过上述分析，可证明利用本节微震数据反演的主渗流通道具有一定的工程指导意义。

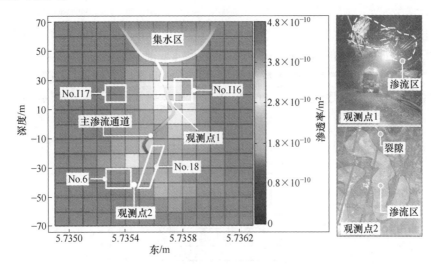

图 7-27　研究区渗透率分布及现场观测

（扫描书前二维码看彩图）

对主渗流通道中的微震派生裂隙方位进行统计分析，结果如图 7-28 所示。据此可得

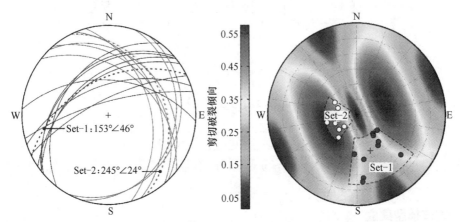

图 7-28　渗流主通道的裂隙方位及裂隙的剪切破裂倾向性分布

（扫描书前二维码看彩图）

出，石人沟铁矿裂隙带突水由主方位为 153°∠46° 和 245°∠24° 的微震派生裂隙控制。这两组裂隙主要由剪切震源所确定，利用 5.2 节方法计算这两组裂隙的剪切破裂倾向性指标，结果如图 7-28 右图所示。从图中可以看出，两组相互交叉的微震派生裂隙主要分布在高剪切破裂倾向性区域。由此可见，形成主渗流通道的微震派生裂隙的形成与研究区域的应力条件密切相关。上述研究结果，以期能为防堵水方案的设计提供参考。

7.7 数值模型建立及关联系数求解

本章实现微震监测与数值模拟联合分析的具体过程如下。

（1）根据矿山实际情况建立三维数值模拟模型，挑选实际破坏区，按照强度折减的方法确定关联系数 α。

（2）根据前文方法可求出各个时段微震派生裂隙所对应的 REV 中的损伤张量与损伤系数，以此分析研究区域的岩体损伤过程。REV 尺寸取前文确定的尺寸。

（3）将 REV 中的损伤系数嵌入数值模拟中，进行动态参数修正，嵌入流程如图 7-29 所示。按照实际的生产顺序进行矿房开挖，根据剪切破裂判断公式，分析剪切破裂带的分布情况。

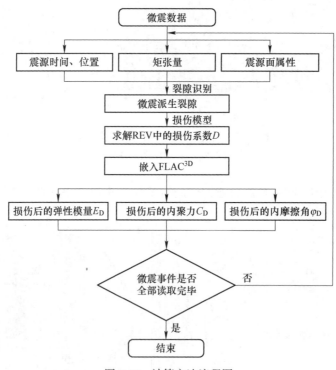

图 7-29 计算方法流程图

7.7.1 数值模型建立

根据研究区域的工程实际情况，建立了 16~18 号勘探线之间的三维数值模拟模型，如

图 7-30（a）所示。本构模型设置为 Mohr-Coulomb 模型，计算模型底部和侧面分别采用总位移约束和固定位移约束。计算模型采用的岩体力学参数如表 7-2 所示。

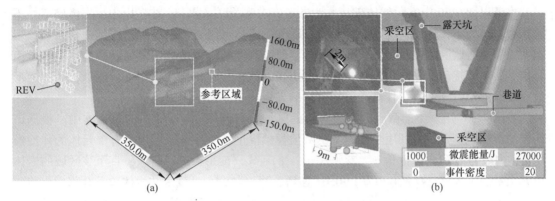

图 7-30　计算模型和基准区的拓扑图

（a）三维计算模型、REV 分布及参考区域位置；（b）微震事件分布及岩体破坏状况

（扫描书前二维码看彩图）

根据现场调查和微震监测结果，2010 年 2 月底，在 16 号勘探线附近的露天矿底左坡脚处，大量地表水突然渗入巷道，围岩巷道发生塌方（见图 7-30（b））。微震事件的分布聚集在该区域（见图 7-30（b））。因此，本节将该区域作为岩石破坏的参考区域来求解关联系数 α。该参考区域的微震事件参数如表 7-4 所示，共 15 个微震事件。

表 7-4　参考区域的微震信息

序号	发生时间 月/日/年 时:分	北/m	东/m	深度 /m	微震派生裂隙 走向/倾角/(°)	微震派生裂隙开度改变量/m	微震派生裂隙尺度 /m
1	1/31/10 13:19	4456327	573583.6	−6.62	318.68/46.22	0.005	6.57
2	1/31/10 13:19	4456330	573584.5	2.97	346.98/62.88	0.015	6.92
3	2/1/10 14:09	4456331	573586.1	−10.82	251.35/72.33	0.003	6.36
4	2/1/10 14:09	4456327	573582.4	−4.76	123.79/73.59	0.002	5.96
5	2/3/10 14:49	4456331	573587.6	−3.07	281.88/55.86	0.004	5.68
6	2/3/10 14:49	4456327	573583.8	−3.67	271.65/83.18	0.003	5.52
7	2/3/10 14:49	4456328	573588	−9.40	281.95/67.36	0.006	8.13
8	2/25/10 15:44	4456323	573581.9	0.12	49.02/77.93	0.011	9.41
9	2/26/10 14:32	4456326	573582.8	−0.97	286.28/48.19	0.005	8.49
10	2/26/10 14:32	4456330	573583.3	−10.12	222.09/71.11	0.009	5.96
11	2/27/10 14:57	4456332	573590.6	−10.08	328.22/41.02	0.017	5.11
12	2/28/10 13:54	4456328	573584.6	−1.57	204.53/67.85	0.014	7.32
13	3/2/10 14:45	4456331	573586.7	0.91	338.94/72.75	0.026	6.05
14	3/6/10 14:06	4456333	573589.8	1.03	133.38/48.67	0.006	8.28
15	3/7/10 14:57	4456330	573585	−1.17	336.81/40.04	0.004	6.93

7.7.2　关联系数求解

本节以图 7-30 中实际岩体破坏区为参考，求解关联系数 α。在矿山中，岩体破坏并不意味着岩体力学参数的完全损失。因此，需先确定参考区岩体破坏后对应的损伤系数。根据 7.3 节中对监测数据的矩张量分析可知，研究区域的岩体破坏以剪切破裂为主。在矿山开挖、回填等扰动活动作用下，岩体内部出现裂隙，裂隙在扰动作用下，逐渐扩展贯通形成宏观裂隙带。这一过程伴随着微震事件的发生和岩体力学参数的劣化。

将图 7-30（b）中的微震数据所对应的区域映射到图 7-30（a）的单元体中。根据该区域的实际破坏条件，利用上面建立的数值模拟模型，对参考区域内所有单元体的弹性模量 E，内聚力 C 和内摩擦角 φ，参照式（6-28）~式（6-30）进行折减，直至该区域的岩体单元全部发生破坏。D 从 0 开始以 0.01 递增，当 $D = 0.65$ 时该区域岩体单元全部发生剪切破坏，此时 $E_D = 1.54\text{GPa}$，$C = 0.31\text{MPa}$，$\varphi = 14.27°$。剪切强度值由 $\tau_0 = 1.53\text{MPa}$ 折减到了 $\tau_i = 0.53\text{MPa}$。$D = 0.65$ 的物理意义是，该区域岩体因发生损伤而产生了 15 个微震事件，与原生裂隙一起造成了弹性模量、内聚力、内摩擦角和剪切强度 65% 的劣化。那么，对参考区域的微震数据按照前文研究方法，进行矩张量求解，获取微震派生裂隙，并求解其尺度、方位及开度值。求出该区域由原生裂隙和微震派生裂隙确定的损伤值为 0.0096，那么由式（6-26）可求出关联系数 $\alpha = 0.65/0.0096 = 67.7$。

7.8　基于损伤模型的围岩损伤演化过程分析

7.8.1　损伤系数演化过程分析

当求得关联系数后，便可求出研究区域的围岩损伤的演化过程，结果如图 7-31 所示。此外，通过计算得出由原生裂隙所表征的岩体损伤值为 0.17。为了直观的显示出岩体单元的损伤演化过程，图中 REV 的长宽高的显示尺寸是 4m。由于研究区域 REV 数量较多，为了直观地描述出岩体的损伤过程，图 7-31 中只列出了损伤系数大于 0.22 的 REV。为了清晰地看出损伤系数的分布，进行了正视图和侧视图的损伤系数投影。岩体损伤是从岩体破坏初期到结束时逐步累积的过程，分别用阶段 Ⅰ（09.10.27 ~ 09.11.14）、阶段 Ⅱ（09.10.27 ~ 09.11.29）、阶段 Ⅲ（09.10.27 ~ 09.12.06）和阶段 Ⅳ（09.10.27 ~ 10.01.01）来描述岩体的损伤过程：

在阶段 Ⅰ 中，岩体损伤主要在 No.I16 采场西侧与坑底区域，损伤系数较低，小于 0.25，这表明该裂隙处于稳定扩展阶段，岩体受坑底水弱化及尾矿压力影响较弱，围岩稳定性较好。进入阶段 Ⅱ 后，围岩体不断受到水的弱化，裂隙面受到水的润滑作用，抗剪能力降低。研究区域南侧作为排土场，尾矿在此阶段不断排入坑内，增大了境界柱的受载力，No.I16 采场附近围岩破坏程度增大，最大值达到 0.42。该区境界顶柱较薄且裂隙多，极易发生矿柱破坏。No.6 和 No.18 采场之间也发生了轻微损伤。从图中可以看出，此阶段初步形成了连接境界顶柱与 No.18 的损伤带。进入阶段 Ⅲ 后，境界顶柱围岩经历了第一次破坏后进入第二次裂隙非稳定扩展，最大损伤系数增大到 0.46。进入阶段 Ⅳ 后，岩体损伤达到最终状态，岩体损伤区域增大。境界顶柱的损伤程度进一步增大，最大损伤系数增

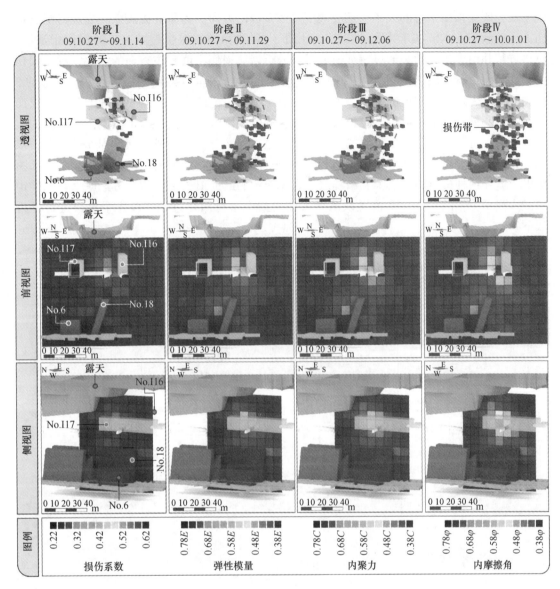

图 7-31　研究区损伤系数的时空变化

(扫描书前二维码看彩图)

大到了 0.62，其中以 No. I16 采场附近损伤最为严重。境界顶柱与 No. 18 采场之间的岩体损伤区域增多，表征着裂隙的贯通程度进一步增大，这将加大裂隙通道的导水性能。由于计算模型中围岩的初始力学参数是相同的值，因此图 7-31 不仅代表了岩体的损伤过程，还代表了岩体参数的劣化过程。为了避免重复，这里不再描述弹性模量、黏聚力和内摩擦角参数的劣化过程。

7.8.2　损伤张量演化过程分析

上述结果描述了由微震派生裂隙所反演的岩体损伤演化过程，然而微震派生裂隙的形成不仅会改变损伤系数的大小，还会改变损伤系数的方向。为研究微震派生裂隙对围岩损伤方向的影响，本节在求出每个 REV 中由原生裂隙和微震派生裂隙决定的损伤张量后，不再进行几何平均，而是通过特征值分解来分析岩体损伤主值和主方向的演化过程。损伤张量的演化过程如图 7-32 所示，图中每个 REV 的损伤张量以椭球的形式表达，椭球的 3 个轴的长度表示损伤主值的大小，轴的方向表示损伤主值的方向，其中椭球颜色表示损伤张量的第一损伤主值的大小，红色表示最大，蓝色表示最小。蓝色表示微震派生裂隙的贡献度较低，可近似表征原生裂隙的损伤张量。通过前文分析可知境界顶柱损伤较严重，该区域是分析的重点，因此对该区域进行局部放大，如图 7-32 中间图所示。图 7-32 底部图给出了境界顶柱内由原生裂隙和微震派生裂隙确定的最大损伤主轴与只考虑原生裂隙确定的最大损伤主轴的对比，来描述该境界顶柱的损伤张量演化过程。以 4 个阶段进行分析如下。

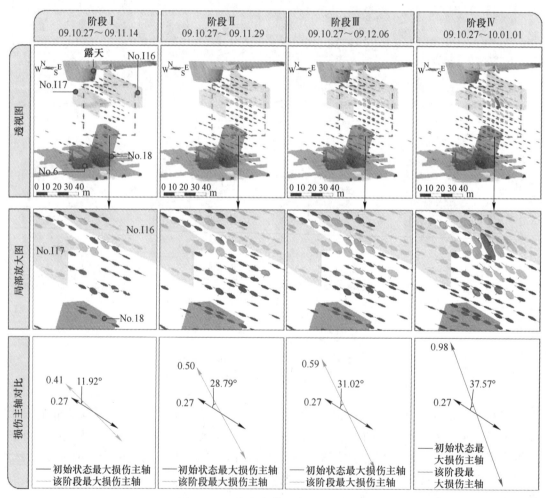

图 7-32　研究区损伤张量的时空变化

（扫描书前二维码看彩图）

在阶段Ⅰ中，岩体损伤程度较低，所引起的裂隙体积改变较低，损伤主方向主要由原生裂隙决定。境界顶柱中最大的损伤主轴较原生裂隙的损伤最大主轴发生了 11.92°的偏转，最大损伤主值由 0.27 增大到了 0.41。

进入阶段Ⅱ后，岩体损伤程度增大，微震派生裂隙对岩体损伤的影响程度增大，境界顶柱区域发生损伤主轴偏转的 REV 增多，其中最大损伤主轴与原生裂隙确定的最大损伤主轴偏转角增大到了 28.79°，损伤主值增大到 0.50。根据前文描述该阶段初步形成了连接境界顶柱与 No.18 的裂隙渗流通道，由此可见，具有优势方位的微震派生裂隙的形成是造成损伤主轴偏转的原因，也是裂隙贯通形成初步裂隙渗流通道的原因。

进入阶段Ⅲ后，围岩经历了阶段Ⅱ的第一次破坏后进入第二次裂隙非稳定扩展，损伤的增大程度相对前一阶段减弱，损伤主轴偏转了 31.02°，相对前一阶段只偏转了 2.23°，损伤主值由 0.27 增大到 0.59。

然而，进入阶段Ⅳ后，岩体损伤达到最终状态。境界顶柱的损伤程度达到最大，No.I16 采场附近出现多个高损伤主值的 REV，岩体损伤所引起裂隙体积改变程度增大，该区域的损伤主轴向一个方向偏转，引起垂直于该方向的裂隙的开度增强，具有优势方位的微震派生裂隙进一步形成，导水性增强。其中，No.I16 西侧围岩的最大损伤主值增大到了 0.98，损伤主轴偏转 37.57°，该方向损伤最严重。由此可见，岩体损伤带来了裂隙开度与方位的改变，改变了原生裂隙的贯通程度和各向异性程度，增强了裂隙的导水性，其中以境界顶柱围岩最为强烈。

7.9　围岩剪切破裂区演化过程分析

利用 FLAC^{3D} 中的 FISH 语言编写程序，将上述 REV 的几何平均岩体损伤系数 D，按照时间顺序嵌入到岩体计算单元中。可根据式（6-28）~式（6-30）计算修正后的弹性模量、黏聚力和内摩擦角。将 REV 中修正后的参数按照时间顺序分配到对应计算模型的单元中，同时结合采矿活动进行数值计算，可得出单元主应力 σ_1 和 σ_3。选用 Mohr-Coulomb 屈服准则作为判断岩体破坏的标准，以主应力形式表示的 Mohr-Coulomb 屈服准则如式（7-13）所示：

$$f = \sigma_1 - \sigma_3 \frac{1 + \sin\varphi}{1 - \sin\varphi} + 2c \sqrt{\frac{1 + \sin\varphi}{1 - \sin\varphi}} \tag{7-13}$$

式中　σ_1，σ_3——最大主应力，最小主应力；

c——当前状态下的内聚力；

φ——当前状态下的摩擦角。

当 $f>0$ 时，岩体将发生剪切破坏。

为了直观地在三维空间中观察由于岩体损伤而引入微震派生裂隙后所表征的岩体剪切破坏情况。图 7-33 中以 REV 的形式展示了研究区域的围岩剪切破坏的时空演化过程，其中为了避免遮挡，REV 尺寸取 8m，REV 的颜色表示 REV 所对应的数值模拟单元体中处于剪切屈服状态的单元比重。红色表示 REV 中所包含的单元体全部处于剪切破坏。7.3 节中通过震源机制分析得出了研究区域主要为剪切破裂，因此本节只针对剪切破裂展开分析。

从图 7-33 可以看出，阶段Ⅰ围岩损伤初期，No.6 和 No.18 采场附近发生低比例的剪切破坏，这主要是由于 No.6 和 No.18 采场的局部采矿活动有关。同时，No.I16 采场西侧

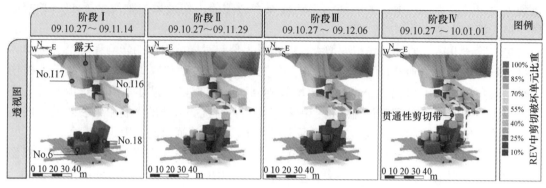

图 7-33 REV 中剪切破坏单元体时空演化

（扫描书前二维码看彩图）

围岩也存在低比例的剪切破坏，这是由于坑底汇水与境界顶柱承受载荷增大造成的。进入阶段Ⅱ后，岩体剪切强度劣化区域增大，剪切破坏 REV 增多，并且 REV 中的剪切破坏比重增大。No. 6 与 No. 18 采场之间 REV 的最大剪切破坏比重达到了 100%，境界顶柱围岩的最大剪切破坏比重达到了 55%。这两处岩体发生破坏，初步形成剪切破坏单元的连通。进入阶段Ⅲ后，No. I16 西侧围岩及其底板损伤程度大幅度增大，境界顶柱内的单元体剪切破坏程度稍有增强。进入阶段Ⅳ后，境界顶柱与 No. 18 之间的 REV 剪切破坏比重明显增大，且多处达到了完全剪切破坏。剪切破坏区由境界顶柱延伸到 No. 18 采场，形成了贯通性剪切破坏带。上述结果印证了 7.5 节中围岩渗透率分布规律及 7.6 节中确定的渗流主通道分布结果。综上，围岩发生剪切破裂形成的贯通性剪切破裂带，是连接境界顶柱、No. 18 采场与 -60m 水平巷道的渗流通道的形成原因。

7.10 预警指标体系研究

7.10.1 境界顶柱破坏过程中微震参数的变化

本节分析境界顶柱（16 号勘探线附近）破坏过程中微震参数的变化，在确定微震参数前兆现象时间顺序的基础之上，与室内声发射试验结果进行对比分析，对境界顶柱的稳定性进行评价。

7.10.1.1 视应力及累积视体积

根据前文分析可知，视应力及累积视体积可以作为应力、应变的估计。根据应力和应变之间的关系，可以判断岩石的受力状态。

如图 7-34 所示，境界顶柱破坏过程中应力、应变的变化过程与室内单轴压缩试验相比十分复杂，根据视应力及累计视体积的相对变化关系，境界顶住的受力过程可分为 4 个阶段：（1）摩擦滑动阶段，对应断层错动期，2009 年 10 月 24 日至 2010 年 1 月 1 日。该阶段内累积视体积呈台阶状增加，视应力在较低水平小幅波动，其变形特征类似室内摩擦滑动试验；（2）应力上升阶段，2010 年 1 月 2 日至 3 月 1 日，该阶段内累积视体积小幅增加，视应力明显高于前一阶段并在该阶段末期显著增加；（3）破坏阶段，2010 年 3 月 2 日至 2010 年 3 月 8 日,该阶段内视应力升至最高并出现两次较大的应力降,同时累积视体积快速增加,说明岩体出现了较为剧烈的破坏;(4) 再平衡阶段,破坏发生后,累积视体积趋于常数,视应力有所下降,说明破坏降低了岩体应力集中程度,境界顶柱应力调整后再次趋于稳定。

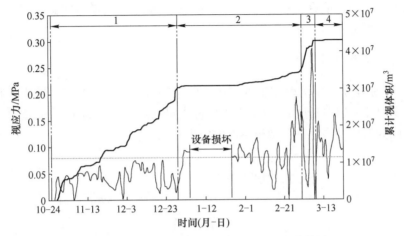

图 7-34 累积视体积和视应力随时间的变化关系

虽然累积视体积在境界顶柱破坏前没有出现可作为前兆现象的异常变化,但破坏前 5 天视应力出现明显增加,因此视应力的明显增加可以作为境界顶柱稳定性降低的标志。

7.10.1.2 事件率

微震事件率随时间的变化过程如图 7-35 所示,图中曲线上的圆点表示破坏起始时间。10 月 27 日采矿爆破恢复后,事件率显著增加,断层错动过程中的平均事件率为 7.4 次/天。断层扩展过程中,平均事件率为 3.4 次/天。整个境界顶柱的破坏过程中,事件率始终处于波动式变化,并且在破坏发生前没有出现明显可作为前兆现象的异常变化,而在破坏发生后明显减少,降至 2.4 次/天。

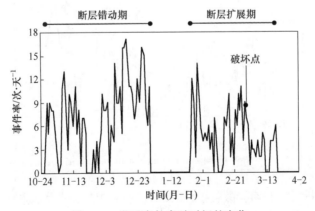

图 7-35 微震事件率随时间的变化

室内声发射试验中撞击率在岩石破坏前明显升高的现象没有出现于境界顶柱破坏前的

微震事件率中，原因可能为：（1）采矿开挖引起的围岩内应力或应变变化与时间不是简单的线性关系，与室内声发射试验相比，境界顶柱的加载过程十分复杂。而加载过程会直接影响岩石内部裂纹的演化过程，从而间接的影响微震事件率的变化；（2）自断层开始扩展到破坏发生的时间间隔为 40 余天，时间远长于室内声发射试验的十几分钟，由于具备更充分的裂纹发展时间，境界顶柱会比岩石试件表现出更明显的渐进式破坏特征，从而导致破坏前事件率的增加并不明显。

7.10.1.3 震级及能量

图 7-36 与图 7-37 分别为微震事件震级及能量随时间的变化过程。图中变化曲线的计算采用滑动窗口法，窗口长度为 10 个微震事件，滑动距离同样为 10 个微震事件，计算结果对应的时间为窗口中最后一个微震事件的发生时间。

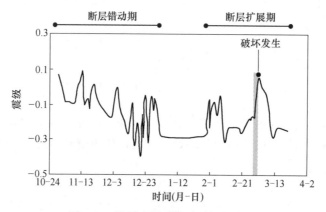

图 7-36 微震事件震级随时间的变化

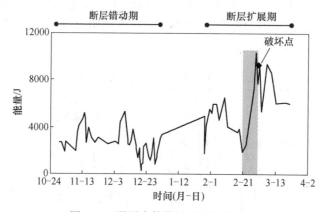

图 7-37 微震事件能量随时间的变化

如图所示，在断层扩展期，微震事件震级及能量的变化过程基本一致，并且在破坏发生前均出现了明显的增加。两者对比，能量不仅在升高程度上大于震级，而且在升高时间上也先于震级的升高发生（图中灰色矩形框所示）。

7.10.1.4 震级-事件数关系及 b 值

许多研究表明,采矿开挖引起的微震事件遵循幂律关系:

$$\lg N = a - bM \tag{7-14}$$

式中, M 为震级; N 为震级大于或等于 M 的地震次数; a 和 b 为正的待定参数。

根据震级-事件数分布图(见图 7-38),确定保证地震目录完整性的最小震级为-0.15。由于监测到的微震事件最大震级约为 0.55,所以选取震级间隔为 0.05。本章采用滑动窗口方式回归计算 b 值,窗口长度和滑动长度分别为 50 和 25。

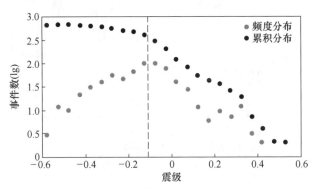

图 7-38 震级-事件数分布图
(垂直的虚线代表保证地震目录完整性的最小震级)

震级-时间分布及 b 值随时间的变化过程如图 7-39 所示。在断层错动期内, b 值基本稳定在 2 左右。断层扩展引起的震级总体上较小,2 月 8 日出现了一次震级较高的微震事件,境界顶柱完全贯穿时出现了一系列震级较大的事件。2 月 4 日至 19 日期间, b 值明显下降。11 天后,破坏发生, b 值降至最低点。说明 b 值的快速降低可作为境界顶柱稳定性降低的标志,该结论与声发射试验结论相同。

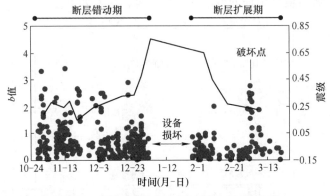

图 7-39 震级-时间分布及 b 值随时间的变化

7.10.1.5 主频

境界顶柱破坏过程中主频的变化如图 7-40 所示,微震的主频变化范围在 30~270Hz

内，明显低于声发射主频变化的范围（100~300kHz）。断层扩展对应的主频率高于断层错动，断层的错动与扩展均在相同的岩性（矿体与片麻岩）中发生，因此主频存在明显差异的原因之一可能是变形机制引起的。另一方面，对比视应力随时间的变化曲线可发现视应力与主频存在相似的变化过程，可以推测应力也可能是影响主频的因素之一，因此主频的上升也可作为境界顶柱应力水平升高的标志。

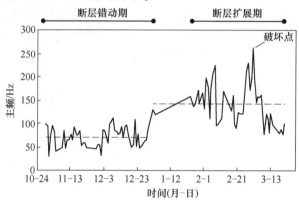

图 7-40 主频随时间的变化过程

7.10.2 境界顶柱的稳定性评价

基于上述分析，境界顶柱破坏前出现的微震前兆现象包括主频上升、b 值快速降低、能量快速上升、视应力增加、震级明显升高、中能级事件在境界顶柱范围内形成贯通分布及最后贯通区出现高能事件。境界顶柱破坏时伴随着视应力突降、累积视体积突增。境界顶柱破坏后出现微震事件率降低的现象。

微震信息前兆现象出现的时间顺序如图 7-41 所示，除前兆现象的数量较少外，时间顺序与室内声发射试验中声发射信息前兆现象的时间顺序基本一致。因此，可应用前文建立的稳定性评价方法对境界顶柱的稳定性进行评价，结果如下。

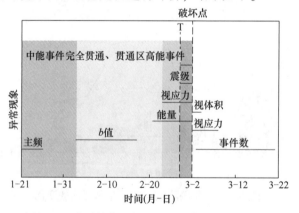

图 7-41 微震前兆现象的时间顺序及稳定性评价
（扫描书前二维码看彩图）

1 月 26 日以前，仅主频出现明显上升，境界顶柱稳定性较高，图中用绿色表示。

2月2日开始，b 值出现明显下降，2月21日后，能量开始出现明显增加。境界顶柱的稳定性降至一般，图中用黄色表示。

至2月23日，视应力出现明显上升，考虑到应力水平的上升亦会降低围岩的稳定性，因此判定境界顶柱的稳定性较低，图中用浅红色表示。此时，应采取一些支护措施或修建防渗工程以加固境界顶柱或减少水渗流对境界顶柱的不利影响。

2月27日，震级出现突增，境界顶柱被完全贯通的同时，贯通区接连出现高能级事件，说明境界顶柱的稳定性很低（深红色表示），触发临灾预报（图中虚线及字母"T"表示）。此时，应暂停采矿活动并撤离采矿人员及设备以防止潜在的境界顶柱破坏造成人员或设备损失。

断层的扩展在空间上层呈面状，接近二维裂纹演化。相对于其他破坏，比如顶板垮落等，其破坏过程相对简单，这也可能是导致现场监测与室内试验规律一致的原因之一。因此，基于声发射前兆现象时间顺序的岩石稳定性评价方法在工程现场的使用条件及有效性还需进一步研究。

参 考 文 献

[1] 南世卿. 露天转地下开采过渡期采矿方法及安全问题研究 [J]. 现代矿业，2009 (1)：27-32.

[2] PARISEAU W G, PURI S, SCHMELTER S C. A new model for effects of impersistent joint sets on rock slope stability [J]. International Journal of Rock Mechanics and Mining Sciences, 2008, 45 (2)：122-131.

[3] Enabling miners to make better decisions [EB/OL]. [2023-05-26]. https：//www. maptek. com/.

[4] GE M, HARDY JR H, WANG H. A retrievable sensor installation technique for acquiring high frequency signals [J]. Journal of Rock Mechanics Geotechnical Engineering, 2012, 4 (2)：127-140.

[5] XIAO Y X, FENG X T, HUDSON J A, et al. ISRM suggested method for in situ microseismic monitoring of the fracturing process in rock masses [J]. Rock Mech Rock Eng, 2016, 49 (1)：343-369.

[6] GIBOWICZ S, KIJKO A. An introduction to mining seismology [M]. San Diego Academic Press, 1994.

[7] MA K, TANG C, WANG L, et al. Stability analysis of underground oil storage caverns by an integrated numerical and microseismic monitoring approach [J]. Tunnelling and Underground Space Technology, 2016, 54：81-91.

[8] DAI F, LI B, XU N, et al. Deformation forecasting and stability analysis of large-scale underground powerhouse caverns from microseismic monitoring [J]. International Journal of Rock Mechanics & Mining Sciences, 2016, 86：269-281.

[9] 杨天鸿，唐春安，谭志宏，等. 岩体破坏突水模型研究现状及突水预测预报研究发展趋势 [J]. 岩石力学与工程学报，2007 (2)：268-277.

[10] ZHANG P, YANG T, YU Q, et al. Study of a seepage channel formation using the combination of microseismic monitoring technique and numerical method in Zhangmatun iron mine [J]. Rock Mech Rock Eng, 2016, 49 (9)：3699-3708.

[11] ZHANG P, YANG T, YU Q, et al. Microseismicity Induced by Fault Activation During the Fracture Process of a Crown Pillar [J]. Rock Mech Rock Eng, 2015, 48 (4)：1673-1682.

[12] ZHAO Y, YANG T, BOHNHOFF M, et al. Study of the Rock Mass Failure Process and Mechanisms During the Transformation from Open-Pit to Underground Mining Based on Microseismic Monitoring [J]. Rock Mech Rock Eng, 2018, 51 (5)：1473-1493.

[13] MCGARR A. Moment tensors of ten witwatersrand mine tremors [J]. Pure Applied Geophysics, 1992, 139 (3/4): 781-800.

[14] TRIFU C I, URBANCIC T I. Characterization of rock mass behaviour using mining induced microseismicity [J]. Cim Bulletin, 1997, 90 (1013): 62-68.

[15] YOUNG R P, COLLINSB D S, REYES-MONTES J M, et al. Quantification and interpretation of seismicity [J]. International Journal of Rock Mechanics & Mining Sciences, 2004, 41: 1317-1327.

[16] KAO C S, CARVALHO F, LABUZ J F. Micromechanisms of fracture from acoustic emission [J]. International Journal of Rock Mechanics & Mining Sciences, 2011, 48 (4): 666-673.

[17] MAHDEVARI S, SHAHRIAR K, SHARIFZADEH M, et al. Assessment of failure mechanisms in deep longwall faces based on mining-induced seismicity [J]. Arab. J. Geosci. , 2016, 9 (18): 709.

[18] JIA P, TANG C. Numerical study on failure mechanism of tunnel in jointed rock mass [J]. Tunnelling and Underground Space Technolog, 2008, 23 (5): 500-507.

[19] LI L C, TANG C A, ZHU W C, et al. Numerical analysis of slope stability based on the gravity increase method [J]. Computers & Geosciences, 2009, 36 (7): 1246-1258.

[20] YU C, DENG S C, LI H B, et al. The anisotropic seepage analysis of water-sealed underground oil storage caverns [J]. Tunnelling and Underground Space Technology, 2013, 38: 26-37.

[21] ODONNE F, LÉZIN C, MASSONNAT G, et al. The relationship between joint aperture, spacing distribution, vertical dimension and carbonate stratification: An example from the Kimmeridgian limestones of Pointe-du-Chay (France) [J]. Journal of Structural Geology, 2007, 29 (5): 746-758.

[22] LARSEN B, GRUNNALEITE I, GUDMUNDSSON A. How fracture systems affect permeability development in shallow-water carbonate rocks: An example from the Gargano Peninsula, Italy [J]. Journal of Structural Geology, 2010, 32 (9): 1212-1230.

[23] 中国工程建设协会. 岩石与岩体鉴定和描述标准 [S]. 北京: 中国计划出版社, 2008.

[24] ODA M. Permeability tensor for discontinuous rock masses [J]. Geotechnique, 1985, 35 (4): 483-495.

[25] WU W J, DONG J J, CHENG Y J, et al. Application of Oda's permeability tensor for determining transport properties in fractured sedimentary rocks: A case study of Pliocene-Pleistocene formation in TCDP [J]. Engineering Geology for Society and Territory, 2015, 3: 215-218.

[26] FANG Y, ELSWORTH D, CLADOUHOS T T. Reservoir permeability mapping using microearthquake data [J]. Geothermics, 2018, 72: 83-100.

[27] 许模, 黄润秋. 岩体渗透特性的渗透张量分析在某水电工程中的应用 [J]. 成都理工学院学报, 1997, 24 (1): 56-63.

[28] ESMAIELI K, HADJIGEORGIOU J, GRENON M. Estimating geometrical and mechanical REV based on synthetic rock mass models at Brunswick Mine [J]. International Journal of Rock Mechanics & Mining Sciences, 2010, 47 (6): 915-926.

[29] 杨圣奇, 苏承东, 徐卫亚. 岩石材料尺寸效应的试验和理论研究 [J]. 工程力学, 2005, 22 (4): 112-118.

[30] 张占荣, 盛谦, 杨艳霜, 等. 基于现场试验的岩体变形模量尺寸效应研究 [J]. 岩土力学, 2010, 31 (9): 2875-2881.

[31] 刘倩. 裂隙岩体渗透特性尺寸效应及其影响因素研究 [D]. 大连: 大连理工大学, 2014.

[32] WANG M, KULATILAKE P, UM J, et al. Estimation of REV size and three-dimensional hydraulic conductivity tensor for a fractured rock mass through a single well packer test and discrete fracture fluid flow modeling [J]. International Journal of Rock Mechanics & Mining Sciences, 2002, 39 (7): 887-904.

[33] MIN K B, JING L, STEPHANSSON O. Determining the equivalent permeability tensor for fractured rock

masses using a stochastic REV approach：Method and application to the field data from Sellafield，UK［J］. Hydrogeology Journal，2004，12（5）：497-510.

［34］宋晓晨，徐卫亚.裂隙岩体渗流模拟的三维离散裂隙网络数值模型（Ⅰ）：裂隙网络的随机生成［J］.岩石力学与工程学报，2004，23（12）：2015-2020.

［35］HARTIGAN J A，WONG M A. Algorithm AS 136：A k-means clustering algorithm［J］. Journal of the Royal Statistical Society. Series C，1979，28（1）：100-108.

［36］WOODWARD K，WESSELOO J，POTVIN Y. A spatially focused clustering methodology for mining seismicity［J］. Engineering Geology，2018，232：104-113.

［37］周靖人.基于声发射和微震监测的岩石破裂演化机理研究及应用［D］.沈阳：东北大学，2018.

8 夏甸金矿采动岩体稳定性智能监测及试验采场结构评估研究

8.1 矿区概况

夏甸金矿坐落于"中国金都"招远市，隶属招金矿业股份有限公司，是中国十大黄金生产矿山之一。矿山北距招远市区 28km，南至莱西市区 50km，位于夏甸镇西芝下村附近，黄（县）—水（集）主干公路从矿区东 0.5km 处通过，交通较为方便。矿区极值地理坐标东经 120°18′34″~120°20′43″，北纬 37°06′16″~37°07′46″。矿区地形为低缓丘陵，最大海拔标高 185.114m，高差 70m 以下，地势起伏不大，属暖温带季风区大陆性半湿润气候，四季变化和季风进退较明显。

夏甸金矿于 1981 年开始筹建，1984 年建成投产，经过 30 余年的发展，生产能力由建矿初期的 100t/d 经过改扩建发展成如今的 4000t/d 以上。按目前勘探成果，夏甸金矿保有金矿资源总量为矿石量 2654.8 万吨，金金属量 91674kg。其中，−652m 标高以上矿石量占 46.99%，金金属量占 51.03%，其余部分在 −652m 以下至 −1400m 以内，同时深部矿体仍未封闭。

长时间的大规模开采造成浅部资源日渐枯竭，Ⅶ号矿区 −652~−1400m 标高之间的 Ⅶ-1、Ⅶ-2 矿体为日后开发重点，主混合井井口标高 163.5m，井底标高为 −735m，井深 898.5m，最低生产水平在地表以下 903.5m，夏甸金矿已全面进入深部开采阶段，是目前国内金矿地下开采深度最深的矿山。

矿山现使用的采矿方法有两大类：上向水平分层充填采矿法和无底柱分段崩落法（见图 8-1）。

（1）上向水平分层充填采矿法。529~546 勘探线之间，采场沿走向布置，长 40m，宽为矿体水平厚度，其中矿房长 38m，间柱宽 2m，底柱高 8m（底柱可在下分段回采时回收），不留顶柱。标准矿块高 80m，每分层回采 2~2.5m 高，作业高度 3.5m。采场凿岩采用凿岩台车钻凿水平炮孔，爆破后即进行通风，因为是在直接顶板下作业，为确保凿岩和出矿的作业安全，局部不稳固地段采用锚杆金属网支护。为满足下中段最上面几个分层回采的安全，在每个采场的底部前 3 个分层采用胶结充填，其余部分用分级尾砂充填。

（2）无底柱分段崩落法。采场沿矿体走向布置，矿块回采时，沿矿体走向由南向北自一端向另一端回采，分段高度 10m，进路间距 10m。采场回采顺序：采场采用后退式回采，自上至下分段回采，回采时上分段回采进度应超前下分段至少 20m。采场采用中深孔进行爆破，回采时不用留底柱、顶柱，同时矿体距下盘运输巷及井筒较远，不需保留点柱，矿体一次回采结束，不用再回收矿柱。采场回采完毕后，采用砼墙将采空区出口及时封闭，不应任何人出入，以实现采空区管理的目的。

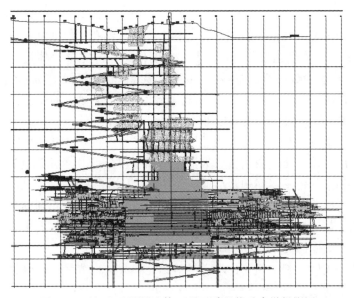

图 8-1 夏甸金矿Ⅶ号矿体工程开采现状垂直纵投影图

(图中绿色代表崩落采矿法区域,蓝色代表上向水平充填采矿法区域)

(扫描书前二维码看彩图)

8.2 矿区微震监测系统建立

对于本次矿山微震监测,主要目的是评价深部采场围岩的安全性,为井下开采提供安全服务,同时考虑项目建设资金投入,应将监测范围常集中于开采区域及其影响的围岩内。夏甸金矿主采场在 24 中段,545~558 勘探线之间,其中新采矿方法的试验采场布置在-700m 水平。

550 勘探线附近,属于重点监测区域,故将 6 个微震传感器布置在-692m 分层和-700m 分层指定采场的周围,结合现场的实际条件,尽量实现传感器能够包络采场的布置方式。在-692m 布置 4 个微震传感器,在-700m 布置 2 个微震传感器,如图 8-2 所示,图中黑点代表微震传感器,旁边数字代表传感器编号,其中 4 号为三分量传感器,其他为单

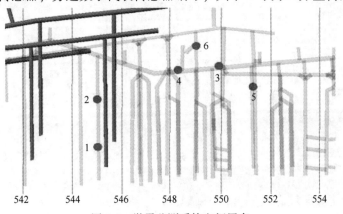

图 8-2 微震监测系统空间展布

分量传感器。

对已经选好的位置进行钻孔施工，垂直巷道洞壁打钻孔，保证钻孔直径 108mm，深度达到 3m 以上，高度距离巷道底板 2m 以上，速度传感器与完整岩体是点接触形式，可以全方位接收周围空间传来的弹性波信号。传感器接线盒和外延线缆固定在壁顶或布置在巷道壁安全位置，以防止机械车辆和行人对线缆产生破坏或晃动，对传感器产生杂波信号。

IMS 微震监测系统由数据采集与处理中心接收与其相连的地震传感器传输来的地震模拟信号并将其转换成数字信号，由于模拟信号经过一定距离的传输之后，必定会信号衰减，为实现长距离传输所使用的信号放大器会增加噪声分量。参考其他矿山监测实例，数据采集中心距其相连的传感器间的距离应小于 300m，之间采用每芯为 0.5mm² 及以上的多股裸铜导体，每对线单独铝聚酯胶带屏蔽，另加多股金属线一条起到屏蔽和增强线材强度的作用，整体用聚氯乙烯绝缘。数据采集箱应尽量布置在 6 个传感器中心，最大程度的利用传感器的 300m 可延伸距离，灵活布置。

施工和安装完成后，矿山相关技术人员对钻孔参数进行测量，记录钻孔坐标、倾角及方位角，整理结果如表 8-1 所示。

表 8-1 传感器参数

传感器编号	孔口坐标			方位角/(°)	倾角/(°)	孔深/m
	X	Y	Z			
1	4109813.06	529696.97	−689.84	106	7	4
2	4109833.45	529676.57	−690.16	106	6	4
3	4109923.14	529724.01	−688.51	197	10	4
4	4109899.44	529702.12	−688.70	182	15	4
5	4109926.88	529692.90	−695.78	135	21	4
6	4109931.55	529753.62	−694.68	138	24	4

待设备全部安装完成后进行设备参数的修正与调试。由于微震设备前期在实验室已经进行了初步设置，在现场全部连接安装工作完成后再根据具体的情况进行参数的修正与调试，使设备能正常的工作（见图 8-3）。

图 8-3 现场安装

8.3 微震监测精度验证与波形处理

8.3.1 波速确定

波在岩体内传播过程中，会经过大量的充填体、巷道和硐室，其物理性质和周围岩体差别很大，而不同性质的临界面会发生弹性波的反射、折射、散射，波的能量会被衰减，加之岩体的不均质性，包括密度、含水率、成分含量的差异，裂隙、节理、不连续面等，皆对弹性波的传播速度产生较大影响，从而会对事件的定位精度造成影响[1]。

不同波速的弹性波到达传感器的初至时间不同，因此微震监测系统所设定的波速对微震事件定位存在很大的影响。在实际工程中很难精确计算得到一个确定的波速，一般对监测系统波速模型进行相应地简化处理，比较常用的为整体简化波速模型，即假定微震信号在介质中传播速度可以等效为一种整体波速模型[2]。井下微震监测系统安装完毕后，为了获得较为真实的波速，在传感器台网监测范围内跟踪记录了 6 次爆破试验，记录对应时间和位置，在 Trace 软件中找到相关事件波形，通过拾取 P 波 S 波到时，定位计算该爆破事件震源位置。分别设定系统 P 波波速为 3000~6000m/s 9 种不同波速，重新处理每种波速下爆破试验的定位，与真实爆破位置对比，找出最佳波速，详细数据见表 8-2。

表 8-2 不同 P 波波速下爆破点定位误差

P 波波速/m·s⁻¹		3000	3600	4000	4400	4800	5000	5200	5600	6000
序号	时刻	定位误差/m								
1	115810	24.2	25.1	21.6	19.9	15.3	17.9	19.5	19.8	22.5
2	115815	18.5	18.6	17.2	15.8	12.6	12.9	12.9	16.1	19.7
3	114844	18.9	17.9	16.5	14.2	16.1	10.4	15.5	18.2	20.9
4	115037	21.7	22.2	21.5	16.9	15.5	15.5	13.9	16.7	21.3
5	115126	22.5	23.5	21.1	16.9	12.9	14.9	15.7	19.6	24.3
6	115128	27.9	31.3	21.5	13.5	12.9	16.6	15.5	18.2	20.9
误差均值		22.3	23.1	19.9	16.2	14.2	14.7	15.5	18.1	21.6

图 8-4 给出了不同 P 波波速下爆破点与微震监测结果误差关系曲线，可以看出 P 波波速为 4800m/s 时系统定位达到最小误差为 14.2m。

8.3.2 微震监测系统定位精度验证

定位误差除与监测系统仪器有关外，主要取决于地震波到时读数的准确性、围岩中地震波传播速度的确定和监测网络中传感器的空间布置[3]。除去人为拾取到时误差，在既有的设备和确定的速度模型条件下，优化事件定位问题很大程度上取决于对地震站网的空间分布的优化。微震监测系统的灵敏度表示其所能监测到的最小地震震级，它是地震监测的一项重要指标，微震传感器确定的情况下，监测系统的灵敏度依赖于传感器站网密度及其与震源的空间关系[4]。因此，衡量一个矿山地震监测系统的性能和有效性取决于目标

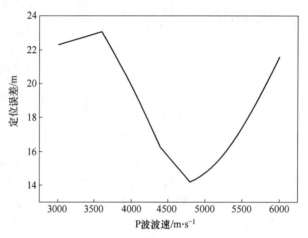

图 8-4 不同 P 波波速下微震监测结果误差关系曲线

监测范围内系统的灵敏度和定位精度。理论上只要传感器足够多，不管如何布置，都可以得到理想的事件定位精度和系统灵敏度，但在资金投入有限的前提下，寻求满足矿山监测要求的监测传感器站网布置成为必须要考虑的课题。

8.3.2.1 理论精度验证

理论定位精度验证基于 Jdi5.0 软件的基础上进行模拟，可以作为 IMS 微震监测系统方案合理性的评估。根据矿山的实际情况建立需要观测的计算网格（见图 8-5），C 平面选取为 -692m 水平平面，A、B 分别为垂直进路和平行进路的平面。通过 .stn 的文件格式将传感器坐标导入。在灵敏度设置中，根据矿山打钻及测量的实际情况，传感器坐标误差取1m；根据测试的岩体波速取 v_p 为 4800m/s、v_s 为 2771m/s，其中误差均取值为 2%；参数里氏震级的误差值的选取是根据传感器的位置和地面运动的衰减程度，取值为 -0.5。

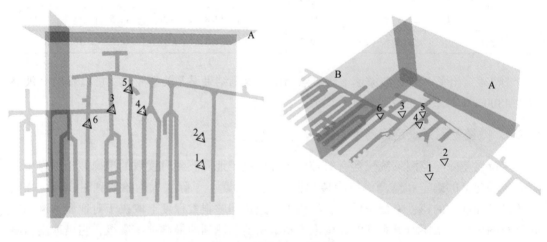

图 8-5 计算平面示意图

图 8-6 和图 8-7 分别是本次监测布置-692m 水平和整个系统的震源定位误差图和灵敏度分布图，定位误差云图的图例的单位为 m，灵敏度云图表示里氏震级（无单位），背景图是夏甸金矿-692m 水平的工程布置，作为水平位置坐标的参考。

由图 8-6 和图 8-7 分析可知，在传感器所覆盖的区域内，传感器台阵中心区的震源定位误差为 4~7m，外围的定位误差为 7~16m，其空间形态基本上覆盖了重点监测采区，在重点监测采区外围不远，震源定位精度衰减很快。说明该空间布置方案充分利用了传感器可拓展范围，在经济上也具有一定合理性，基本上可以满足工程监测的定位精度要求。传感器所覆盖区域内大部分的系统灵敏度为里氏震级-3.2~-2.1 左右，类比其他矿山的井下微震信号震级一般为-3~0 级，所以本传感器空间布置具有较高的灵敏度。初定的微震监测系统方案是合理的，能够满足矿山安全监测的需要。

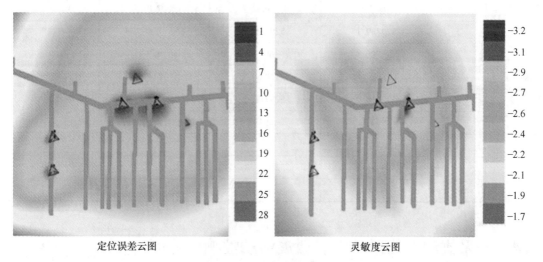

定位误差云图　　　　　　　　　　灵敏度云图

图 8-6　平面定位精度云图

（扫描书前二维码看彩图）

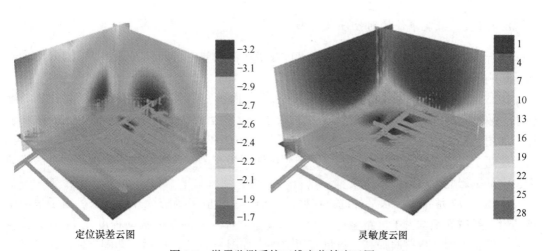

定位误差云图　　　　　　　　　　灵敏度云图

图 8-7　微震监测系统三维定位精度云图

（扫描书前二维码看彩图）

8.3.2.2 爆破定位精度验证

夏甸金矿微震监测系统建成之后，于 2015 年 10 月 7 日在监测区域范围内记录了 3 次定时定位爆破，以检测微震监测系统的震源定位精度。3 次爆破试验定位结果和 Trace 软件处理后的位置坐标如表 8-3 所示，可以看出，平面定位误差小于 12m，垂直定位误差小于 5m，3 号测点因为距离传感器监测范围较远，出现了更大的定位误差，但总体三维误差控制在 15m 以内，相对于跨度为 300m 左右的采空区，该系统的震源定位精度基本上能够满足矿山工程监测的要求。因此，该矿山的微震监测系统方案是合理的。

表 8-3 震源定位精度对比分析

编号	方位	实测坐标/m	定位坐标/m	定位误差/m	三维误差/m
1	X	4109850.2	4109842.4	7.8	11.9
	Y	529739.1	529731.1	8.0	
	Z	−700	−695.8	4.2	
2	X	4109854.0	4109860.7	6.7	8.6
	Y	529716.2	529711.4	4.8	
	Z	−692	−694.5	2.5	
3	X	4110011.4	4119998.5	8.9	14.9
	Y	529906.7	529918.8	11.1	
	Z	−700	−695.3	4.7	

8.4 开采扰动下的采场围岩微震活动性响应特征

8.4.1 微震事件时空演化过程及空间分布特征

8.4.1.1 微震事件的时空演化过程

结合微震事件的时空分布（见图 8-8）及采矿活动时空分布（见表 8-4）来分析采矿活动影响下微震事件的时空演化过程。

2015 年 11 月主要为进路掘进爆破，进路横截面积、单次爆破使用的总药量比采场爆破小，故进路掘进对周围岩体的扰动相对较小，多条进路附近仅存在少量低能级微震事件，如图 8-8（a）所示。其中在 −700m 水平的 55102 和 55201 采场之间有部分微震聚集，由于这两个采场都已经胶结充填完毕，推测可能因为充填体强度不高，在进路掘进的扰动下，中部围岩应力逐渐积累所致。

2015 年 12 月 −692m 水平各进路在掘进完毕后，相应采场陆续开始回采。由于采场爆破药量及暴露面积均大于进路掘进，所以采场围岩体受到的开采扰动程度比 11 月大，表现在微震事件的能量普遍提高，数量有所增加，如图 8-8（b）所示，即围岩体内裂纹尺度及裂纹数量的增加。

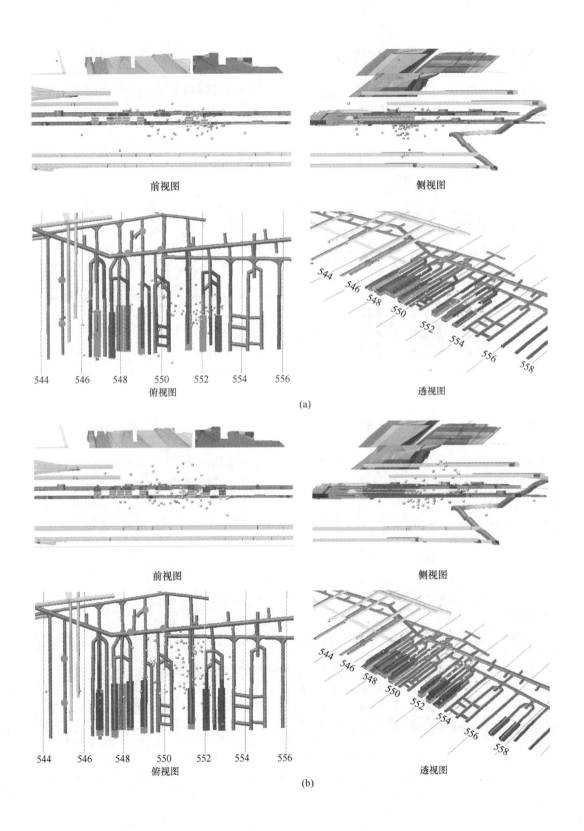

前视图　　　　　　　　　　　　　　　　侧视图

俯视图　　　　　　　　　　　　　　　　透视图

(a)

前视图　　　　　　　　　　　　　　　　侧视图

俯视图　　　　　　　　　　　　　　　　透视图

(b)

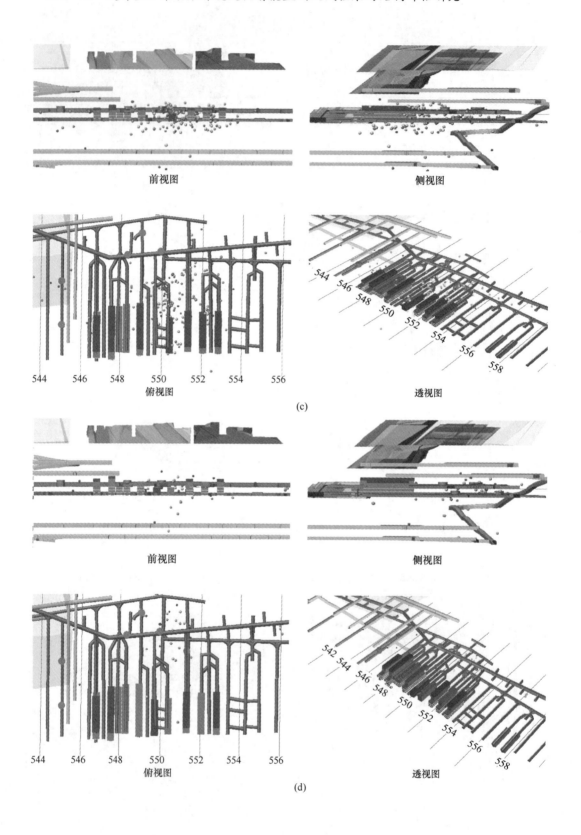

前视图

侧视图

544 546 548 550 552 554 556

俯视图

544 546 548 550 552 554 556 558

透视图

(c)

前视图

侧视图

544 546 548 550 552 554 556

俯视图

542 544 546 548 550 552 554 556 558

透视图

(d)

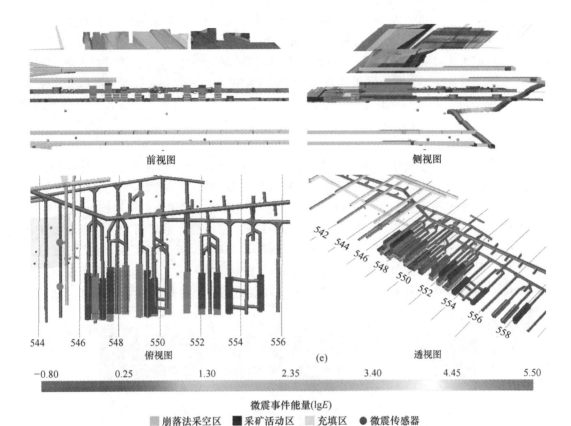

图 8-8 2015 年 11 月至 2016 年 3 月微震事件空间演化过程

（a）11 月微震事件空间分布图；（b）12 月微震事件空间分布图；（c）1 月微震事件空间分布图；

（d）2 月微震事件空间分布图；（e）3 月微震事件空间分布图

（扫描书前二维码看彩图）

表 8-4 采矿活动时空统计表

时 间	水 平	进路/采场
11 月	−692m 水平	547 54801 548 54803 549 55001 55003 551 552
	−700m 水平	54701 547 54703 55203 553 555 55601 55603 557 558
12 月	−692m 水平	54801 54803 549 547 551 55201 55203
	−700m 水平	548 55601 55603 552 557 558
1 月	−692m 水平	547 54801 54803 549 551 55201 55203
	−700m 水平	55003
2 月	−692m 水平	54702 54801 551 55203
	−700m 水平	54703
3 月	−692m 水平	55001 54801 55201 55203 554
	−700m 水平	54703 553 557 54901 54903

2016 年 1 月，-700m 水平 55003 试验采场开始回采。采矿方法为分段空场嗣后充填法，每次爆破矿石量是上向水平分层充填采矿法的 3 倍。如图 8-8（c）所示，1 月 55003 采场附近微震活动频繁，-692~-710m 水平范围以内分布着大量微震事件，而且随着时间的推移能量逐渐升高，说明新的采矿方法对围岩扰动较大，可能有大尺度岩石破裂发生。

2016 年 2 月中上旬是农历春节，井下基本停工。复产后井下开采规模较小，微震活动较前 3 个月明显减少（见图 8-8（d）），仅在-700m 水平 550~552 联络巷周围有少量能量较低的微震事件聚集。

2016 年 3 月，由于线缆中断只采集到部分数据（后经修复系统得以正常运行）。如图 8-8（e）所示，-692m 水平 545 进路附近有少量微震事件，主要发生在 3 月 19 日至 3 月 25 日期间。根据现场调查，545 进路局部新发生了片帮和轻微的顶板岩石破碎（见图 8-9）。根据采矿活动时空统计（见表 8-4），2016 年 3 月该巷道内没有采矿活动，在没有支护的情况下已经暴露半年以上，局部长期有积水，而且 545 进路处于无底柱分段崩落采矿法和上向水平分层充填采矿法的交汇处，围岩破坏情况相对比较严重。目前北巷崩落法开采到了-672m 水平，随着回采向下推进，交会区应力也会进一步转移，现场该区域应该加强监测。

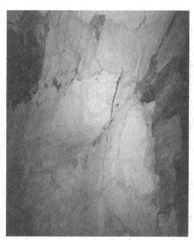

图 8-9 -692m 水平 545 进路片帮和冒顶

8.4.1.2 微震事件分布特征分析

监测期间内所有微震事件的空间分布如图 8-10 所示，首先，绝大部分微震事件聚集在 549~552 勘探线间，推测该区域内部裂纹已经较发育，需要重点防护；其次，在 545~547 勘探线之间存在部分微震事件，该处是崩落法和充填法的交会处预留的矿柱，围岩内应力分布复杂，现场 545 进路也发生了小范围的片帮和顶板破碎，今后施工时应该加强注意。

从图 8-10 中可以明显看出微震事件在存在三段式分布特征。

（1）第一区段范围从强弱衰减区分界线（图中红色实线）至微震传感器所在的沿脉巷道。由于距微震传感器较近，区段内对微震波的衰减作用较小（巷道开拓对区段内岩体的扰动较小所致），故可采集到大量微震波形并定位到大量微震事件。

（2）第二区段范围从强弱衰减区分界线至矿体上盘断层泥。该区段采场内的采矿活动本应诱发大量微震事件，但由于该区段距微震传感器较远，且监测前区段内岩体已经历剧烈开采扰动，岩体内大量的新生微破裂增加了该区段对微震波的衰减作用，故第二区段范围内可采集到的微震波形较少、相应的微震事件也较少。

（3）第三区段范围为矿体上盘断层泥及上盘围岩。一方面只有岩体嵌合较为紧密的硬岩才能积聚能量，由于上盘断层十分松散破碎，无法积累能够释放应力波的弹性能，所以断层垮塌无法诱发可监测到的微震事件；另一方面断层泥对微震波的超强衰减作用，由于灵敏度限制，矿体上盘岩体内微破裂诱发的微震波很难通过断层泥并被微震传感器接收到，故第三区段范围内基本没有微震事件分布，但这并不表示上盘岩体内没有破裂发生。

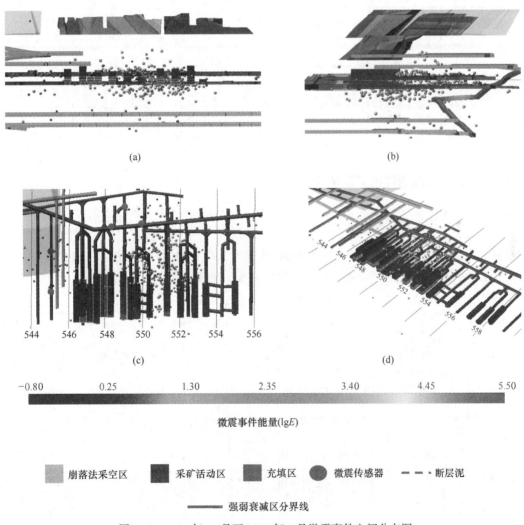

(a) 前视图；(b) 侧视图；(c) 俯视图；(d) 透视图

微震事件能量(lgE)

崩落法采空区　采矿活动区　充填区　微震传感器　断层泥

强弱衰减区分界线

图 8-10　2015 年 11 月至 2016 年 3 月微震事件空间分布图
(a) 前视图；(b) 侧视图；(c) 俯视图；(d) 透视图
(扫描书前二维码看彩图)

值得注意的是，采场附近微震事件并没有明显聚集，微震活动多分布在围岩内，尤以采场和进路交会处以及联络巷和进路交会处的围岩内居多。这主要是由岩性不同引起的，矿体为花岗岩，而下盘主要为黄铁绢英岩，综合比较它们主要的物理力学参数（见表8-5），矿体的强度大于围岩，稳固性相对较好，所以开采扰动对围岩的影响更大，尤其是距离550、551、552采场较近的采场和进路交会处，微震事件聚集较多，说明此处围岩出现了一定程度的损伤劣化；另外，矿山采用前进式开采，进路掘进完毕后，由矿体下盘向上盘推进，回采后顶板无支护措施直接暴露，待本分层采完后进行充填，这就造成最早开采的部分（采场和进路交会处）暴露时间最长，危险性随之加大。此外在联络巷和进路交会处附近，巷道跨度和顶板悬露面积很大，巷道围岩应力变化迭加，致使交会处围岩中出现了较多的微震信号。

表 8-5 矿岩及断层泥物理力学参数汇总表

岩 性	抗拉强度 /MPa	单轴抗压强度/MPa	弹性模量 /GPa	泊松比	内聚力 /MPa	内摩擦角 /(°)
黄铁绢英岩（围岩）	8.1	64.25	30.07	0.25	5	29
花岗岩（矿体）	8.6	70.62	27.16	0.23	6.5	33
断层泥	0	—	19.91	0.36	0.015	28

8.4.2 试验采场围岩体的微震响应

8.4.2.1 试验采场概况

试验采场位于 24 中段（-662～-700m 水平）550～551 勘探线之间，首先开采的是 -700m 水平的 55003 采场，采场的空间位置如图 8-11 所示。

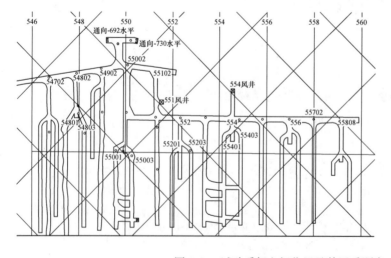

图 8-11 试验采场空间位置及其回采顺序

-700m 水平 550 勘探线附近上盘存在一定厚度断层，允许暴露的面积较小，随着回采深度的增加，为达到高效回采，矿山采用分段空场嗣后充填法试验开采。矿房宽度均为 7m，矿柱 6m，分段高度 8m。优先回采上盘下三角矿体，回采后立即胶结充填隔离支撑上盘，构造稳固采场顶板。回采下三角矿体的同时完成上分段（-692m）锚网支护，保证分段采场顶板安全稳固再回采分段矿体，最后回收下盘上三角矿体后进行嗣后充填。

根据现场记录，统计出试验采场开采期间爆破及出矿数据（见表 8-6），1 月 7 日至 23 日为回采期，其中有 9 天爆破，落矿后当日及次日出矿。现根据监测到的微震数据对 1 月进行重点分析。

表 8-6 试验采场爆破出矿统计表

爆破次序	爆破时间	爆破排数	出矿时间	出矿量/t
1	1 月 7 日 5:00—6:00	11~12	1 月 9 日	200
2	1 月 8 日 5:00—6:00	9~10	1 月 10 日	160
3	1 月 11 日 5:00—6:00	13~14	1 月 11 日	180
4	1 月 13 日 5:00—6:00	15~16	1 月 13 日	170
5	1 月 14 日 5:00—6:00	17~18	1 月 14 日	140
			1 月 15 日	300
			1 月 16 日	260
6	1 月 19 日 5:00—6:00	7~8	1 月 19 日	200
7	1 月 20 日 5:00—6:00	5~6	1 月 20 日	180
8	1 月 21 日 5:00—6:00	3~4	1 月 21 日	320
			1 月 22 日	300
9	1 月 23 日 5:00—6:00	19~21	1 月 23 日	350
			1 月 24 日	350

8.4.2.2 试验采场回采过程中微震事件时空演化规律

-700m 水平 550003 试验采场为本次微震监测的目标区域。该采场于 2016 年 1 月 7 日至 23 日开采。开采前、开采中及开采后的微震监测结果如图 8-12 所示。

1 月 1 日至 6 日，试验采场两侧的 548 及 552 勘探线附近采场首先开采，使部分地压迁移至 550 勘探线周围岩体中，应力的小幅上升诱发了若干能级较小的微震事件（见图 8-12（a））。

1 月 7 日至 23 日，试验采场开始开采，开采初期诱发的微震事件仍以小能级为主（见图 8-12（b）），随着试验采场暴露面积逐渐增加，采场围岩内的应力不断积累，围岩内的微震事件能级出现了明显的升高（见图 8-12（c）），平均能级由开采初期的 1.68 级升至开采后期的 2.85 级，说明围岩的采动响应具有阶段性特征，试验采场开采后期对围岩的扰动愈发明显。

试验采场开采结束后，采场上方较远处仍会出现一些微震事件（见图 8-12（d）），且部分事件能级较高，这是应力调整过程中岩体压力逐渐迁移至围岩深部的表现，建议及时充填采场，避免大面积长时间暴露造成空场两帮及顶板失稳破坏。

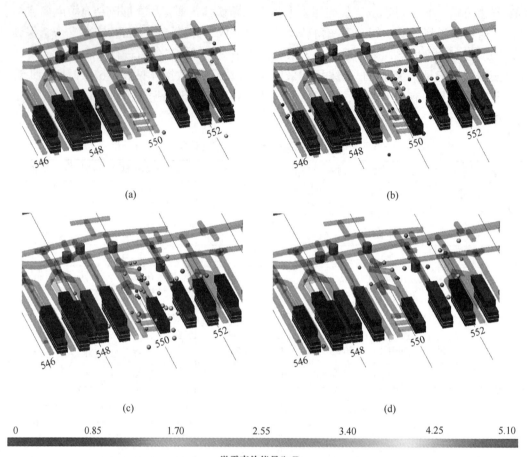

图 8-12 2016 年 1 月份微震事件时空分布图

（a）1 月 1 日至 6 日（开采前）；（b）1 月 7 日至 15 日（开采中）；
（c）1 月 16 日至 23 日（开采中）；（d）1 月 24 日至 28 日（开采后）

（扫描书前二维码看彩图）

8.4.2.3 试验采场围岩应力变形演化规律

为了更深入地了解监测区域的变形大小和开挖所引起的岩石内部损伤情况，在 Jdi 软件中对研究区域的微震事件进行分析计算，得到逐月的位移和能量指数云图（见图 8-13）。

一个事件的能量指数是该事件的实测辐射微震能与区域内相同地震矩事件平均微震能之比，以 EI 表示

$$EI = \frac{E}{\overline{E}(M)} \tag{8-1}$$

式中，E 为微震事件释放的能量；$\overline{E}(M)$ 为区域内相同地震矩事件释放的能量的平均值，平均能量可由实测平均能量和微震事件地震矩关系 $\lg\overline{E}(M)=d\lg M+c$ 求得，其中 c、d 为系数，在特定的区域内可以看作常数。

能量指数主要反映的是微震震源区域内驱动应力的变化情况，通常被用来表征岩体内应力的大小。能量指数越高，说明岩体产生破坏的驱动力越大，则单位体积塑性变形所释放的能量就越高，因而岩体产生破坏的可能性越大。

根据岩石力学及地震学理论，能量指数随着位移增加而增加反映岩体内应力和应变同步增加，说明岩体处于稳定状态；而能量指数随着位移的增加而下降则说明岩体内应变增加而应力出现下降，这时岩体将处于不稳定状态，随时可能出现失稳破坏。

从图 8-13 中可以看出，550 采场附近从 2015 年 11 月至 2016 年 1 月，能量指数由 -7.16 到 -7.14 再到 -7.11 不断缓慢增加，位移也具有类似的规律，从 0.055mm 到 0.12mm 再到 0.24mm，表明该区域岩体变形驱动应力在持续增加，处于压密阶段，可以保持稳定

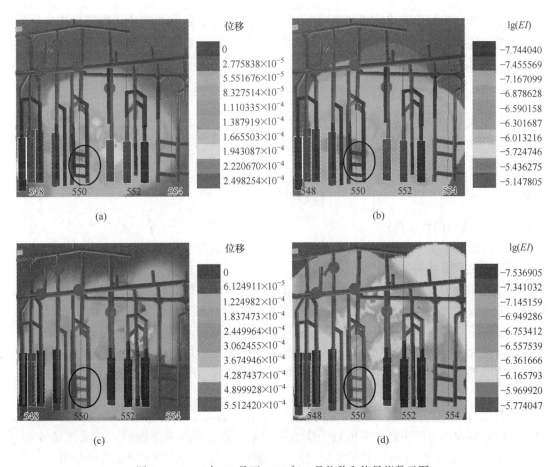

图 8-13　2015 年 11 月至 2016 年 1 月位移和能量指数云图

（a）11 月位移云图；（b）11 月能量指数云图；（c）12 月位移云图；（d）12 月能量指数云图

（扫描书前二维码看彩图）

状态。而试验采场下盘矿岩接触区，随着位移的增大，能量指数出现了先增加再减小的趋势，推测该区域处于不稳定状态，有失稳的可能。在实际的生产过程中，矿山相关部门应注意观察该区域岩体的破碎情况，结合地质资料和常规监测数据，及时撬除顶部危险破碎岩石，以免发生危险，保障矿山的安全有效生产。

位移和能量指数量值虽然都有变化，但变化范围幅度都较小，说明采场的地压活动较弱，监测区域的岩层是稳定的。从北京科技大学现场常规监测结果来看，大部分监测区域应力曲线变化幅度不大，变化范围在 0.6~2.3MPa，监测点顶板位移变形量不大，变形值为 0.8~3.3mm，说明开采过程中矿岩整体稳定性较好，常规监测的结果较好地验证微震监测所得结论。

8.4.2.4 微震活动统计学分析

地下采矿环境较为复杂，岩体的破坏不能只靠单个的微震事件来衡量。根据地震学理论，基于微震事件时间演化规律的统计分析常被用来判断岩体的稳定性随时间的变化趋势。

视应力和视体积是描述地震孕育过程的两个重要参数，经常用来描述地震发生前后岩体应力及变形的变化规律。视应力 σ_A 的定义为辐射微震能 E 与微震体变势 P 之比，表示震源单位非弹性应变区岩体的辐射微震能。

$$\sigma_A = \frac{E}{P} \tag{8-2}$$

视体积 V_A 是量测震源体积一个较为稳健的参数，它具有标量的性质，表示震源非弹性变形区岩体的体积。地震活动性分析时，累计体积 ΣV_A 随时间变化曲线的斜率常被认为是表示岩体应变速率的重要指标。

$$V_A = \frac{\mu P^2}{E} \tag{8-3}$$

式中 μ——岩石的剪切模量。

视体积如同视应力一样，也依赖于微震体变势和辐射能。由于其为标量，可以很容易地以累积量或等值线图等方式表示。

虽然利用微震波形不能直接获得绝对的应力和应变值，但是视应力及累积视体积的可靠估计值可以作为衡量应力、应变相对水平的指标。由岩石力学试验可知，岩石在接近破坏时，变形的增加速率升高而应力的增加速率降低，在峰后阶段，应力会随变形的增长而下降。根据岩石的失稳理论，岩石进入非稳定变形阶段后，应力的下降速度越快，岩石失稳破坏越严重，同理也可通过视体积与视应力的变化获取地压灾害发生的前兆信息与规律。

如图 8-14 所示，在试验采场开采的前期（1 月 7 日至 11 日），视应力处于波动变化中，变化范围较小，说明此期间围岩中应力的积累、释放现象并不剧烈，开采扰动较小。随后，在 1 月 12 日至 14 日出现了视应力的大幅跌落，由于期间内视应变的增量极小，说明视应力的降低不是围岩破坏造成的，而是围岩内部应力调整的结果。自 1 月 15 日开始，视应力不断增加并超过开采前期，对应的视体积亦明显增加，说明采场围岩内的应力、变形逐渐积累至较高水平。

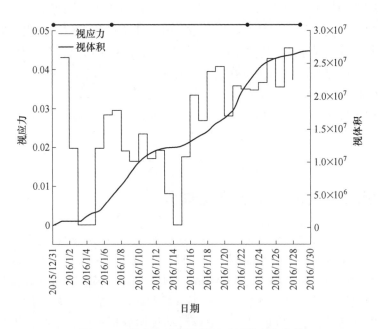

图 8-14 视应力及视体积随时间的变化曲线

直至试验采场结束开采，也未出现视应力大幅跌落同时视体积大幅增加的岩体破坏标志性现象，说明试验采场的围岩在开采过程中始终处于比较稳定的状态，即新的开采方法可以保证试验采场围岩的安全性。

如图 8-15 所示，微震事件数的变化过程与视应力的变化密切相关。在采场开采的初期，视应力小幅波动，对应的微震事件数逐渐降低。当视应力迅速跌落时，微震事件数也

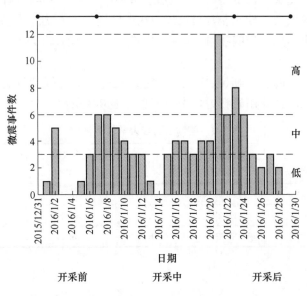

图 8-15 微震事件数及视体积随时间的变化曲线

(2016 年 1 月 7 日前为开采前；2016 年 1 月 7 日至 23 日为开采中；2016 年 1 月 23 日后为开采后)

快速降低。自开采中后期，视应力开始升高，微震事件数也出现明显升高，直至在开采末期微震事件数达到最高。视应力及微震事件数随时间变化过程类似于室内试验中稳压、卸载再加载的过程。开采结束后（1月23日）微震事件数迅速降低，至1月25日微震事件数降至低水平，说明采场围岩内应力调整的周期在1~2天。

本节通过分析试验采场周围微震事件的时空演化规律、试验采场围岩应力变形演化规律、微震活动的视应力、视体积和事件数，最终判断试验采场开采会引起围岩应力的局部调整，但地压活动并不强烈，监测区域的岩层是稳定的，新的采矿方法可以保持采场的稳定。

8.5 开采扰动下的采场围岩稳定性分析

随着夏甸金矿采矿活动的持续进行，整个矿区都处于应力扰动状态下，特别是随着采矿深度的增加，-700m水平550采场附近重点监测区域处于上部充填采空区和侧向崩落采空区双重应力扰动区域。因此建立一个整体的三维力学计算模型，将计算得到的应力场与微震监测得到的数据相结合进行分析，不仅可以帮助认识围岩内部应力的迁移过程、预先圈定应力集中区（危险区），也可以作为微震活动规律分析的理论依据，为矿山安全监测及优化提供依据。

8.5.1 采场围岩稳定性数值模拟

8.5.1.1 矿岩体参数选取

材料特性的选择是建模时最重要的一部分，参数是否正确选择将直接影响结果的准确性。由于岩体是一个复杂模糊的系统，并且是非均质各向异性体，内部存在着裂隙系统，要准确把握岩石的各项力学性质非常困难。现在所使用的岩石力学参数，一般都是由实验室测量得到，在解决实际工程问题时可以根据实际工程试验获得数据，也可以参照岩石力学参数手册选取。

本节根据前人进行的相关研究[5]，结合现场取样所得的试验数据，经过分析并工程化处理后，最终选用的计算用岩石力学参数汇总如表8-7所示。

表8-7 矿体及围岩力学性能参数

名称	抗拉强度/MPa	体积模量/GPa	泊松比	内聚力/MPa	内摩擦角/(°)	容重/kg·m⁻³
围岩	8.1	14.67	0.25	5	29	2.7
矿体	8.6	18.28	0.23	6.5	33	2.75
充填体	0.5	7.32	0.36	0.84	38	2.2

8.5.1.2 初始地应力场

初始地应力场是进行数值模拟分析的必要前提条件，数值模拟的初始地应力场是否与实际地应力场吻合较好，是决定地下工程数值模拟是否成功的基本条件。通常认为，初始应力场主要由岩体自重和地质构造力产生。

用声发射法对夏甸金矿深部采场进行了地应力的测量工作，得出结论为深部地应力场以水平构造地应力为主，而不是以自重应力为主导，最大水平主应力平均为最小水平主应力的2.12倍。最大水平主应力和最小水平主应力均随着深度呈线性增长。最大水平主应力与矿体垂线的夹角平均为8.28°，基本与矿体走向垂直，与招平断裂带构造应力主应力方向基本一致，数值模拟地应力按如下公式取，其中水平地应力按梯度加载。

$$\sigma_v = \gamma H \tag{8-4}$$
$$\sigma_{max} = 0.0611H + 9.928 \tag{8-5}$$
$$\sigma_{min} = 0.0242H + 7.764 \tag{8-6}$$

式中　σ_v——自重产生的垂直应力；

　　　σ_{max}——最大水平主应力，MPa；

　　　σ_{min}——最小水平主应力 MPa；

　　　γ——岩体的容重，kg/m^3；

　　　H——计算点岩体所处的深度，m。

8.5.1.3　破坏准则

由于计算范围研究涉及矿体破碎，相关文献表明夏甸金矿取样现场和室内岩石力学试验中，岩石在不同围压条件下，具有明显的弹塑性变形特征，故计算中采用莫尔-库仑（Mohr-Coulomb）屈服准则判断岩体的破坏：

$$f_s = \sigma_1 - \sigma_3 \frac{1 + \sin\varphi}{1 - \sin\varphi} - 2c\sqrt{\frac{1 + \sin\varphi}{1 - \sin\varphi}} \tag{8-7}$$

式中　σ_1——最大主应力；

　　　σ_3—— 最小主应力；

　　　c——岩体内聚力；

　　　φ——内摩擦角；

　　　f_s——破坏判断系数，当$f_s \geq 0$时，材料处于塑性流动状态；当$f_s \leq 0$时，材料处于弹性变形阶段。

在拉应力状态下，如果拉应力超过材料的抗拉强度，材料将发生拉伸破坏。

8.5.1.4　计算模型的建立

本次计算主要针对夏甸金矿Ⅶ号矿体进行数值模拟，-700m水平55003采场在1月7日至23日进行了试验开采，本模型简化了-652m水平以上的矿体模型，模拟了试验采场及其附近采场的实际采矿情况，按照现场爆破开采顺序，分三步进行开挖，验证550采场采用阶段空场嗣后充填法开采的安全性，在一定范围内估算地压的危害程度，根据模拟结果采取相应的措施，指导下一步的采矿设计。

由图8-16可知，模型中矿体沿走向长1200m，矿体厚度自上而下20~50m不等，矿体倾角46°，-350m以上为干式充填采场，-350m以下两翼各阶段为上向进路充填，中间为无底柱分段崩落空区；建立的三维计算模型尺寸为长1400m、宽900m、高1000m，其中模型长度方向为沿矿体走向方向，宽度方向为垂直矿体走向方向，竖向为地表+170m

到-830m 水平。

模型建立采用 CAD 软件，网格划分采用 Hypermesh 中的自由划分单元，对矿体及矿体附近围岩采用细划分。网格划分完之后，利用 Hypermesh-FLAC3D 程序将模型导入 FLAC3D 中进行开挖模拟，计算、分析地表应力场及塑性区。建完之后节点总数为 163876，单元总数 861980，在 FLAC3D 中显示的模型如图 8-16 所示。

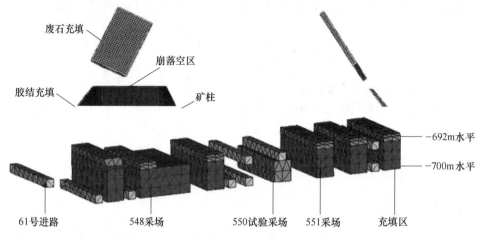

废石充填　崩落空区　胶结充填　矿柱　-692m水平　-700m水平　61号进路　548采场　550试验采场　551采场　充填区

图 8-16　整体及试验采场附近局部计算网格模型
(扫描书前二维码看彩图)

8.5.1.5　模拟计算及结果分析

模型顶端为自由表面，四周边界施加水平约束，底部施加垂直约束，水平方向施加随深度变化的水平应力，模型整体施加 Z 向重力加速度。依据选定的岩体岩石力学参数，在开挖前采用弹性模型对岩体的天然应力场进行模拟。该过程是模拟地质历史上矿体在上覆岩层的自重作用下的沉积固结过程，反映在模型上就是最大不平衡力的变化过程，即当最大不平衡力下降到一定范围时，模型趋于稳定。将计算有模型参数赋予模型，进行最大不平衡力的计算。经过 FLAC 3D 程序 2418 步的循环计算，不平衡比率已经缩减到 9.99×10^{-6}，已经达到 FLAC 3D 的最小计算精度，这表明模型在上覆岩体的自重作用下已经趋于稳定，在此基础上可以进行开挖计算。最大不平衡力的变化趋势如图 8-17 所示。

根据以上荷载条件，岩体在上覆岩层自重作用下的垂直应力如图 8-18 所示，模型上表面为地表自由面，应力为 0MPa，下表面为地下-830m 自重应力增大为 22.34MPa，其值随埋深的增大呈线性增加。且在重力作用下的位移值均为负，体现出自重对岩体自身的压实作用，如图 8-19 所示。应力场等值线和位移场等值线都呈水平状态，表明开采前地层未受扰动，岩体内不出现拉应力，与实际情况相符。

模型采用莫尔-库仑模型，使用爆破法进行瞬间开挖。矿体开挖首先开挖-652m 以上崩落采场与两翼充填采场；其次充填两翼采场并开挖-692~-700m 水平进路和相应采场，模拟 1 月 7 日前井下围岩应力状态；最后分三步开挖-700m 水平 55003 试验采场及其周围 548、549、551、552 采场。按图 8-20 所示，提取剖面应力场、塑性区。其中 1—1 剖面为垂直矿体走向纵剖面，2—2 剖面沿矿体走向方向，倾角同矿体倾角。

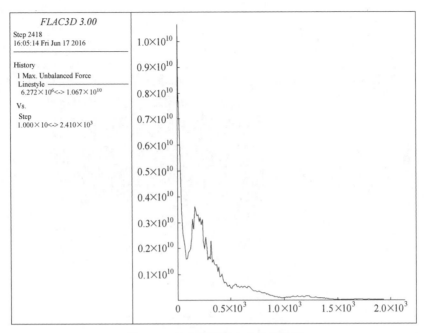

图 8-17 最大不平衡力变化趋势图

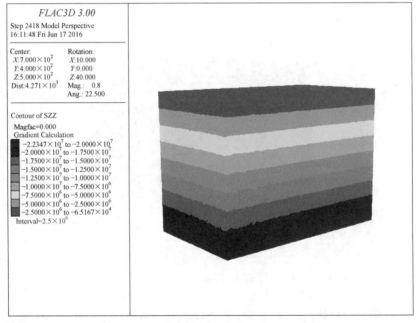

图 8-18 开挖前岩体垂直应力等值线图
(扫描书前二维码看彩图)

A 最大主应力、剪应力云图分析

结合图 8-21 ~ 图 8-23 分析主应力与剪应力计算结果，当开采到 -652m 水平时，-692m、-700m 水平处于上部崩落采空区和充填采空区应力集中叠加扰动区域，所受影响

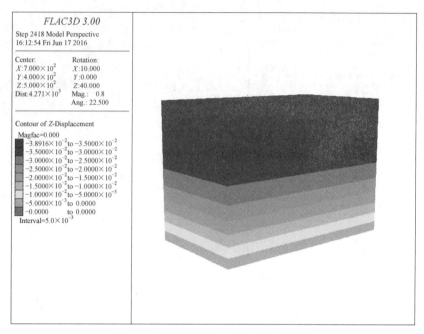

图 8-19 开挖前岩体垂直位移等值线图
(扫描书前二维码看彩图)

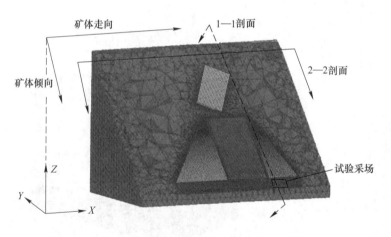

图 8-20 切割剖面示意图
(扫描书前二维码看彩图)

程度与到交汇处距离成反比。−700m 水平的 54703 巷道和 55202 巷道两侧都是充填完毕的采场,周围工程布置情况类似,但是 54703 巷道最大主应力比 55202 巷道高出 26%(见图 8-21(a)),这是由于 54703 巷道处于两种采矿方法的叠加影响范围内,而 55202 巷道距离崩落法 200m 以外,基本上未受到影响。从图 8-21(b)中可以看出,550 试验采场基本上只处于上部充填体的影响范围内,其受两种采矿方法交汇影响程度较小。

随着试验采场大体量的开挖,550 试验采场产生更大范围的应力扰动,在 55001 和

54902 巷道间出现了应力集中（见图 8-23（b）），较开采前应力增加了 15.5%，但与上向水平充填采矿法相比，间柱内应力没有明显提高。试验采场开采后顶底板和围岩交界处附近剪应力差达到 3.4MPa（见图 8-23（a）），底板应力下降了 5MPa（见图 8-24（b）），微震事件在此区域有一定聚集，推测在试验采场矿岩交界附近岩体内部发生了一些微破裂。值得注意的是，开采后-700m 水平最大主应力下降了 3.6MPa（见图 8-23），-692m 水平增加了 3.5MPa（见图 8-22），说明随着回采向上推进和周围充填区域的扩大，-700m 水平围岩内应力在一定程度上得到释放与转移。

通过应力场与微震监测得到的数据相结合对比，550 试验采场受两种采矿方法叠加应力影响较小，其应力集中的范围在一定程度上有所扩大，可能会导致下盘矿岩交界周围发生岩体的微破裂，但是应力集中的数值较分层充填采矿法采场差别不大，不足以引起围岩的大范围破坏或失稳，表明试验采场在多应力扰动开采过程中，安全性可以得到保障。

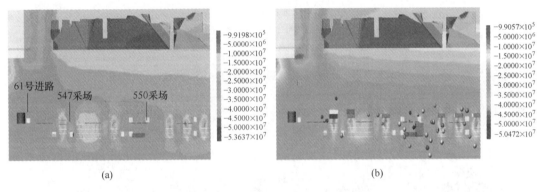

图 8-21 2—2 剖面最大主应力云图

（a）开采前；（b）开采后

（扫描书前二维码看彩图）

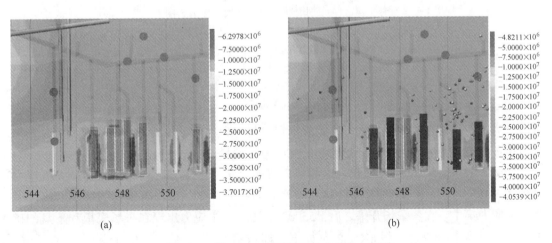

图 8-22 沿-692m 水平剖面最大主应力云图

（a）开采前；（b）开采后

（扫描书前二维码看彩图）

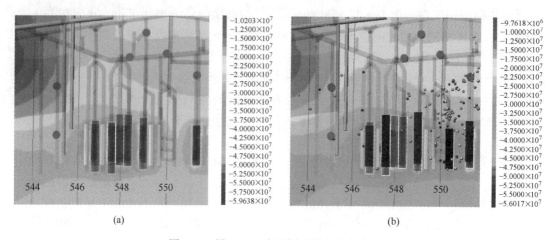

图 8-23　沿 -700m 水平剖面最大主应力云图
（a）开采前；（b）开采后
（扫描书前二维码看彩图）

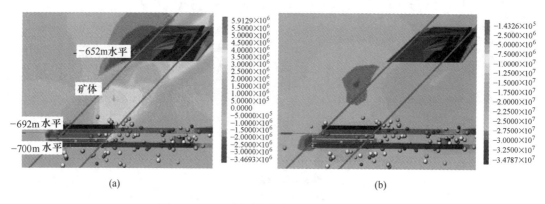

图 8-24　1—1 剖面剪应力及最大主应力云图
（a）剪应力云图；（b）最大主应力云图
（扫描书前二维码看彩图）

B　最小主应力云图分析

夏甸金矿矿岩单轴抗拉强度是其抗压强度的六分之一，易发生拉破坏，在岩石力学中拉应力为正值，若最小主应力大于零则表示存在拉应力，为了分析矿岩中拉应力的分布情况，用最小主应力来作为评判开挖引起的拉应力的度量。

如图 8-25 所示，试验采场开采之前，只有崩落法空区下方存在拉应力，最大拉应力达到 2.5MPa，这是由于本模型中大体量空区是直接暴露的，受深部地应力影响，出现了较大拉应力集中。在各采场开采之后，55003 采场最小主应力出现在采场底板和下盘的矿岩交界处（见图 8-26），但最大值为负值，即没有拉应力产生。由于各矿房的开采，-682m 水平 -5~6MPa 的最小主应力区向下转移（见图 8-27），即 -682m 水平和 -692m 水平之间矿体最小主应力出现下降。在 548 采场顶板出现了 0~1MPa 的拉应力，其他采场底板最小主应力值均较大，主要由于采场下部为强度较低的充填体。

综合来看，监测区域受拉应力影响不大，发生拉破坏的程度较小，距离崩落区较近的采场顶板产生了1MPa的拉应力，现场施工过程中要加强防护。

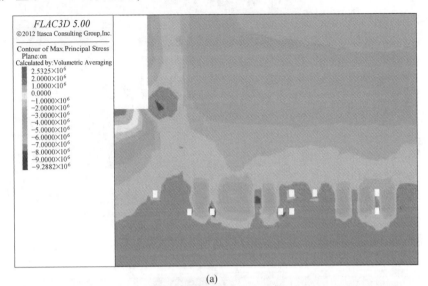

(a)

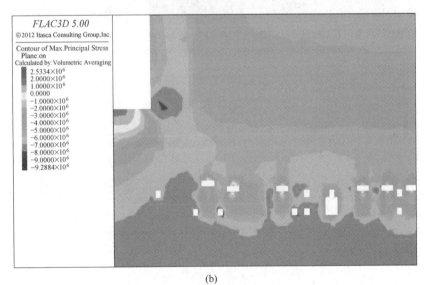

(b)

图 8-25　2—2 剖面最小主应力云图
(a) 开挖前；(b) 开挖后
(扫描书前二维码看彩图)

C　塑性区分布云图分析

塑性区是根据莫尔-库仑准则发生失效的单元，在 FLAC3D 中，按照失效机理来讲，塑性区分为拉塑性区和剪切塑性区，按照计算过程来讲，可以分为计算过程中出现的历史塑性区（p）和计算平衡后仍存在的现有塑性区（n）。关于塑性区的意义，目前未有统一的结论，有些学者认为塑性区就是破坏的区域，有些学者认为由于岩体存在一定的残余强度，塑性区并不代表破坏区域，通常来讲，贯通的塑性区是最有可能发生塑性变形而破坏

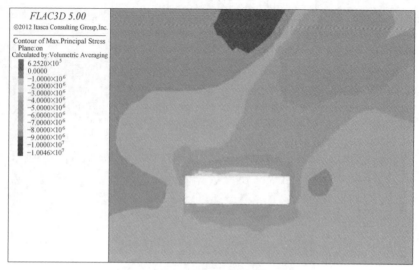

图 8-26　550 肩柱塑性区云图

（扫描书前二维码看彩图）

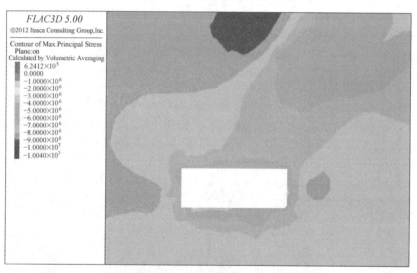

图 8-27　1—1 剖面最小主应力云图

（扫描书前二维码看彩图）

的区域。

　　结合图 8-28～图 8-30 剖面开挖前后塑性区分布和最大主应力云图可看出，试验采场开采前，其周边多个采场都出现了小范围的张拉和剪切塑性屈服区，张拉塑性区主要分布在 -692m 水平的 548、549、551、552 采场底板下部的充填体内，这是由于充填体抗拉强度较低导致。剪切塑性区主要分布在进路和采场之间的矿柱内，说明矿柱主要发明剪切破坏。55003 采场回采结束之后，其两帮周围以及采场上盘下三角处出现了小范围的剪切塑性区（见图 8-29），但是均未出现大面积相互贯通的塑性破坏区。考虑到上盘断层泥的不稳定性，矿山试验优先回采上盘下三角矿体，回采后立即胶结充填隔离支撑上盘，构造稳固采场顶板。其他采场各间柱破坏程度较小，胶结充填完采场进行矿柱回采时，基本可以保证施工安全。

整体来看，55003 试验采场两帮出现了塑性破坏区，但均未形成大范围的塑形贯通区域，两帮可能出现小范围的剥落破坏，试验采场上部−692m 水平进路顶板也未见明显的塑性破坏，出于安全性的考虑，在回采完毕后及时进行胶结充填，防止空场两帮的进一步破坏，保证下一分层的安全开采。

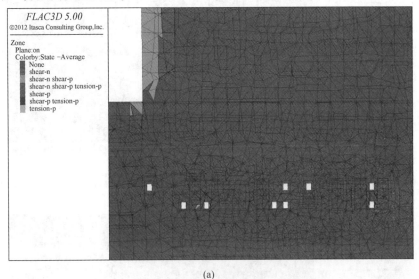

(a)

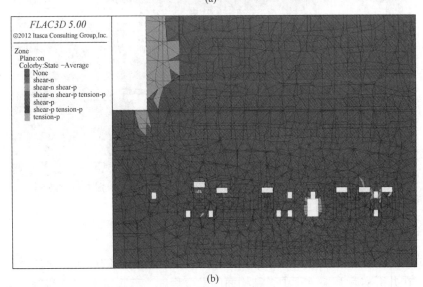

(b)

图 8-28 2—2 剖面塑性区云图

(a) 开挖前；(b) 开挖后

(扫描书前二维码看彩图)

8.5.2 基于微震参数的岩体损伤动态反演

在 FLAC 计算中，岩体的力学参数选取直接影响计算的准确性，从而影响对实际工程中结构的设计稳定性的判断。作为典型的非均匀非连续介质，岩体的力学参数一般以室内

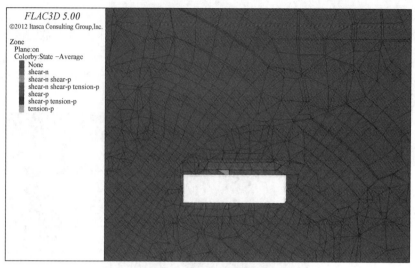

图 8-29　550 肩柱塑性区云图

（扫描书前二维码看彩图）

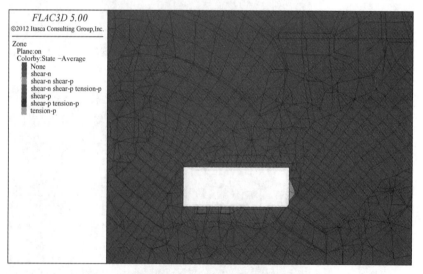

图 8-30　1—1 剖面塑性区云图

（扫描书前二维码看彩图）

岩石力学试验为基础，综合考虑节理裂隙、尺寸效应和地下水的影响，对岩体强度作出合理的折减。在井下实际开采过程中，结构面的发育程度、节理或断层分布等，与其赋存环境密切相关，同时岩体受到开挖爆破、采动卸荷的影响，岩体强度参数的变化是一个动态过程，不同的地应力和工程作用力下岩石的破坏力学性质呈现复杂化。

　　图 8-31 列出了基于岩体损伤模型进行模拟计算得到的岩体单元损伤过程图，损伤程度用体积模量的弱化程度表示，本算例中共赋予了 3 种材质，分别是矿体、围岩、充填体，在图中用深蓝、青色、绿色表示其本底值。从图 8-32 中可以看出，1 月 6 日试验采场开采前，岩体损伤程度较低（0.16），有少量低能量微震事件集中在 549 巷道下盘，损伤区主要集中在 551、552 采场充填体两侧及上盘的围岩内。1 月 7 日至 16 日 550 试验采场

开采期间，其周围微震事件增多，试验采场与 551 充填采场中间矿柱损伤程度加大（0.29），在试验采场下盘，出现了大范围的中度损伤，最大损伤程度约为 0.44。随着回采的推进，1 月 16 日至 23 日期间损伤范围不断向下盘扩展，程度不断加深，下盘试验采场与进路交会处损伤达到 0.61，现场该区域应采用锚网加强支护，防止顶板冒落及发生片帮事故，550~552 采场间矿柱和充填体损伤区域贯通成片，对下步回采矿柱造成潜在危险。回采结束后一段时间为应力调整期，损伤区范围和程度增加幅度变缓。

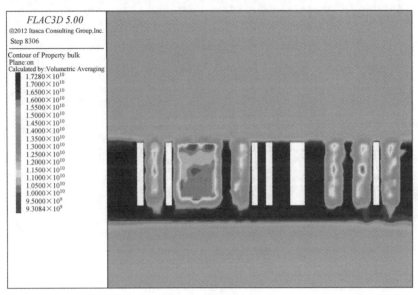

图 8-31　未折减前岩体状态
（扫描书前二维码看彩图）

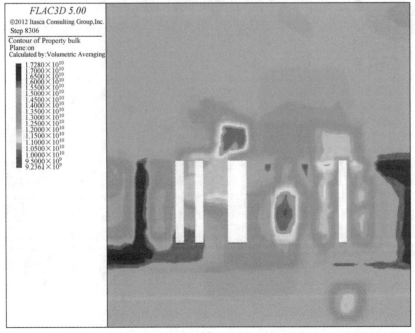

(a)

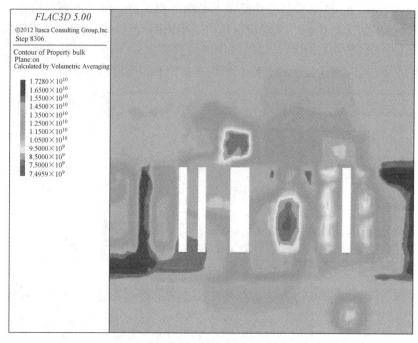

(b)

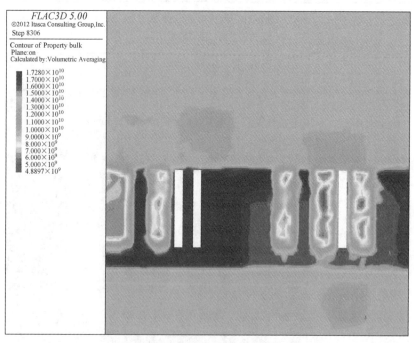

(c)

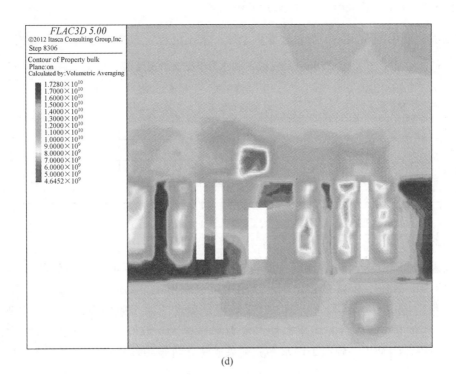

(d)

图 8-32 试验采场岩体损伤过程

（a）开采前（1 月 1 日至 6 日）；（b）开采中（1 月 7 日至 15 日）；
（c）开采中（1 月 16 日至 23 日）；（d）开采后（1 月 24 日至 28 日）

（扫描书前二维码看彩图）

8.5.3 基于 Mathews 稳定图法的采场稳定性分析

为了对采用新采矿方法的试验采场进行更综合的评价，确定出−700m 水平 548、549、550、552 采场为本次稳定性分析的目标采场，除 550 采场为空场嗣后充填采矿法采场外，其余 3 个采场为上向水平充填采矿法采场，采场厚度取 40m。本次计算利用北京科技大学现场地质勘察统计结果和矿山提供的地质资料，主要岩石参数见表 8-8。

表 8-8 结构面参数汇总表

巷道	RQD	J_n	J_r	J_a	J_w	SRF	主要节理倾向 /(°)	主要节理倾角 /(°)	岩体抗压强度 /MPa
700548	25.92	9	3.0	1.5	1	1	306	73	70.62
700549	33.12	12	3.0	1.5	1	1	204	78	70.62
700550	64.92	12	1.5	1.5	1	1	202	74	70.62
700552	75.36	12	1.5	1.5	1	1	173	60	70.62

8.5.3.1 稳定数 N 和水力半径 R 的确定

根据前文介绍的 Mathews 图表法计算原理，求出的稳定数 N 和水力半径 R，见表 8-9。

表 8-9 稳定数 N 和水力半径 R 计算结果

采场序号	岩体质量修正值 Q'	岩石系数 A	节理产状调整系数 B	重力调整系数 C	稳定数 N	水力半径 R/m
700548	5.76	0.1	0.8	3.75	1.73	2.56
700549	5.52	0.1	0.8	3.68	1.63	2.58
700550	5.41	0.1	0.8	3.68	1.59	2.79
700552	6.28	0.1	0.9	3.75	2.12	2.50

8.5.3.2 采场稳定性分析

根据表 8-9 所得稳定数 N 和水力半径 R，将 -700m 水平 4 个采场的数据绘制到的 Mathews 图中，得到图 8-33 的稳定图。从图中可以看出 4 个采场都处于稳定区域，而 550 采场距离稳定-破坏边界线最近，即 550 采场稳定程度为 4 个采场中最弱的，主要是因为 550 采场采用的是空场嗣后充填采矿法，水力半径更大。综合来看，Mathews 稳定图法所得结果与微震监测结果一致，上向水平充填采矿法无可视破坏现象，围岩发生失稳破坏的可能性较小，空场嗣后充填采矿法暴露面积较大，矿柱和顶板内部产生了一些损伤，有失稳破坏的可能，开采后应尽快充填。

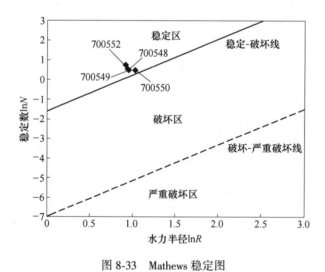

图 8-33 Mathews 稳定图

根据图 8-33 中数据可拟合得到稳定-破坏公式（8-8）：

$$\ln N = 1.8268\ln S - 1.5897 \tag{8-8}$$

根据上式可以求得在采场力学性质、产状性质等所决定的稳定数 N 不变条件下，工程从稳定到破坏时的极限水力半径值，继而可确定出采场最大允许跨度（见表 8-10）。

表 8-10 最大允许跨度

采场序号	采场跨度/m	水力半径/m	极限水力半径/m	极限跨度/m
700548	6	2.56	3.22	7.90
700549	6	2.58	3.12	7.59
700550	7	2.81	2.92	7.47
700552	6	2.50	3.60	9.07

通过计算，上向水平充填采矿法最大采场跨度分别为 7.59m、7.90m、9.07m，均比现阶段采场跨度 6m 要大，综合分析施工技术条件、安全、经济等因素，建议矿山尝试选取 7m 为今后的采场跨度。对于空场嗣后充填采矿法，极限跨度为 7.47m。由于地质条件的不同，不同采场的稳定数会有较大差异，岩体分级中参数选取也存在一定人为的因素，只有综合考虑局部不同的地质和受力特点判断采场围岩稳定性，才能对采空区处理及矿柱回收真正起到指导作用。

8.6 矿房结构参数优化

在地下采矿工程中，随着矿体的开挖扰动，打破了岩体的原岩应力场平衡，导致开挖区域周围岩体力学环境发生改变。某些区域应力得到释放，某些区域却出现应力集中现象，当应力集中程度达到岩体极限强度时，围岩将发生失稳破坏。在深部开采时，矿柱合理几何尺度对控制地压有至关重要的作用，深部地压作用于矿柱，会出现应力集中、位移变化与塑性变形等响应，获得这些响应规律可反馈于最优的确定矿柱空间几何尺度。

目前，夏甸金矿正在对分段空场嗣后充填法进行试验，这种方法兼有空场法生产能力大和充填法回收率高及保护地表的优点。其使用中深孔穿爆，生产能力大；整个矿房回采结束后一次充填，有利于提高充填体质量，克服了分层充填繁杂作业循环的缺点，降低充填成本。由于其暴露面积较大，对围岩稳定性提出了更高的要求。550 试验采场所采用的结构参数为矿柱 6m、矿房 7m，经过前文微震监测结果与数值模拟的分析以及 Mathews 稳定图法对采场稳定性的评价，该矿房尺寸基本可以保证回采安全。为了进一步提高采矿效率，本次采场结构参数优化在此基础上拟定了 9 个方案来确定出最合适的矿房和矿柱尺寸，各方案具体参数见表 8-11。

表 8-11 分段空场嗣后充填法采场结构参数优化方案

参数优化方案	矿房宽度/m	矿柱宽度/m
方案 1	7	
方案 2	8	6
方案 3	9	
方案 4	7	
方案 5	8	7
方案 6	9	

参数优化方案	矿房宽度/m	矿柱宽度/m
方案 7	7	
方案 8	8	8
方案 9	9	

通过模拟不同尺度的采场、矿柱来观察相应的应力区分布、位移分布、塑性区分布，进行采场稳定性分析。本文只示例列出了方案 5 的模拟计算结果图，为了更加方便地对比分析，其他结果统计后采用图表的方式给出（见图 8-34 和图 8-35）。

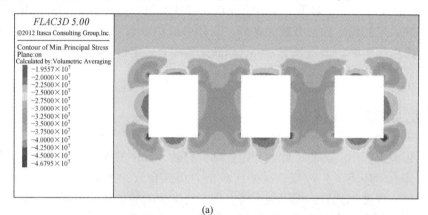

(a)

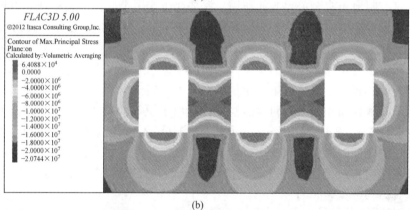

(b)

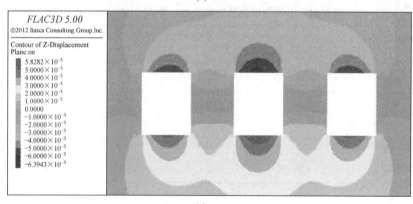

(c)

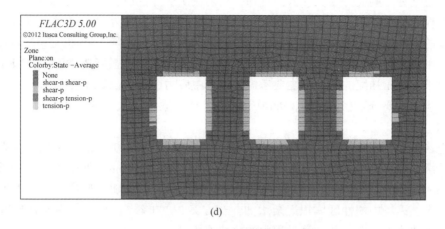

(d)

图 8-34 方案 4 数值模拟计算结果

(a) 最大主应力云图; (b) 最小主应力云图; (c) 顶板位移云图; (d) 塑性区云图

(扫描书前二维码看彩图)

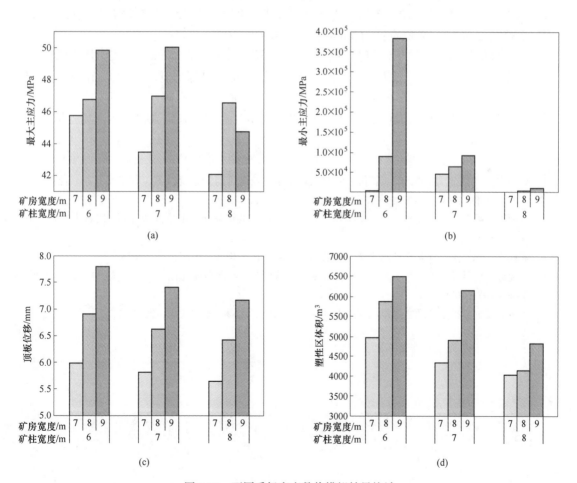

图 8-35 不同采场宽度数值模拟结果统计

(a) 最大主应力; (b) 最小主应力; (c) 顶板位移; (d) 塑性区体积

由以上 9 种方案应力、位移云图可知,当两侧矿房开挖后,深部地压将在矿柱上集中体现,矿柱周围存在明显应力集中现象,在采空区的顶、底角处出现最大主应力,在矿柱尺寸一定的情况下,随着矿房宽度增加,最大主应力基本上也随之增加,其中 9m 矿房 7m 矿柱方案中最大达到 50.1MPa。岩体通常的抗拉强度比其抗压强度要小许多,因此在最大主应力小于其抗压强度的情况下主要考虑其最小主应力中是否出现了拉应力。由图表可以看出,拉应力主要分布在两帮中,9m 矿房 6m 矿柱方案中最大值为 0.4MPa,不到抗拉强度的 1/20。

采空区顶板及底板均出现一定量的位移,顶板出现少量下沉,底板出现少量鼓起,且顶板的下沉量随着矿房宽度的增加而增加,最大下沉值 7.81mm,整体较小。采场顶板约有范围 1m 的塑性区,矿柱中部的岩体塑性形变最为严重,且随着矿房宽度的增加、矿柱宽度的减小,采场中塑性区体积逐渐增加,在方案 2、方案 3、方案 6 中矿柱出现了塑性区贯通,主要为剪切破坏和计算过程中的拉伸破坏。

由此通过对比确定矿柱宽度为 8m 时,矿柱的稳定性最好,安全程度最高。在 8m 矿柱的基础上,当矿房宽度为 9m 时,采场中的最大主应力和最小主应力均在合理的范围内,采空区顶底板的位移量也相对较小,矿柱及顶底板中的塑性区分布也相对较为合理。因此确定矿柱宽度为 8m,矿房宽度为 9m 的方案为最佳的方案。

本节数值模拟计算的 9m 矿房 8m 矿柱方案的尺寸大于上节 Mathews 稳定图法得到的空场嗣后充填采矿法 7.47m 极限跨度,但是两种方法所得结果都从侧面论证了当前井下采场结构参数安全性。由于本节模拟并没有权衡岩体结构面、地下水等情况,所得到的计算结果仅可以作为判断采场围岩稳定性的参考,为了指导工程实践还需要进一步现场验证。

参 考 文 献

[1] 徐奴文,唐春安,沙椿,等. 锦屏一级水电站左岸边坡微震监测系统及其工程应用 [J]. 岩石力学与工程学报,2010 (5):915-925.

[2] 陈炳瑞,冯夏庭,李庶林,等. 基于粒子群算法的岩体微震源分层定位方法 [J]. 岩石力学与工程学报,2009 (4):740-749.

[3] 唐礼忠. 深井矿山地震活动与岩爆监测及预测研究 [D]. 长沙:中南大学,2008.

[4] 唐礼忠,杨承祥,潘长良. 大规模深井开采微震监测系统站网布置优化 [J]. 岩石力学与工程学报,2006 (10):2036-2042.

[5] 王涛. 夏甸金矿虚拟现实系统的建立及初步应用 [D]. 沈阳:东北大学,2014.

9 张马屯铁矿采动围岩损伤破坏突水通道监测及形成机理研究

9.1 矿山概况和微震监测系统简介

该地区水文条件极其复杂，属于地下水承压排泄区，地下水补给十分充沛，且溶洞、裂隙发育，为国内少见的大水矿床，因涌水量巨大无法开采。帷幕注浆堵水工程从1979年开始，至1996年底竣工，总长1410m，厚度20~30m，深度330~560m。帷幕形成后进行巷道排水，幕内外形成约170~380m水头差，矿区排水量稳定在65000m³/d，堵水效果可达到85.32%以上，保证了矿山正常开采。矿区整体示意图如图9-1所示，共有4个中段（-360~-200m），分段高度为40~60m。由于矿区靠近城市，采矿方法选用对地表影响较小的尾砂胶结充填法。

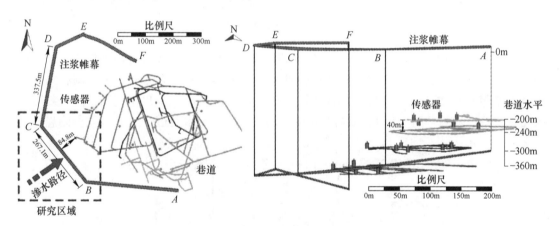

图9-1 张马屯铁矿俯视图
（扫描书前二维码看彩图）

图9-2中给出了矿区-300m水平地质切面图，绿色为第四系，黄色为闪长岩，青色为大理岩，蓝色为矽卡岩，暗红色为矿体。图中BC段溶洞和裂隙带非常发育，该处大理岩透水层中排水率为0.016~6.49L/(s·m)，渗透系数为0.082~38.17m/d。大理岩层主要埋深150~500m，组成矿体的顶底板。地下水从该层流入采场。帷幕贯穿大理层进入闪长岩层，形成阻水屏障。

图9-3中所示为矿区西南部帷幕BC段地层切面图。地层中的主要含水层为埋深266~360m的大理岩，其中小溶洞、溶蚀裂隙发育，且部分向层间溶蚀溶洞和大型岩溶导水构造过渡[1]。BC段大理岩含水层中白云质成分含量比其他地段高，岩质更破碎，较帷幕其他地段具有更好的导水条件，为重点研究区域。1997年与2010年分别进行了两次放水试

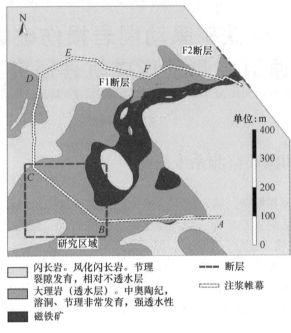

图 9-2 研究区域内沿注浆帷幕地质剖面图

（扫描书前二维码看彩图）

验，水头降等值线如图 9-4 所示。1997 年开始帷幕堵水效果很好，帷幕内外形成了较高的水力梯度。经过近 20 年的开采，帷幕在长时间的高水压、高流速的地下水冲刷腐蚀和爆破震动等因素的影响下，出现局部破坏。至 2009 年 7 月，矿区巷道涌水量突增值 $5×10^3 m^3/$月，推测是西南角 BC 段研究区域内形成了隐伏突水通道[2]，存在安全隐患。

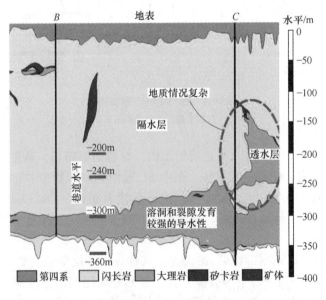

图 9-3 研究区域内沿注浆帷幕地质剖面图

（扫描书前二维码看彩图）

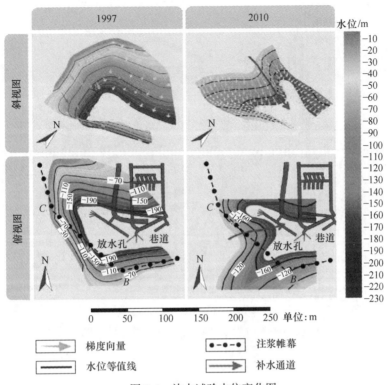

图 9-4 放水试验水位变化图

(扫描书前二维码看彩图)

张马屯微震系统于 2007 年正式建成，共布置 17 个 A1030 型防水单轴加速度计，其灵敏度为 30V/g（g 为重力加速度），采样频率 5kHz。−360m、−300m 中段为重点监测区域，因此分别布置 5 个、6 个传感器，−240m、−200m 水平各布置 3 个传感器，其空间分布如图 9-1 所示。传感器阵列呈分层分布，保证监测范围覆盖整个采区，并且进行 24h 连续采集，获得丰富的波形数据，为监测分析奠定基础。

9.2 数据分析和讨论

9.2.1 微震事件的时空分布规律分析

微震监测系统记录了张马屯铁矿 2007 年 7 月 24 日至 2009 年 3 月 17 日的微震数据。在此期间，−360m、−300m 中段共有 10 处采场进行过开采，如图 9-5 所示。不同矿房用不同颜色多边形表示，其中灰色多边形表示截至 2007 年 7 月 24 日已经充填完毕的矿房。为便于分析，将监测时间区间以时间节点 2007 年 7 月 24 日，2007 年 12 月 1 日，2008 年 2 月 1 日，2008 年 6 月 20 日，2009 年 3 月 27 日分为 I，II，III，IV 四阶段，各时间段开采的矿房编号如图中黑色方框和条形图所示。

2007 年 7 月至 2009 年 3 月研究区域内的所有微震事件分布情况如图 9-6 所示。微震事件的颜色表示矩震级 M_W。红色方框表示的平面为微震事件的最佳拟合面（BFP，Best

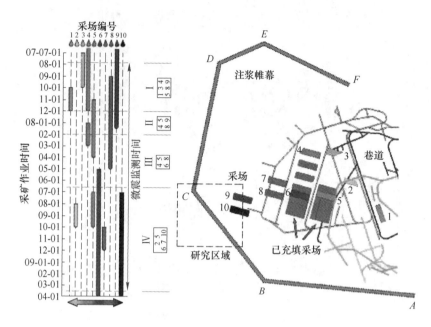

图 9-5 2007 年 7 月至 2009 年 3 月开采时间示意图

(扫描书前二维码看彩图)

Fitting Plane)，倾向 126.1°，倾角 53.97°，中心水平 −275m。view1 和 view2 分别为平行和垂直该平面走向的视角方向。微震事件整体上贯穿帷幕 *BC* 段，分布与放水试验吻合。*BC* 段存在 3 处透水层，其中 1 号透水层承压最大，达到 260~360m。微破裂区主要集中在 1 号透水层及其顶板上方 55m 范围内，突水通道从帷幕外侧斜向下贯穿帷幕进入矿区，形成突水的主要补给源。

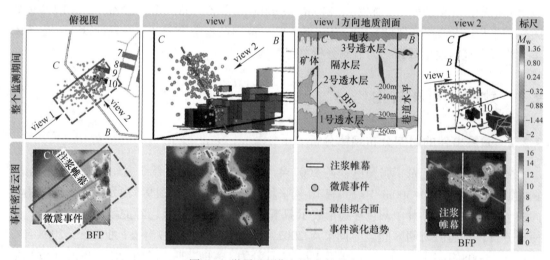

图 9-6 微震监测期间的事件分布

(扫描书前二维码看彩图)

微震分布规律与采矿活动密切相关，能定性描述岩体活动的活跃程度，事件密度演化云图如图9-7所示。I阶段回采8号、9号矿房，其中，研究区域内部的9号矿房位于−300~−360m中段，距离帷幕水平距离103m。矿房开挖后，9号矿房顶板−200~−300m和南侧−300~−330m区域出现明显事件集中。同时，在爆破震动的诱导下，帷幕内侧出现散布的微震事件。从垂直BC段方向（view1）上看，事件分布呈线性分布，其最佳拟合平面与水平面夹角60°，斜切帷幕，且−260m与−326m处事件较集中，为帷幕薄弱区域。II阶段，随着8号，9号矿房回采进行，在高水压与爆破震动的双重影响下，帷幕薄弱区域出现较多裂隙，微震事件出现明显的聚拢。从平行BC方向（view2）方向看，破裂从幕外到幕内沿30°方向向下贯穿帷幕，帷幕破坏区集中在−220~−275m，正好位于1号透水层（见图9-7)顶部区域，在此时段内，突水通道逐渐出现雏形，巷道涌水量增加3×10⁵m³/月。

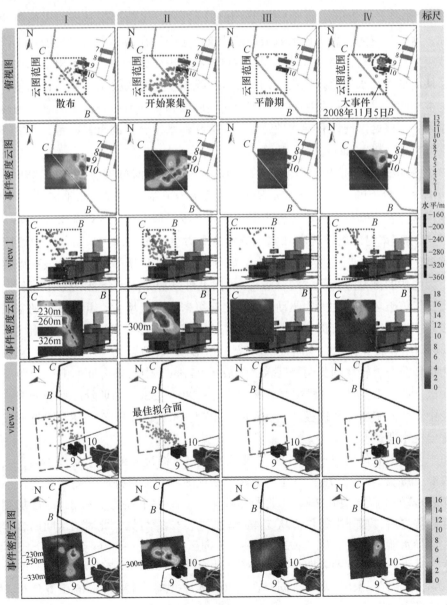

图9-7 微震事件演化过程

（扫描书前二维码看彩图）

Ⅲ阶段9号矿房已回采充填完毕，8号矿房继续开采，其与帷幕水平间距约167m，对帷幕影响相对较小，该时段内微震信号出现平静期。帷幕薄弱区虽然处于高水压条件下，但缺少较强爆破震动的诱导，裂隙带并未进一步扩展。Ⅳ阶段10号矿房开始回采，距离帷幕71m，其顶板上方出现事件集中，帷幕附近微裂隙进一步扩展。到2008年9月5日，帷幕-318m处出现高能量微震事件，矩震级1.36级，该处帷幕薄弱区破坏，形成突水通道，涌水量增加$2×10^5$ m^3/月。

9.2.2 震源参数时空演化规律

地震矩可以由式 $M_0 = \mu D\pi r^2$ 表示，其中μ为岩体剪切模量，D为断层面上的平均位错，r为震源半径。地震矩是基于震源尺寸和原位错的岩体内部微破裂对岩体影响的综合评价指标，地震矩越大，表明该区域破损越严重，应力场在破坏前后有更明显的降低，由于此区域应力得到释放，会导致其周围区域更容易出现应力集中，进而出现二次破坏和破坏扩展，从而形成突水通道。地震矩M_0与矩震级M_w呈对数关系，为无量纲量，与地震矩意义基本相同。震源半径受所假定的震源时间函数和所处地质条件等因素影响较大。震源半径越大，则该处渗透性和导水性越强，是判断涌水量分布的重要参考因素之一。因此此处着重分析M_w和r的时空分布规律。

矩震级密度单位为m^{-3}，云图如图9-8所示。从整个时间段来看，矩震级最大处为2008年9月5日发生的-318m处的大事件，矩震级为1.36，为形成突水通道的主要破裂。Ⅰ阶段俯视图上看，帷幕线形成了较为明显的分界线，幕内矩震级明显大于幕外。此阶段8号、9号矿房回采时的爆破扰动和空区造成的应力重分布，使得矿房与帷幕之间围岩出现较多破裂。view1方向上，矩震级密度沿最佳拟合面方向分布，表明沿该平面有明显应力集中，为隐伏的帷幕薄弱区。结合view2方向上可以看到，拟合面沿线上，随深度增加，水压增大，岩体破坏具有更大的驱动应力，矩震级密度明显增大。Ⅱ阶段，随着回采扰动的进一步累积，矩密度分布贯穿帷幕，幕外略小于幕内，形成贯通趋势。对比Ⅱ-view1与Ⅰ-view1可以明显看到，拟合面附近薄弱区最先出现微裂隙，先一步得到应力释放，其后该处应力重新分布，转移到其两侧区域，形成了Ⅱ-view1中沿拟合面两侧一定距离处的矩密度集中区。view 2表明Ⅱ阶段主要破坏集中在-280～-330m。Ⅲ阶段平静期内，微震事件主要集中在9号矿房空区顶板区域。Ⅳ阶段出现大事件，于帷幕-318m附近形成贯通幕内外的主要突水通道。

震源半径云图演化如图9-9所示。整个研究区域震源尺寸范围约为4～14m，大事件处为最大震源，震源半径13.7m。从Ⅰ、Ⅱ阶段俯视图可知，幕外明显高于幕内，幕内半径均值8.7m，幕外半径均值6.2m。Ⅰ阶段至Ⅱ阶段，幕内半径均值从8.1m增加到9.2m，形成贯穿趋势之后，幕外半径均值从5.4m增加到7.3m。可见，此时间区间内岩体微裂隙逐渐扩大，导水能力增强。从view2与view3方向云图可知，-310m水平以下破坏半径最大，导水性最强。Ⅲ阶段平静期震源半径分布相对较均匀，均值约为7.4m。Ⅳ阶段最大半径13.7m，集中在-310m水平，同时在-230m水平也有半径9.3m的震源分布，为帷幕上两处主要补水通道。

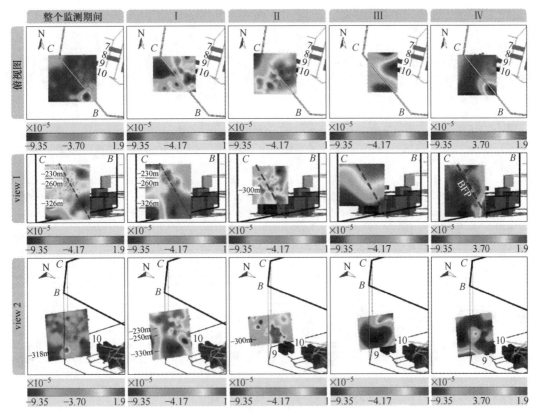

图 9-8 矩震级密度时空演化云图

（扫描书前二维码看彩图）

9.2.3 震源机制分析

张马屯铁矿为大水矿山，在堵水帷幕和地质构造影响下，形成较高的水压力差。在采矿扰动的情况下，围岩破坏形成微裂纹，使孔隙率与导水性增加。微裂纹的产生是突水通道形成的必要条件。通过矩张量反演方法，可以得到微裂隙的破坏类型与破裂面方向，为突水通道形成机理分析提供重要依据。为保证结果的可靠性，只反演矩震级大于-0.8级的事件，得到 93 个反演结果。

震源破裂类型比例时间演化曲线如图 9-10 所示，图中填充的蓝色、绿色、红色分别表示剪切、混合、拉伸破裂，白色方框中表示在各时间区间内破坏类型所占比例。监测期间，研究区域岩体以剪切破坏为主，共 65 个，占 69.9%；混合型破裂 12 个，占 12.9%；拉伸破裂 16 个，占 17.2%。张拉破坏主要集中在 I 阶段，占 23.1%；II 阶段有较少拉破坏，占 5.1%；III、IV 阶段没有监测到张拉破坏。地下工程中主要破坏为压剪型破坏[3,4]，张拉破坏主要成因为高压水涌入裂隙时裂纹张开扩展，以及采空区形成后顶板应力重分布，导致顶板围岩部分区域出现拉应力集中。由此可见，随着采矿活动进行，空区顶板出现拉剪破坏，空区与帷幕之间区域岩体内部出现剪切裂纹，加上岩体本身节理裂隙发育，容易与含水区域连通，高水头地下水进入裂隙引起拉伸破坏。水进入裂隙后，对破裂面起

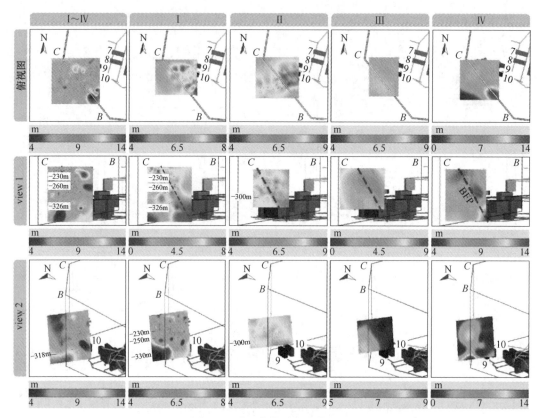

图 9-9 震源半径时空演化云图

（扫描书前二维码看彩图）

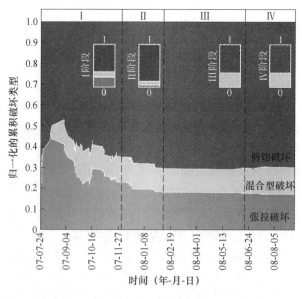

图 9-10 震源破坏类型演化过程曲线

（扫描书前二维码看彩图）

到润滑作用，使得岩体更容易发生剪切破坏，因此Ⅱ阶段剪切破坏明显增加，拉伸破坏比例减少。Ⅲ、Ⅳ阶段破裂多为裂纹张开并同时发生剪切的破裂类型，矩张量 DC 成分相对于 ISO 成分明显增加，破坏类型更趋于混合型破坏和剪切破坏，因此这两阶段以混合型破坏与剪切破坏，并且所含比例均接近 1 : 2。

9.3　通道形成机理

突水通道的形成是多个微裂隙共同作用的结果，空间与时间相近的微裂纹之间存在密切联系。微裂隙扩展，形成新的微裂隙，逐渐形成为裂隙带，裂隙带之间相互连通，最终形成导水通道，对矿山安全生产带来安全隐患。根据实际情况，本节将导水通道形成机制分为 4 种，如图 9-11 所示。

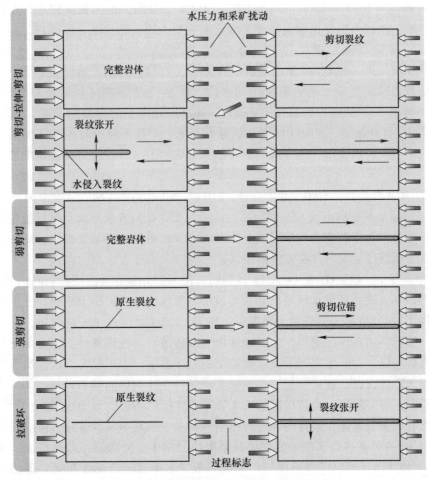

图 9-11　震源破坏类型演化过程曲线

（1）剪切-张拉-剪切型破坏（STS，Shear-Tension-Shear）。假设岩体开始比较完整，在扰动下出现压剪破坏，裂隙产生，但并不足以使岩体出现较大破坏。随后水侵入裂隙引起张拉破裂（类似于水力压裂），水侵入对剪切面产生润滑作用，降低岩体抗剪强度，导致进一步出现压剪破裂。因此，此类破坏呈现出剪切-张拉-剪切型的破坏顺序（STS）。

（2）弱剪切型破坏（WS，Weak Shear）。这里的"弱"表示的是矩震级较小。假设岩体开始较为完整，当出现较高的应力集中时，岩体直接被剪坏。在完整岩石中发生剪破坏，其剪切位移有限。由矩震级的定义可知，当位错距离较小时，矩震级一般较小。此类破坏周围通常弱剪切裂纹和一些混合型裂纹较多。

（3）强剪切型（SS，Strong Shear）。此处的"强"是相对于 WS 型破坏而言矩震级较大。Aswegen 和 Mendecki[5]提出，在大型工程中，大事件的出现预示着软弱带的存在。裂隙发育的区域发生错动，其会产生高能级的大事件。相反，相对完整的岩石破坏产生的事件能级较小。假设岩体中包含原生裂隙，抗剪强度较低。当出现应力集中时，岩体很容易沿着破裂面发生剪切位错，位错量大会导致大矩震级的产生。此类破坏通常包含很少的拉破坏和混合破坏，且其矩震级相对较大。

（4）拉破坏（T，Tension）。假设岩体中包含原生裂隙，抗拉强度较小，在高水压作用下裂隙贯通，水侵入出现拉破裂。此类型周围主要为拉破坏和混合型破坏，剪切破坏较少（T）。

矩张量反演结果采用 Ohtsu 给出的表示方法[6]，红绿蓝分别表示拉破坏源、混合源和压剪源，圆盘表示断层面，箭头表示错动方向。图 9-12 为研究区域微裂隙反演分布图，每行表示同时段 3 个视角（俯视图，view1，view2）方向上的微裂隙分布，每列表示从 2007 年 7 月 24 日开始到一定时间的微裂纹累积分布，4 种不同的岩体破坏模式区域用不同颜色和线型的闭合线表示，为了表达更简洁，其表示上一行时段之后新增的破坏，而不是累积的。

至 2007 年 8 月 8 日，裂隙主要产生于-210～-280m 水平区域。其中 9 号空区上方和帷幕外部-225m 水平处均出现 STS 型破坏，前者主要为矿房开采形成空区导致顶板应力调整引发，后者主要为爆破震动扰动形成。拟合面-276m 处出现 WS 型破坏，此处位于帷幕内侧 15m，表明该区域附近存在帷幕薄弱区。

2007 年 8 月 9 日至 2007 年 11 月 16 日期间，微裂隙分布逐渐向帷幕方向扩展，出现 T 型与 STS 型破坏，表明新破坏区域已开始形成小的导水通道，矿房上部的 STS 型破坏向下扩展，出现了 SS 型破坏，形成较大裂隙带，帷幕-225m 处出现 WS 型破坏，成为幕外水的补给源，裂隙带出现连通趋势，为矿房顶板突水通道形成提供条件。拟合面下部与上部破坏没有直接关联，为新生裂隙带，该处位于 1 号透水层，水压较大，岩体富含较多节理裂隙和溶洞等不连续面，强度较弱，在爆破震动条件下，岩体直接被剪坏，形成 WS 型破坏模式，斜向下贯穿帷幕，为矿房侧壁突水通道形成提供条件。到 2008 年 1 月 24 日，拟合面顶部已有较多微裂隙，岩体内部结构面增多，主要出现 WS 型破裂，使潜在顶板突水通道水量增加。9 号矿房空区的形成使得其顶板应力集中，突水通道向下扩展，继续出现较强的 SS 型破坏，贯通空区顶板围岩，形成顶板突水通道，使得此期间巷道涌水量增加 $3 \times 10^5 \mathrm{m}^3/$ 月。拟合面下部 WS 裂隙带逐渐向帷幕内部扩展，水量增大，出现 T 型破坏区，进而引起较多 WS 型破坏，形成丰富的含水裂隙带。至 2008 年 9 月 5 日，顶板突水通道帷幕附近出现较多 WS 型破坏，突水量增加，空区顶板区域进一步出现 SS 型破坏，表明空区顶板有明显的剪应力集中。拟合面底部帷幕区域出现了 SS 型的大事件，帷幕薄弱区破坏，通道贯穿帷幕，连通 10 号空区侧壁，致使巷道涌水量增加 $4 \times 10^4 \mathrm{m}^3/$ 月。

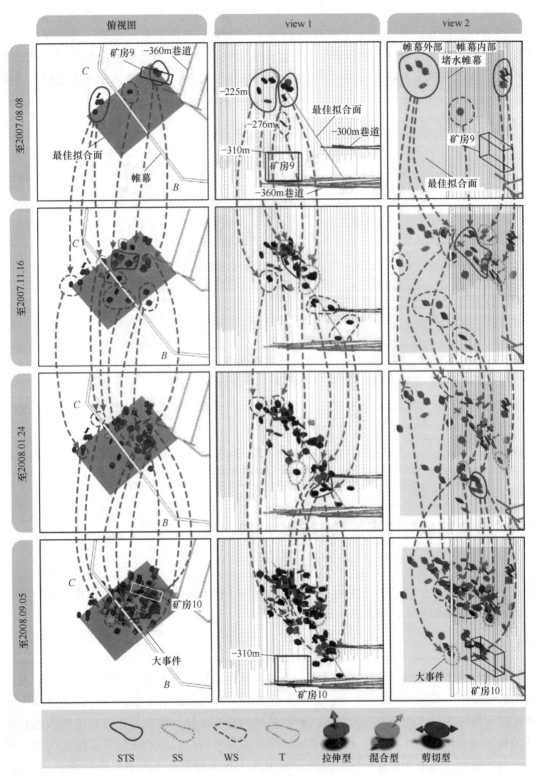

图 9-12 微裂隙空间分布图

（扫描书前二维码看彩图）

　　因此，综合上述分析，可以得到张马屯帷幕突水通道的三维拟合面，以及其空间形态和形成过程，图 9-13 详细展示了最佳拟合面上两条突水通道的形成过程，图中用颜色区分出裂纹产生的先后顺序。通过裂纹演化过程分析可以得到，地下水通过两条主要路径涌入巷道。渗流路径 I 从幕外-200m 水平斜向下贯穿帷幕，从空区顶板区域涌入巷道。渗流路径 II 从幕外-230m 左右向下，于-318m 处贯穿帷幕，从空区岩壁-325m 区域融入巷道，为主要突水通道。

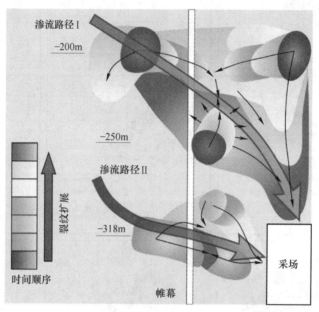

图 9-13　最佳拟合面上的渗流通道形成过程

(扫描书前二维码看彩图)

9.4　数值模拟解译渗流通道形成过程和机理

　　本节通过多物理场仿真软件 COMSOL Multiphysics 建立了一个简化的张马屯铁矿数值模型，用于分析采矿活动、地质构造及水压力作用下帷幕及其周围岩体的损伤分布，并结合微震活动来解释渗水通道的形成原因。

9.4.1　数值模型

　　基于张马屯铁矿的地质数据建立了一个包含矿体、帷幕及大理岩、闪长岩、砂砾石岩层的数值模型（见图 9-14）。考虑到充填体承载能力及刚度远小于围岩，所以在计算中将采矿过程简化为一次性开挖形成空区，开挖范围为整个矿体。帷幕简化为自模型顶面到底面的板状地质体。大理岩层简化为具有统一厚度的水平岩层。虽然在整个矿区范围内大理岩层的实际形态是多变和复杂的，但帷幕西南区大理岩层是基本水平且厚度变化很小的。因此，如果把关注的重点放在帷幕西南区，这种简化就是可以接受的。数值模型的物理力学参数如表 9-1 所示。

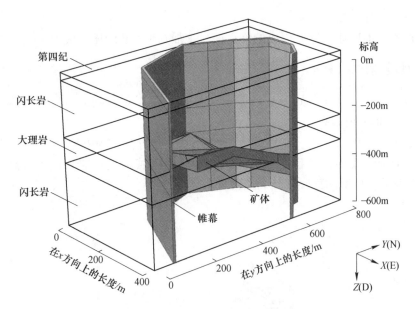

图 9-14 张马屯铁矿数值模型

表 9-1 物理力学参数

岩性	密度 /g·cm⁻³	单轴抗压强度 /MPa		抗拉强度 /MPa	渗透系数 /m·s⁻¹	泊松比	杨氏模量 /GPa
		干燥	饱水				
砂砾石	1.97	—	—	—	$1.92×10^{-4}$	0.25	0.037
闪长岩	2.76	86.7	80.1	8.9	$5.787×10^{-7}$	0.21	53.8
大理岩	2.72	66.5	53.5	6.1	$2.315×10^{-4}$	0.29	45.2
矿体	3.2~3.5	72.6	70	6.9	$4.2×10^{-7}$	0.15	30.5
帷幕	2.4	—	31	2.8	$2.315×10^{-7}$	0.24	25

9.4.2 边界条件

张马屯铁矿数值模型的位移边界条件设置如下：（1）在东、西边界固定 X 向位移；（2）在南、北边界固定 Y 向位移；（3）在底部边界固定 X、Y 及 Z 向位移；（4）模型的顶部为位移边界。

对于渗流边界，东边界设置为第一类边界条件，依据现场观测将水头设置为 $-20m$，底部边界及南北边界设置为第二类无渗流边界条件，西边界设置为变化的第一类边界条件：

$$p = \rho g(33 - z) \tag{9-1}$$

式中　33——地表高程，m；

　　　　z——深度，m；

　　　　p——水力压力，Pa；

　　　　ρ——密度，kg/m³；

g——重力加速度，N/kg。

在开挖边界，即矿体开挖后形成的临空面，施加 0.1MPa 的压力模拟大气压力。

9.4.3 应力场及损伤区分布

数值模拟得到的应力分布如图 9-15 所示，从图中可以观察到应力集中出现于空区和防水帷幕的东北和西南区域。

从背景应力图中可以看出，矿区内大部分区域的应力在 12MPa 以下，只在开挖边界和岩性变化处有应力集中，而且在空区的东北和西南区域出现高应力区，最高应力超过 40MPa。而在开采工作面的顶底板处则出现低应力区。

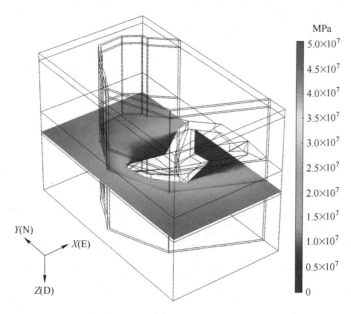

图 9-15 −324m 水平最大主应力分布图

（扫描书前二维码看彩图）

基于应力分布，水力压力及岩体开挖条件下的岩体损伤区及损伤机制可以通过最大拉应力准则（见式 (9-2)）及莫尔-库仑（见式 (9-3)）准则确定：

$$F_1 = -\sigma_3 - f_{t0} \geqslant 0 \tag{9-2}$$

$$F_2 = \sigma_1 - \sigma_3 \frac{1 + \sin\phi}{1 - \sin\phi} - f_{c0} \geqslant 0 \tag{9-3}$$

式中 f_{t0}——单元的单轴抗拉；

f_{c0}——单轴抗压强度。

如图 9-16 所示为−324m 水平的损伤区分布，图中不同的颜色代表不同的损伤状态，比如红色代表剪切损伤，蓝色代表张拉损伤，绿色代表未损伤的弹性状态。这些损伤区主要出现在开挖边界及其周围。张拉损伤区（蓝色区域）位于南北两侧边界，该处为空区的顶板及底板，而剪切损伤区（红色）则位于东北侧及西南侧边界。另外，帷幕西南区也出现了一些剪切损伤，而此处的损伤恰与微震事件分布相对应，说明帷幕西南区的破坏是由剪切破坏引起的。

　　对比帷幕与开挖边界间的距离，可以发现帷幕西南区主要的损伤出现于距离小于35m的范围内。因此，帷幕的破坏渗水可归因于帷幕与开挖边界间过小的距离，这与基于微震监测结果的推论是一致的。所以，为了保持帷幕的堵水效果，保证帷幕与开挖边界间具有足够的距离至关重要。

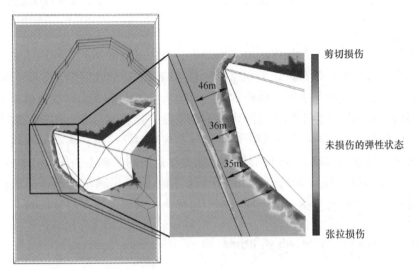

图9-16　-324m水平最大主应力分布图损伤分布图

(扫描书前二维码看彩图)

参 考 文 献

[1] 韩伟伟，李术才，张庆松，等. 矿山帷幕薄弱区综合分析方法研究 [J]. 岩石力学与工程学报，2013，32 (3)：512-519.

[2] ZHANG P, YANG T, YU Q, et al. Study of a seepage channel formation using the combination of microseismic monitoring technique and numerical method in Zhangmatun Iron Mine [J]. Rock Mechanics and Rock Engineering, 2016, 49: 3699-3708.

[3] MAHDEVARI S, SHAHRIAR K, SHARIFZADEH M, et al. Assessment of failure mechanisms in deep longwall faces based on mining-induced seismicity [J]. Arabian Journal of Geosciences, 2016, 9 (18): 1-18.

[4] KAO C S, CARVALHO F C S, LABUZ J F. Micromechanisms of fracture from acoustic emission [J]. Int J Rock Mech Min, 2011, 48 (4): 666-673.

[5] ASWEGEN G V, MENDECKI A J. Mine layout, geological features and seismic hazard [J]. Geology, 1993.

[6] OHTSU M. Acoustic Emission Testing. Basic for Research-Applications in Civil Engineering [M]. Germany: Springer, 2008.

10　大孤山铁矿边坡岩体滑坡监测及智能预警云平台建设

本章通过大孤山铁矿北帮楔体滑坡实例分析，首先进行详细的工程地质调查，建立起精细化的三维地质模型，并布置长短期监测项目相结合的边坡在线监测系统，捕捉边坡滑坡失稳的前兆信息；其次基于微震监测数据进行边坡岩体损伤表征和数值模型的修正，标定岩体损伤演化及强度弱化指标，给出边坡安全系数变化规律；然后构建滑坡案例库并进行滑坡相似度分析，利用匹配的相似滑坡案例辅助现场时序曲线，确定滑坡阈值（位移速率、位移曲线切线角）；最后在解析滑坡的地质力学诱因的基础上，提出"监测数据-边坡稳定性分析-案例推演系统"相结合的边坡预警指标体系[1]，科学合理地给出预警警情判别结果，通过云平台实现数据分析、现场模型可视化和预警发布及滑坡诊断。

10.1　矿区概况与工程地质调查

10.1.1　大孤山矿区概况

作为鞍钢矿业公司四大铁矿石生产基地之一，大孤山铁矿年设计生产能力600万吨，矿场封闭圈标高+90m，截至2018年底已开采到-330m水平，形成了长1620m，宽1560m，高度超过400m的高陡边坡，是典型的深凹露天铁矿。通过无人机倾斜侧影测量获得三维DTM面如图10-1所示，目前矿山主要有两个矿石开采工作面，分别位于北帮-210m台阶及以下大孤山矿体和东北帮-198m平台及以下小孤山矿体。矿石首先由运矿卡车运送至南帮-234m平台的矿石破碎站，通过初碎后经边坡内部运矿廊道使用皮带运送至地表选矿

图 10-1　大孤山铁矿

厂；岩石亦由卡车运输至东帮 −198m 平台岩石破碎站，继而由地表皮带输送至胶带排土场。

大孤山铁矿的台阶高度为 12m，靠帮台阶并段后 36m，台阶剖面角 65°，整体边坡角为北帮 39°，南帮 46°，西帮 46°，东帮 44°。当前揭露的岩性划分如图 10-2 所示，其中北帮区域岩性主要包括片理化的混合岩、磁铁石英岩、绿泥岩和玢岩。两条平均厚度为 6m 的断层 F14 和 F15 相互切割形成一条低品位矿石条带。出于边坡安全的考虑，该低品位矿石条带被遗留在露天矿内。

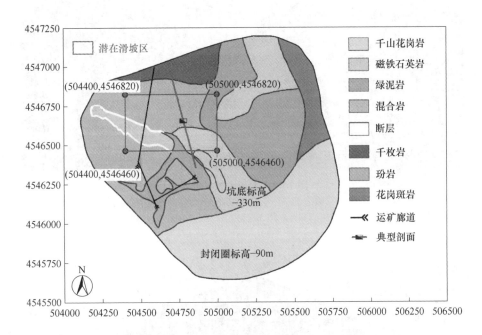

图 10-2 工程地质填图（单位：m）
（扫描书前二维码看彩图）

随着大孤山铁矿进入深部开采，边坡岩体始终处于动态演化过程，其稳定性受多种因素影响。为此开展大孤山铁矿北帮边坡稳定性研究，分析岩体变形机理和损伤演化趋势、研究岩体结构产出变化特征下边坡稳定性，提出具有针对性的治理方案，降低和避免边坡失稳对生产的不利影响，实现矿山正常安全生产。如图 10-3 所示，区域内主要有 3 条运输平台，分别位于−66m 台阶、−138m 台阶和−210m 台阶。

在详细的工程地质调查与推断的基础上，建立大孤山北帮的三维地质模型如图 10-4 所示。该模型可以直观地显示矿区主要岩层和矿体的产状，以及它们的空间侵入关系，为边坡稳定性分析和破坏机理研究提供了基础。此外，在楔体滑坡处选择垂直于坡表的典型剖面进行后续详细的边坡稳定性数值分析。

随着开采深度的不断增加，从 2016 年 6 月开始，西北帮−66m 台阶出现平行边坡走向长约 105m 的裂缝，裂缝宽度约 5~10cm，同时西端帮−66m 水泵站场地及以下边坡坡面出现开裂变形和表层塌滑。此外，长期监测项目表明，大孤山西北帮的变形场和温度场出现

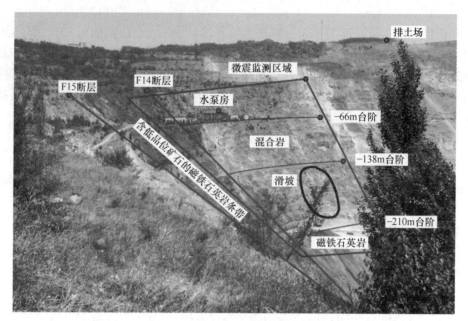

图 10-3 大孤山铁矿北帮

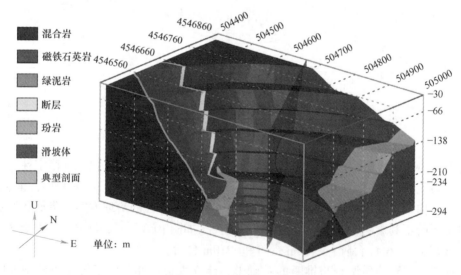

图 10-4 大孤山铁矿北帮三维地质模型
（扫描书前二维码看彩图）

异常。综合以上现象，为保证矿山正常的生产活动，选择西北帮边坡为稳定性监测预警重点研究区域，安装的监测系统成功捕获了 2018 年 5 月 27 日发生在 -138m 平台至 -210m 平台发生的楔体滑坡，如图 10-5 所示。

图 10-5　大孤山铁矿北帮楔体滑坡

10.1.2　工程地质调查与岩石力学实验

　　岩体Ⅳ级结构面的工程性质如倾向、倾角、粗糙度、开合性、间距、迹长等对岩体的工程形状有着重要的影响，结构面的相互组合切割对岩体的力学特性具有明显的削减作用[2]。对结构面工程参数进行调查统计分析是进行岩体结构的研究、结构网络的模拟、岩质边坡稳定性计算分析的基础。另外当边坡岩体发生变形破坏时，岩体中的破裂面一般均沿结构面贯通，因此，边坡面与结构面的组合还决定着边坡岩体的破坏模式。

　　Ⅳ级结构面主要通过地表岩体结构面调查与深部定向钻探测量，在地表基岩出露较好部位设置详细线，尽量布置于临近最终边帮并尽可能按不同方向均匀布置，在具有三度空间易于观测的部位布置测站，以获取全方位的不连续面地质资料，尽可能消除盲区。本次研究工作中，采用岩体表面结构面摄影测量与孔内钻孔电视相结合的结构面调查方式来获取岩体Ⅳ级结构面的统计信息。

　　如图 10-6（a）所示，摄影测量结果表明边坡岩体结构为 3 组构面控制，平均方位角为 179°∠54°，45°∠53° 和 302°∠82°，其中红色与蓝色两组结构面与边坡坡面相互切割，边坡局部易发生楔体滑坡。为了进一步查清北帮岩体内部结构面空间展布，明确不同深度岩体节理发育情况，为岩体质量评价以及岩体力学参数确定提供基础数据支撑。在北帮共布置了 4 个地质钻孔（ZK01~ZK04）。见运用孔内电视技术对 ZK02 钻孔内部岩体结构情况进行精细测量。部分孔内电视分析结果如图 10-6（b）所示。根据岩体强度指标 GSI 的分级结果，北帮岩体的 GSI 值处于 38 和 54 之间，属于"块状/扰动"类型[3]。

　　本次试验试件主要取样于现场钻孔岩芯，本次取样主要岩性涵盖磁铁石英岩、混合岩、绿泥岩、玢岩和断层，如图 10-7 所示。将钻孔岩芯加工成标准圆柱试件后，首先利用波速测试去除离散性较大的试样。然后进行抗压、抗拉和抗剪等岩石力学实验，获取其基本物理力学性质见表 10-1。

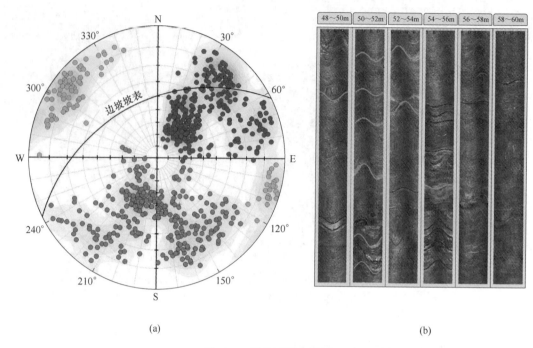

(a) (b)

图 10-6　结构面调查结果

（a）摄影测量；（b）钻孔电视

（扫描书前二维码看彩图）

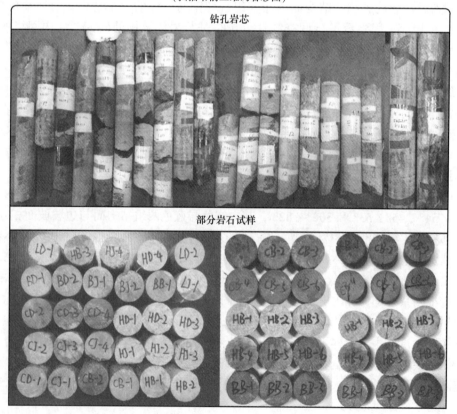

图 10-7　钻孔岩芯与岩石试样

表 10-1　岩石基本物理力学性质

岩性	密度 /g·cm⁻³	波速 /m·s⁻¹	单轴抗压强度/MPa	抗拉强度 /MPa	弹性模量 /GPa	泊松比	内聚力 /MPa	内摩擦角 /(°)
磁铁石英岩	3586	4269	109.29	12.36	77.42	0.18	13.56	60.77
混合岩	2753	3754	62.29	10.69	38.72	0.23	5.67	57.61
绿泥岩	2478	2809	17.55	—	21.01	0.28	—	—
玢岩	2794	3839	93.61	8.62	41.19	0.21	14.51	59.80
断层	2339	—	8.25	—	—	0.30	—	—

10.2　监测系统的布置与数据解译

10.2.1　长期监测项目

首先在大孤山铁矿布置一套包括 InSAR 位移监测和红外温度场监测的长期监测系统。在长期监测项目的选型上，选择大范围、低精度、周期性监测设备用来以相对廉价的方式识别潜在滑坡体，圈定危险区域界线。进而在潜在滑坡区域安装由微震监测、裂缝计和 GPS 等设备组成的临滑监测系统，用于最终滑坡的预报预警，临滑监测设备应具有高精度、实时在线和可靠度高等特点。其中长期和临滑监测系统相互独立运行，可以充分发挥不同监测设备的特点，利用有限的监测资源优化监测点的空间布置。大孤山铁矿边坡监测系统从 2017 年 1 月 1 日开始投入运行，对楔体滑坡的全生命周期进行了跟踪监测。同时在监测周期内研究区域内共有 6 个台阶被开挖，监测系统布置情况与采矿生产安排如图 10-8 所示。

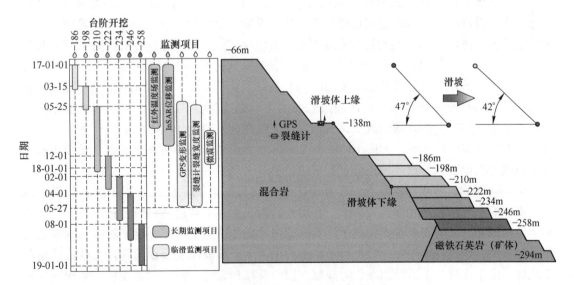

图 10-8　监测系统与开采计划甘特图

相较于传统的边坡位移监测技术，合成孔径雷达干涉测量（InSAR）技术在监测矿区地表位移变形应用中具有全天候、高效率以及可回溯等突出优势，能解决传统人工隐患排查的局限性[4]。使用欧空局哨兵（Sentinel）系列卫星的 C 波段合成孔径雷达数据，该卫星的重返周期为 12 天，地面分辨率为 50m×50m。InSAR 位移监测的结果如图 10-9 所示，监测数据表明在大孤山的西北帮与排土场出现了较大的位移变形，其稳定性应受到重视。

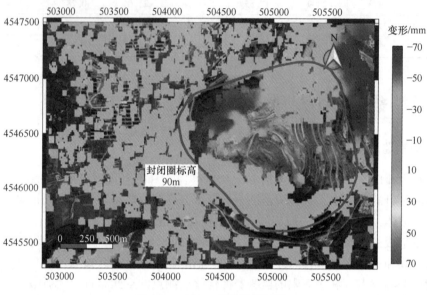

图 10-9　InSAR 位移监测结果
（扫描书前二维码看彩图）

利用红外热像仪对大孤山铁矿北帮进行全方位扫描观测，提取监测区域的温度场信息，并进行温度异常区域圈定和机理分析，结合现场实地踏勘，重点找出边坡渗水点、渗水区域位置，进而推断可能对边坡稳定性带来的影响[5]。观测设备使用德国生产型号为 VS3021STU 红外热像仪，北帮 2017 年 8 月 26 观测得到的红外温度场结果如图 10-10（b）所示，对应的区域可见光图片如图 10-10（a）所示。由图可知，在采场西北帮存在一低温热像区域，其最低温为 24.2℃，而周边岩石的平均温度达到 31.7℃，低温区域温度比周边岩石低近 3~5℃。据现场踏勘，该区域节理裂隙较为发育，如图 10-10（c）所示，此外在该区域发现若干出水点，如图 10-10（d）所示。此外在采场东北帮的临时边坡也出现了较大范围的低温区域，该区域正处于开采阶段。

结合详细的地质调查，由 InSAR 和 IRT 组成的长期监测系统已表明了潜在的滑坡区域：矿坑的东北部和西北部。实际上，在矿井的西北部，上坡已达到设计边界，岩体的不稳定性对深部开采的安全生产构成了巨大的隐患。此外，运输道路，运矿廊道和水泵房都位于西北帮，这些设施的安全性在对于矿山的正常生产起着至关重要的作用。在该矿坑的东北部，由于连续开采活动而在临时斜坡上发生位移和裂缝，临时斜坡允许一定程度的破坏和较低的安全系数[6]。最后，将大孤山露天矿的西北帮确定为潜在滑坡区域，具有较大的滑坡风险，并在该区域安装了临滑监测系统。

图 10-10　红外温度场监测结果

(扫描书前二维码看彩图)

10.2.2　临滑监测项目

在大孤山西北帮共布置了 8 个单分量传感器和 1 个三分量传感器，均为灵敏度 200V/m/s 的速度型传感器。如图 10-11（a）所示，传感器布置在 3 个平台（-210m 平台 1 个 3 分量 1 个单分量传感器、-138m 平台 3 个单分量传感器和-66m 平台 4 个单分量传感器），尽可能对研究区域形成空间包围，使得监测区域大部位于内场定位区域，以期达到更高的定位精度。大孤山微震监测系统于 2017 年 9 月 11 日投入使用，微震监测系统可对边坡岩体微破裂实施 24h 连续监测。

在传感器安装过程中，首先在孔底注浆 0.5m，然后将 PVC 管插入到底部尚未凝固的水泥浆中，在孔壁与 PVC 管壁之间注浆，此举的目的为保证钻孔内完全隔水的环境；待水泥浆完全凝固之后，使用腻子粉将传感器封装到孔底；最后将孔口做好防水措辞，保证孔内的干燥环境。此安装方法可以实现下向孔中传感器的耦合，也保证了传感器可以回收。在设备运行初始阶段，进行了 7 次爆破精度验证，选用整体简化波速模型进行震源定位，确定 P 波波速为 3823m/s，S 波波速为 2207m/s，7 次爆破精度验证得到微震监测系统的定位精度约为 12m。

从 2017 年 9 月 1 日至 2017 年 12 月 31 日微震监测结果如图 10-11（a）所示，其中微震事件小球的大小表示能量，颜色表示震级。在垂直于坡表的方向上，微破裂集中出现在坡表附近，边坡岩体内部仅有少量微震事件产生；在平行于坡表的方向上，微破裂主要集中在滑坡区域附近，出现了明显集中情况。将所有微震事件投影至典型剖面获取密度云图如图 10-11（b）所示，可以看出微震事件主要集中出现在−66m 台阶至−138m 台阶与−138m 台阶至−210m 台阶两个区域，与滑坡位置有良好的相关性。将微震事件的视体积简化为等半径的球，视体积为非弹性变形区范围，微震事件视体积在滑坡区域内反复叠加；此外微震事件的能量与震级分布较为均匀，大事件数量少，表明大孤山西北帮岩体损伤是一个渐变过程。在监测时段内微震事件有序出现在上述两个滑坡监测区域内，可以利用监测所得微震数据对边坡滑坡发展阶段内岩体损伤进行深入研究。

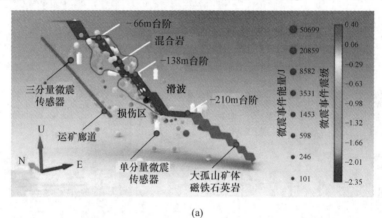

(a)

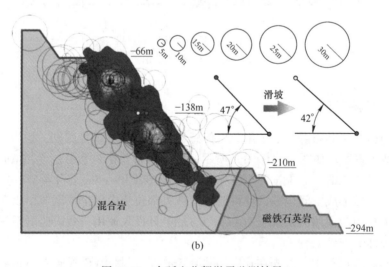

(b)

图 10-11　大孤山北帮微震监测结果

（a）微震事件定位结果；（b）微震事件密度云图

（扫描书前二维码看彩图）

裂缝计监测周期开始于 2017 年 5 月 25 日结束与 2018 年 5 月 19 日，简易裂缝计布置在滑坡体上缘，用于手动测量裂缝的宽度。监测结果如图 10-12 所示，在滑坡的全周期内，裂缝宽度稳步增大至临滑前的 465mm。

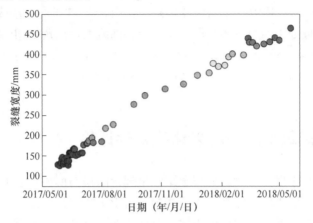

图 10-12　裂缝计监测结果

GPS 位移监测起始于 2017 年 5 月 13 日终止与 2018 年 5 月 27 日，监测结果如图 10-13（a）所示，滑坡初期变形速度在一定范围内震动，无明显突跳，累计变形稳定上升；在滑坡后期变形速度急速上升至 4.00mm/d，在最后的滑坡阶段变形速度剧升至 13.04mm/d。位移切线角主要参考许强[7]的工作，认为等速变形阶段的变形速率 v 是一恒定值，通过用位移除以 v 的办法将变形–时间曲线的纵坐标变换为与横坐标相同的时间量纲：

$$T = \frac{\Delta S}{v} \tag{10-1}$$

式中　T——变换后与时间相同量纲的纵坐标值；

　　ΔS——某一监测周期边坡变形量；

　　v——等速变形阶段的位移速率，对于大孤山铁矿西北帮楔体滑坡取稳定变形阶段
　　　　的平均值 1.66mm/d。

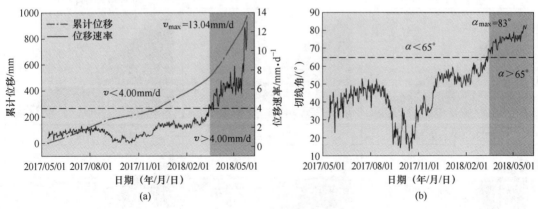

图 10-13　GPS 位移监测结果

（a）累计位移与位移速率；（b）位移切线角

则变形曲线的切线角 α 定义为：

$$\tan\alpha = \frac{\Delta T}{\Delta t} \qquad\qquad (10\text{-}2)$$

显然当 $\alpha < 45°$ 时，边坡处于初始变形阶段；当 $\alpha \approx 45°$ 时，边坡处于匀速变形阶段；当 $\alpha > 45°$ 时，边坡处于加速变形阶段。得到位移曲线的切线角如图 10-13（b）所示，当切线角达到 65°时边坡进行临滑状态，对应的最终滑坡阶段切线角达 83°。变形-时间序列曲线与记录得到楔体滑坡孕育发展直至最终破坏的全过程，可为滑坡预警提供定量化的阈值。

10.3 基于微震数据的边坡岩体稳定性评价

第 6 章给出了基于损伤力学和地震学矩张量理论的损伤模型建立方法。通过边坡微震实时数据映射技术，对边坡岩体表征单元体损伤力学参数进行动态标定，建立基于微震监测数据驱动强度折减模型，对大孤山边坡西北帮边坡进行稳定性分析，得到动态变化的边坡安全系数[8]。

如图 10-8 所示，典型剖面上共分布有两种岩性，利用 Hoek-Brown 方法计算得到的岩体力学参数见表 10-2。

表 10-2 岩体力学参数

岩性	密度 /kg·m^{-3}	弹性模量 /MPa	泊松比	内聚力 /kPa	内摩擦角 /(°)	抗拉强度 /kPa
磁铁石英岩	3586	917.348	0.18	119.57	40.50	49.62
混合岩	2753	859.631	0.23	76.75	32.43	45.94

边坡的结合形状随着开挖处于动态变化中，基于上述考虑微震驱动的岩石细观损伤表征方程，标定得到具有动态损伤效应的岩体力学参数场，并基于此对边坡稳定性进行动态评价，结果如图 10-14 所示。

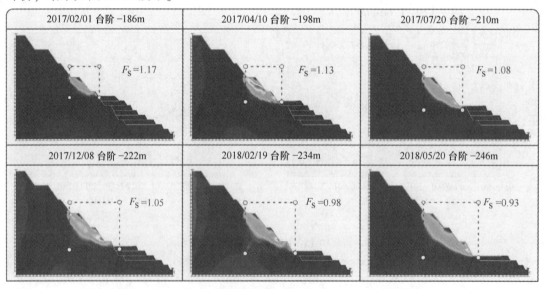

图 10-14 基于微震监测数据驱动强度折减的边坡稳定性评价结果

（扫描书前二维码看彩图）

10.4 露天矿滑坡案例库建立及预警指标体系构建

10.4.1 滑坡案例库的建立

为实现对滑坡特征进行定量化描述，根据露天矿边坡滑坡力学机制、边坡结构特征与工程地质条件，同时综合考虑特征因素的收集统计难度，把对边坡稳定起重要作用的特征因素分为 5 项：滑坡模式、滑坡规模、岩体质量、边坡角度与降雨量。依据每项特征因素的特点，分别罗列出该特征因素的可能情况并进行分类，再对该特征因素的不同情况按照诱发滑坡发生的可能性从小到大依次排列，按顺序打分。依照表 10-3 可以根据每个滑坡影响因素的具体情况来获取相对应的分值，其分值称之为特征值。

表 10-3　特征值分值表

打分	力学机制			边坡结构			工程地质		
	滑坡模式	滑面角度 /(°)	滑面表面条件	主要结构面与坡面角度 /(°)	岩体质量评价 (GSI)	边坡角度 /(°)	卸荷松动风化层厚度 /m	地下水位 /m	降雨 /mm
1	塑形流动-拉裂	0~10	0, 1, 2	0~10	0~10	0~10	0~5	0~5	0~10.0
2	顺层滑移-拉裂	10~20	3, 4	10~20	10~20	10~20	5~10	5~11	10~25.0
3	顺层滑移	20~30	5, 6	20~30	20~30	20~30	10~20	15~30	25.0~50.0
4	滑劈破坏	30~40	7, 8	30~40	30~40	30~40	20~30	30~60	50.0~100.0
5	滑移-弯曲破坏	40~50	9, 10	40~50	40~50	40~50	30~45	60~100	100.0~250.0
6	楔体破坏	50~60	11, 12	50~60	50~60	50~60	45~60	>100	>250.0
7	块体倾倒	60~70	13, 14	60~70	60~70	60~70	60~80		
8	弯曲倾倒	70~80	15, 16	70~80	70~80	70~80	80~100		
9	块体-弯曲倾倒	80~90	17, 18	80~90		80~90	>100		
10	圆弧滑坡								

其中滑坡模式的结构与力学特征参照表 10-4 获得[9]，滑面表面条件参照表 10-5 获得。

表 10-4　露天矿岩石边坡典型破坏模式

滑坡模式	图　示	结构特征	力学特征
塑形流动-拉裂		开挖坡角大于岩层倾角且含有中至厚层软弱的水平或缓倾斜顺层岩质边坡	下伏软岩在上覆岩层压力作用下，产生塑性流动并向开挖面方向挤出，导致上覆较坚硬的岩层拉裂、阶梯和不均匀沉陷
顺层滑移-拉裂		开挖坡角较陡、岩层倾角平缓的顺层岩质边坡	坡体沿平缓结构面向坡前临空面方向产生缓慢的蠕变性滑移。滑移面的锁固点附近，因拉应力集中生成与滑移面近于吹中的张拉裂隙

滑坡模式	图 示	结构特征	力学特征
顺层滑移		开挖坡角大于岩层倾斜的陡倾斜或中等倾斜的顺层岩质边坡	沿层间软弱夹层发生整体滑移破坏
滑劈破坏		岩体边坡内存在于坡面平行的软弱结构面，边坡角度大于软弱结构面摩擦角，同时至少存在一组与边坡同向且倾角大于边坡角的节理	滑犁滑动而被挤劈撬开而后绕坡角转动
滑移-弯曲破坏		陡倾斜顺层岩质边坡中，边坡角与岩层倾角基本一致，滑移控制面倾角大于该面的综合内摩擦角	由于滑移面未临空，使下滑受阻，造成坡角附近顺层岩板承受纵向压应力，在一定条件下可使之发生弯曲变形，甚至导致溃屈破坏
楔体破坏		受节理面切割的顺层岩质边坡，构成可能滑移的楔形体	沿层面和不利结构面组合方向滑动
块体倾倒		多发生在石灰岩、砂岩、含柱状节理的岩浆岩中，通常单一岩层厚度较大，发育与岩层面接近垂直的节理	块状倾倒为脆性破坏，破坏前变形较快
弯曲倾倒		较软岩层中较为普遍，如板岩、千枚岩、片岩和泥岩。通常单一岩层厚度较小，只有层面这一平行结构面	弯曲倾倒为柔性破坏，变形边坡属于自稳型，边坡变形发展较慢，一旦破坏规模通常很大
块体-弯曲倾倒		块状-弯曲倾倒在软硬相间的层状岩体中比较普遍，多发生在砂岩泥板岩互层、燧石岩页岩互层、薄层状石灰岩中	软硬相间的层状岩体在构造作用下存在层间错动；可在弯曲倾倒变形稳定性分析的基础上，考虑垂直层面方向的节理裂隙对边坡稳定的影响

续表10-4

滑坡模式	图 示	结构特征	力学特征
圆弧滑坡		极破碎岩体或突破	沿弧形滑面向临空面滑动

表10-5 滑面表面等级

项 目	描述及对应特征值				
粗糙等级 (R_r)	非常粗糙	粗糙	轻微粗糙	光滑	成滑面的
	6	5	3	1	0
风化等级 (R_w)	未风化	轻微风化	中等风化	强风化	分解的
	6	5	3	1	0
填充情况 (R_f)	未充填	硬充填物（小颗粒）	硬充填物（大颗粒）	软充填物（小颗粒）	软充填物（大颗粒）
	6	4	2	2	0

收集到的部分案例如表10-6所示。

表10-6 部分露天矿滑坡案例

露天矿名称	基本信息概况	边坡存在问题	边坡加固治理方案
莱钢鲁南矿业公司上河露天采场	矿区位于鲁西断隆（Ⅱ）鲁西断块隆起（Ⅲ）的东部。以斜贯矿区呈北西向分布的韩旺—石桥断裂为界，北部广泛裸露古老的结晶基底，南侧则分布大片的古生代沉积盖层。矿床即赋存于韩旺—石桥断裂北侧的泰山岩群雁翎关组变质岩系中	上河采场上盘边坡由于构成的岩石破碎、风化、蚀变严重，加之F1断层穿越上盘边坡，该区北段下部边坡靠帮后，边坡出现大面积蠕动变形，局部地段形成滑坡破坏	削坡，预应力锚索加固，排水防渗
攀钢朱家包包露天采场边坡	朱矿南帮边坡地层相对较为简单，主要为含钒钛磁铁矿辉长岩体，辉长岩体呈北东—南西向展布，岩体呈单斜层状产出，倾向北西，倾角一般在50°~60°。矿体赋存于辉长岩体中、下部，呈层状、似层状、条带状产出，产状与岩层产状一致	由于南帮岩层产状与边坡产状基本一致，断层发育，岩体破碎，台阶并段后边坡加陡，加之地下水和生产爆破震动的影响，对边坡稳定性十分不利	削坡，局部加固，地表截洪，台阶排水沟，位移监测
江苏船山矿业股份有限公司船山石灰石矿露天采场边坡	矿区露天采场属大型露天采场，重点为采场西端帮边坡，该部分边坡最终高度达150m，边帮边坡角达46°37′，属大型高陡边坡	该边坡代表性岩性有：粗晶灰岩、黄龙灰岩、船山灰岩、栖霞灰岩、构造角砾岩等，由于溶蚀、风化作用，构成边坡的岩性具有复杂多变的特征，不连续面的发育使边坡稳定性降低	靠帮预裂爆破，减震爆破，局部喷锚，局部护坡，疏排水，局部并段，位移监测

露天矿名称	基本信息概况	边坡存在问题	边坡加固治理方案
青海威斯特铜业公司德尔尼铜矿Ⅰ号露天采场边坡	德尔尼铜矿位于青海省果洛藏族自治州玛沁县大武镇，交通不方便。矿区位于松潘—甘孜褶皱系阿尼玛卿褶皱带中。矿区出露地层有上石炭统及二迭统下组。断裂、褶皱构造发育，矿区位于德尔尼复背斜南翼的德尔尼山南坡，属高原地区，海拔 +3400 ~ +4600m，地势相对高差 500~900m，属典型的青藏高原气候，四季不分明，气候变化剧烈。目前采场正处在基建剥岩期，绝大部分边坡尚未靠帮。采场已开采到 +4254m 水平，北东帮已形成 6 个人工台阶	组成边坡的岩体主要是蛇纹岩及性质软弱的片理化蛇纹岩等，台阶坡面凸凹不平，局部垮塌现象较严重，北东帮中部 +4314m 以上已发生较大规模滑坡，影响并制约到矿山安全生产	边坡结构参数调整及工程防护，靠帮控制爆破，疏排水，GPS 位移监测系统
贵州瓮福磷矿英坪矿段露天采场边坡	英坪矿段采用露天开采，段以 0 号勘探线和 2 号勘探线间天然沟谷分为大致相等的Ⅰ号坑和Ⅱ号坑分别开采。首采处于南端的接近废石场的Ⅰ号坑，后采Ⅱ号坑。英坪矿Ⅰ号采坑开采 8 年，Ⅱ号采坑开采 7 年，磨坟开采 8 年。自 1990 年 11 月 11 日开工建设，1994 年试生产以来，英坪Ⅰ坑露天采场已降深 180 余米，目前正由山坡露天转入凹陷露天开采	采场局部边坡因岩体结构强度变化和外部条件如大气降水的严重入渗、爆破及地震等引起的外力作用的改变而出现程度不同的滚石、变形、塌落甚至局部滑移等现象。尤其是边坡上部坡积层厚为 4 ~ 23.92m，冲洪积层厚 8~15m，白云岩风化层厚 5~20m，这三类岩土强度低，如遇洪水，则易引起滑坡	边坡参数修改，地表水防治，靠帮控制爆破，落石、滚石防护，位移监测
峨眉水泥厂黄山石灰石露天采场边坡	矿区出露地层主要有奥陶系下统 (O1d) 砂、泥岩、二叠系 (P) 玄武岩及石灰岩，四系 (Q4) 松散堆积层。 峨眉水泥厂石灰石矿为一特大型优质石灰石矿山坡露天矿山，组成边坡的岩体岩层为单斜构造，上缓下陡，倾角 17°~30°	岩层倾向与边坡坡向一致，岩层向上延伸较远，因此终了边坡切割岩层难以避免。由于岩体内存在多层软弱夹层，若终了边坡切割岩层使得其中的软弱夹层出露于坡脚，或因生产爆破破坏了山体坡脚岩体，在雨水和生产爆破震动综合作用下，极易发生顺层滑坡	截洪沟，台阶排水沟，位移监测，边坡管理制度完善
铜化集团公司新桥硫铁矿露天采场边坡	矿区东部地层走向北东，倾向北西、倾角上部 45°上、下部约 20°，西部地层走向北西、倾向北东，倾角 10°~20°。 根据"新桥硫铁矿二期扩建工程初步设计说明书"，二期露天开采范围为 11 线、-180m 以上水平，届时采场下盘将形成自 +312m 至 -180m 的高大边坡。下盘边坡不良工程地质条件主要包括：(1) 边坡地形地貌高差大；(2) 顺层边坡结构，岩层产状为 45°左右；(3) 岩层中顺层展布有多层泥化夹层，多层层间剪切 (破碎) 带，其强度极低；(4) 有多条横、斜切边坡的Ⅲ级断层；(5) 局部边坡岩体节理裂隙发育，岩体破碎、甚至松散	下盘边坡在开采和剥离过程中，有时电铲超控，切割坡脚，造成顺层滑落。新桥硫铁矿自 20 世纪 70 年代投入生产建设以来，下盘边坡发生了多次小型或局部的边坡破坏，历次发生的滑坡主要有 10 个，另处，在没有台阶的高大光面边坡上小规模的崩塌也时有发生	削坡，预应力锚索 (锚杆)，喷锚网支护，边坡疏水孔，位移监测

续表 10-6

露天矿名称	基本信息概况	边坡存在问题	边坡加固治理方案
重钢太和铁矿露天采场边坡	重钢集团太和铁矿位于四川省凉山彝族自治州西昌市太和镇境内，是攀西四大钒钛磁铁矿区之一。区内交通条件方便，地理位置优越，是重钢集团最大的铁矿山。太和铁矿自发现以来一直以小规模开采，一般产量达到 70 万吨/年，扩产后初步设计为年产 300 万吨/年，采用露天开采方式，目前小境界已开采至 1710m 标高。边坡现状最高高度约 150m，台阶高 12m，台阶边坡角 35°～70°。根据《重庆钢铁集团公司太和铁矿 300 万吨/a 扩建工程》初步设计，前 10 年的露天开采计划最低标高 1674m，开采年限 27 年，最终开采标高 1470m	西帮和北帮上部主要由冰碛土覆盖，第四系松散冰碛层力学强度很低，是影响露天边坡稳定的主要因素；北部边坡自 1842m 台阶出露辉绿岩，呈倒楔形体，辉绿岩遇水易弱化、崩解，强度极低，是边坡稳定的重大隐患；辉长岩节理裂隙发育，风化、破碎严重，目前西部和北部边坡已出现局部垮塌现象	锚固，疏排水，坡面覆盖，爆破、位移、地下水监测，滚石监测和防护，边坡管理制度完善
福建紫金矿业公司紫金山金矿露天采场边坡	紫金山金矿位于福建省上杭县，紫金山铜金矿床是我国探明的特大型有色金属矿产基地之一。采场边坡最高标高+1096m，采场底标高+616m，终了边坡最大高差 480m。采场范围原地形为紫金山山顶及山峰西侧山坡，目前已进入封闭圈以下。矿区地形以花岗岩中低山地为主，矿区地形切割强烈。矿区位于北西向、北东向构造带上，区域构造活动十分强烈，地震烈度属 6 度区	紫金山金矿露天采场为地下转露天采场，采场边坡正在剥离形成过程中，出露边坡不高且尚未靠帮，局部边坡和台阶边坡就已发生不同程度的破坏，自然山坡山沟产生泥石流和基岩陡坡地段的崩塌，以及由于井下采矿采空区顶板跨落引发的地表塌陷	局部锚固，边坡结构参数调整和局部护坡，地下水疏干，靠帮控制爆破
马钢南山矿业公司凹山露天采场边坡	凹山采场是 1955 年开始开采的，采场最高标高 140m，境界封闭圈标高+45m，露天底标高-201m，最大垂直开采深度 341m。采场上部为山坡露天矿，下部为凹陷露天矿。南帮为固定帮，最终边坡角为 34°～36°，台阶坡面角 60°，北帮为工作帮，最终边坡角为 37°～38°，台阶坡面角 55°	西北帮边坡岩性主要为散体结构的凝灰岩和散体结构的黄铁矿体，岩石风化，蚀变剧烈，黄铁矿体较松散，黏聚力很小。由高岭土化、泥化蚀变的凝灰岩和黄铁矿体构成的边坡，岩体呈散体结构，岩体强度很低，边坡稳定性差，多次出现过坡垮塌、崩落现象	削坡，护坡，锚固，边坡疏排水，位移监测
马钢姑山矿业公司露天采场边坡	从 1954 年由马钢公司进行开采至今生产能力达 110 万～130 万吨/年。姑山铁矿尚有地质储量 8900 万吨，计划由露天转井下开采，现正在准备实施。姑山露天采场东西长 1100m，南北宽约 1000m，基本呈圆形。地表标高+9m，设计露天底部标高-133m。现在露天开采已延深到-118m	第四系砂卵石层中孔隙水承压特性以及基岩风化蚀变岩的弱透水性，使得整体边坡地下水平居高不下，疏干效果不佳，大大降低了边坡稳定性，基岩岩性多为高岭土化辉长闪长岩、凝灰岩、安山岩，岩体风化强烈，影响深，遇水易解体，岩体强度普遍不高	边坡加固，边坡维护，青山河堤采场段的边坡防洪加固，地下水和位移监测

露天矿名称	基本信息概况	边坡存在问题	边坡加固治理方案
云浮硫铁矿露天采场边坡	矿区山势呈北北西走向，地形西高东低。该矿设计边坡角42°，最高达50°左右，采场设计深度500余米，如果把自然山坡计算在内，采场边坡深度达800余米，边坡境界南北长2km，东西宽0.8km。 云浮硫铁矿在区域构造上处于粤桂隆起带和桂湘赣粤褶皱带毗邻区，边坡地层主要为一套经过变质的类复理式岩层，统称为前泥盆系，岩性极为复杂。矿区属变质岩区，不利于边坡稳定，已多次发生浅层滑坡	风化层和坡积层边坡不稳定，F3断层上盘，由于地下水位偏高而不稳定，由F4断层组成的边坡坡面可能产生表面塌落和局部滑坡，自然山坡由于开挖边坡，破坏其坡脚而失稳	削坡，预应力锚索加固，喷锚网支护，地下水疏干，地下水、位移监测
本溪钢铁公司南芬铁矿露天采场边坡	南芬铁矿区位于北温带系风气候区，矿区为变质岩系，地层构成为侵蚀构造中高山地貌，山尖坡陡，主要山脉走向东西，最高标高为+963m，最低标高为+296m，比高667m。矿区内有两条自东向西的河流，矿区水文地质条件比较简单，主要含水层为第四系孔隙潜水和基岩裂隙水	南芬露天铁矿下盘边坡岩层为顺坡向层状结构，并发育一组波状起伏形态的顺层节理，在边坡剥离过程中，顺层结构面总体倾角小于台阶边坡角时，往往就会顺此结构面产生滑动破坏	370m设置预留平台，地下水疏干，清坡，加固工程（锚索+抗滑桩）。目前下盘边坡正在进行治理
金堆城钼业公司露天采场边坡	金堆城钼矿床处于秦岭地轴北缘的凹陷带，构造及岩浆活动比较剧烈。矿区出露地层主要为下震旦火山系，其次为中震旦石英系，侵入岩以酸辣性岩为主，基性岩类次之。矿区主要构造延伸方向与区域构造延伸方向（近东西向）相一致。区内构造已高角度的正断层为主，褶皱构造次之，其次为斜交东西构造线方向的平推剪切断裂，矿区节理裂隙发育	由于边坡岩石破碎，已开采的露天采场北帮发生大范围变形破坏，变形沿走向长度大于1200m，贯穿整个北帮，台阶自1152~1270m均有不同程度的严重滑塌破坏，北部边坡面沟壑遍布，面目全非，局部地段自1260~1152m形成无台阶坡面	削坡，台阶排水沟，截水帷幕，锚固，水平排水孔，裂隙封闭，地下水、裂隙、位移监测。目前北帮边坡正在进行治理
首钢水厂铁矿露天采场边坡	整个露天采场长为3600m，宽为400~1680m，分为两个采场，分别为南采场和北采场，两个采场在+34m以上连通，向下延伸基本是两个独立的采场。 根据扩采"设计"，北采场设计要素为：采场边坡最高标高310m，最低开采标高−350m，采场封闭圈标高80m，总体边坡角为41°~46°，台阶坡面角：岩质边坡75°（终了时65°），虚方土坡面角38°。采场尺寸：上部（长×宽）2900m×（800~1200）m，底部（长×宽）180m×60m	北采场+92~+104m水平为第四系的洪积物和坡积物，稳定性极差；边坡多数岩体属于层状结构，岩体的变形和破坏一般受层面、层间错动带和软弱夹层的控制	削坡，清坡，预应力锚索加固，喷锚网支护，钢轨抗滑桩设计，纵横连续梁，边坡疏排水，GPS位移监测系统。目前北采场下盘边坡正在进行治理
马钢南山矿业公司东山露天采场边坡	东山铁矿是南山矿业公司下属的一个露天矿，位于安徽省马鞍山市东南14km，向山镇西南2km处。目前矿山正常年生产能力为30万吨。东山采场设计露天底标高−107m，采场上口尺寸745m×520m，采场下口尺寸410m×125m，台阶设计高度12m，最终帮坡角34°31′~40°90′	风化及严重风化和蚀变的安山岩，闪长岩，在采场边坡中不均匀分布，且采场边坡岩体节理裂隙十分发育，降低了边坡岩体的强度和整体稳定性	临近边坡爆破药量控制，局部边坡支护，专门水文地质工作

10.4.2 类似滑坡的获取

针对大孤山西北帮结构面控制的楔体滑坡类型，应用智能方法对同类型边坡岩体进行破坏模式识别。依据每项特征因素的特点，分别罗列出该特征因素的可能情况并进行分类，并对该特征因素的不同情况按照实际情况进行打分，称之为特征值，则对于每个滑坡案例 i，可形成特征值向量 $\boldsymbol{F}_i$，目标滑坡的特征值向量为 $\boldsymbol{G}$。由于每项特征因素对边坡稳定的作用和重要性不同，需要确定该因素的权重，以形成权重向量 $\boldsymbol{\mu}$。通常的做法是采用两两比较法计算各特征因素的权重，如图 10-15 所示，首先将力学机制、边坡结构与工程地质 3 个一级因素进行两两比较确定权重系数，然后将每个一级因素内部的二级因素进行两两比对确定其权重系数；最终确定大孤山西北帮楔体滑坡的权重系数向量为 $\boldsymbol{\mu}=$ [21.8%，14.0%，10.9%，10.0%，10.0%，10.0%，7.8%，5.4%，10.1%]。

滑坡 100%	力学机理	边坡结构	工程地质	权重
力学机理		6	8	14/30×100% =46.7%
边坡结构	4		5	9/30×100% =30.0%
工程地质	2	5		7/30×100% =23.3%

滑坡 100%

力学机制 46.7%	滑坡模式	滑面倾角	滑面表面等级	权重
滑坡模式		7	7	14/30×46.7% =21.8%
滑面倾角	3		4	7/30×46.7% =10.9%
滑面表面等级	3	6		9/30×46.7% =14.0%

力学机制 46.7%

边坡结构 30.0%	主要结构面与坡面夹角	岩体强度指标	边坡角	权重
主要结构面与坡面夹角		5	5	10/30×30.0% =10.0%
岩体强度指标	5		5	10/30×30.0% =10.0%
边坡角	5	5		10/30×30.0% =10.0%

边坡结构 30.0%

工程地质 23.3%	松动裂隙带厚度	地下水位	降雨	权重
松动裂隙带厚度		6	4	10/30×23.3% =7.8%
地下水位	4		3	7/30×23.3% =5.4%
降雨	6	7		13/30×23.3% =10.1%

工程地质 23.3%

图 10-15 两两比较法特征因素权重系数的确定

滑坡实例相似度计算过程按照以下流程。

（1）获取滑坡案例库中每一案例的特征值向量 $\boldsymbol{F}_i=[F_{i1}，F_{i2}，\cdots，F_{i9}]$。

（2）获取目标滑坡的特征值向量 $\boldsymbol{G}=[G_1，G_2，\cdots，G_9]$，并确定其权重系数向量 $\boldsymbol{\mu}=[\mu_1，\mu_2，\cdots，\mu_9]$。

（3）将目标滑坡的特征值向量 $\boldsymbol{G}$ 与每一案例的特征值向量 $\boldsymbol{F}_i$ 进行匹配，定义目标滑坡特征值向量与滑坡案例 i 特征值向量的匹配向量 $\boldsymbol{D}_i$：

$$\boldsymbol{D}_i=\frac{\min(G_j，F_{i,j})}{\max(G_j，F_{i,j})} \tag{10-3}$$

式中，$i=1，2，\cdots，k$，k 为滑坡案例库中案例数目；$j=1，2，\cdots，9$。

（4）计算目标滑坡的特征值向量 $\boldsymbol{G}$ 与每个滑坡案例的特征值向量 $\boldsymbol{F}_i$ 的相似度 S_i：

$$S_i=\boldsymbol{\mu}\cdot\boldsymbol{D}_i \tag{10-4}$$

（5）设置相似度阈值 $S_t=60\%$ 寻找类似滑坡案例。

针对大孤山西北帮结构面控制的楔体滑坡类型，通过搜索滑坡案例库，如表 10-7 所示，匹配安家岭煤矿[10]、大冶铁矿[11]、抚顺西露天煤矿[12]和国外某铜矿[13]等高相似度滑坡案例，其变形监测数据如图 10-16 所示。结合大孤山的变形监测结果，确定大孤山西北帮边坡预警阈值为位移速度 4mm/d。

表 10-7 类似矿山案例库中匹配得到的楔体滑坡

滑坡案例		滑坡模式	滑面角/(°)	滑面表面等级	主要结构面与坡面夹角/(°)	岩体质量等级	边坡角/(°)	卸荷松动圈深度/m	地下水位/m	降雨量/mm	相似度
大孤山铁矿	特征值	楔体滑坡	42	12	23	45	47	24	8.2	0	—
	打分	6	4	6	2	5	4	4	2	1	
安家岭煤矿	特征值	楔体滑坡	28	8	27	32	34	43	10.5	0	86.81%
	打分	6	3	4	2	4	3	5	2	1	
大冶铁矿	特征值	楔体滑坡	40	12	34	48	45	26	12.8	183.2	85.12%
	打分	6	4	6	4	4	4	4	2	5	
抚顺西露天煤矿	特征值	楔体滑坡	29	8	5	32	34	48	7.3	2.3	75.27%
	打分	6	2	4	1	3	3	6	2	1	
国外某铜矿	特征值	顺层滑移	15	8	38	—	21	24	—	170.0	60.05%
	打分	3	2	4	3	4	2	4	2	5	

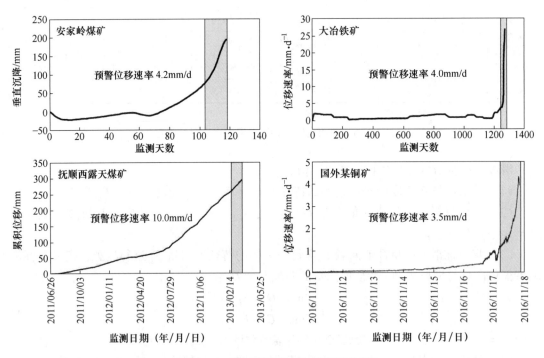

图 10-16 类似滑坡案例变形监测数据

10.4.3 预警指标体系的建立

综合上述结果，建立得到集监测时间序列曲线、力学机理分析、案例推理于一体的边坡稳定性预警体系如图 10-17 所示。将滑坡预警划分为蓝色、黄色、橙色和红色 4 个等级，分别给出对应的变形速率、变形曲线切线角、边坡安全性系数、裂纹扩展情况与微震活动性特征[14-16]。

　　对于大孤山铁矿西北边帮楔体滑坡，当边坡变形速度大于 4mm/d，变形曲线切线角大于 65°，安全性系数小于 1.00，裂缝逐渐扩展切割形成滑体时，微震事件聚积成簇在滑体附近，认为边坡进行加速变形阶段，发布黄色预警。当边坡变形速度大于 10mm/d，变形曲线切线角大于 80°，安全性系数小于 0.95，滑坡体上缘裂缝两侧错动急剧增大时，即可认为边坡滑坡进行不可逆的阶段，发布红色预警，封闭附近 150m 附近的区域，严禁人员与设备的进入。事后分析表明，红色预警于最终滑坡提前 5 天的 2018 年 5 月 22 日发布，确保了生命财产的安全。

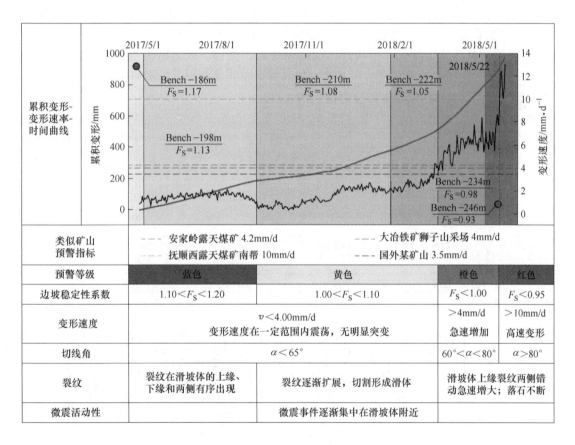

图 10-17　基于变形时间序列曲线和安全系数的边坡滑坡预警指标阈值确定

（扫描书前二维码看彩图）

10.5　滑坡预测预警及可视化平台

　　云计算技术已在矿业中逐步开始应用，但应用目的多为生产调度与管理，具体应用矿山也多为采矿自动化程度较高的煤矿，在金属矿山中的应用还较少，尤其是还没有以岩石力学为基础，结合云计算技术建立起一个集工程地质条件、理论计算、实际监测、滑坡预警、虚拟可视化为一体的矿山岩体破坏失稳监测预警云平台。本书结合大孤山铁矿设计并搭建了一种矿山岩体破坏失稳监测预警云平台。首先，利用倾斜摄影测量技术、地质钻孔数据及虚拟可视化技术，分别从地质及力学分析角度建立矿山三维可视化模型；然后，利用物联网和无线通信技术实现矿山岩体监测数据远距离传输、存储，图表实时查看及历史监测数据的回溯；最后，通过集成前文中基于监测时间序列曲线、力学机理分析、案例推理的边坡稳定性预警指标体系对岩体破坏失稳进行预警[17,18]。

10.5.1 云平台的架构

矿山岩体破坏失稳预警云平台搭载于阿里云服务器上，即利用阿里云提供的基础设施建立云平台的3层架构，包括数据层、服务层和应用层，具体架构如图10-18所示。其中，数据层用于采集、传输及存储矿山地质数据（包括矿山开采现状、岩层分布、矿体分布等），岩体测试及监测数据（包括岩体结构面分布、位移、微震监测数据），岩体力学参数空间分布（包括弹性模量及抗压强度）等岩石力学相关数据。数据传输基于物联网和无线通信技术，以 HTTP 超文本传输协议、Rsync+Inotify 组合的方式进行。数据存储至云端提供的 MySQL 关系型数据库。服务层提供数据服务和功能服务，包括数据查询、数据分析及统计、图表生成、三维模型显示及交互控制、矿山地质测量、岩体破坏失稳预警等功能，并行支持上层 Web 端和移动端应用软件的服务调用。应用层通过服务层提供的数据服务、功能服务，实现矿山理论与实测数据、三维模型显示与测量、数据分析与预警信息查看。

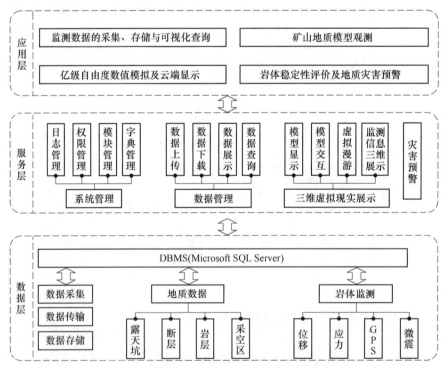

图 10-18 矿山岩体破坏失稳监测预警云平台架构设计

10.5.2 矿山地质力学观测模块

10.5.2.1 三维地质模型

利用倾斜摄影测量技术及 Smart3D 软件可实现坑表模型及影像的快速建立。倾斜摄影测量同时采用多个高分辨率镜头进行多角度摄像，将无人机飞行高度控制在距边坡 100m 范围内，单位像素分辨率可达毫米级。为保证坑表模型及影像的精度趋于一致，依据深凹露天坑的形状，无人机的航线规划为倒锥形。本研究将影像可接受精度设为 3.3mm，即单像素边长最大值为 3.3mm。大孤山铁矿坑表面积约 3km^2，整个露天矿需要 $3×10^6$ 万个像素，采用 30%重叠率，实际约 $4×10^{11}$ 个像素，由此可见，实现对大型露天矿山岩体结构的精细化描述需要巨大的数据量。本研究构建的矿坑模型如图 10-19 所示。

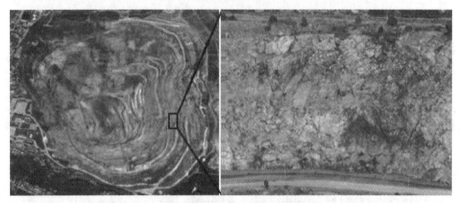

图 10-19　坑表模型远景（轻量化处理后）及近景

对于坑表以下的地质层位，以钻孔数据为依据利用 3Dmine 软件进行地质建模。该方法为：首先将地质钻孔按其空间坐标插入对应的模型空间中，将位于同一勘探线上同一岩层的分界线、地质断层线相连，形成各岩层、地质断层的剖面线；然后，将各个勘探线上同一岩层、地质断层的剖面线放样为实体[19]；最后，利用已经获得的矿坑表面和实体进行布尔运算切割并保留坑表以下部分实体，即可得到包含矿山开采现状的三维地质模型（见图 10-20）。

矿山地质模型建成后，使用 SuperMap 软件进行轻量化处理可实现模型的流畅观察。精细化的矿山地质模型不仅是云平台中矿山虚拟可视化功能、地质测量功能实现的前提，也为岩体力学参数确定及稳定性评价提供可靠的基础数据。

10.5.2.2 地质测量可视化

以精细化的矿山坑表模型为基础，对 SuperMap 软件进行二次开发，可实现较为精确的地质测量功能，包括距离测量、面积测量、高度测量、坡度测量。其中，距离测量不仅仅能够测量两点之间的空间距离，还能够测量多个点之间的距离（即连续测量）；面积测量指的是计算所选取的闭合多边形的面积；高度测量不仅能够获取空间两点之间的高差，还能够获取测量点之间的水平距离和空间距离；坡度测量是将所圈定范围内的不同坡度值

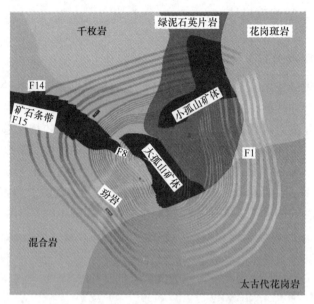

图 10-20　大孤山露天矿坑地质层位模型

用渐变色表示，有助于精确定位边坡角度过高（滑坡风险增加）或过缓（剥岩成本增加）的区域。功能效果如图 10-21 所示。

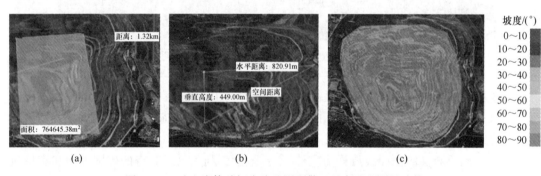

图 10-21　矿山岩体破坏失稳监测预警云平台矿山测量功能
(a) 距离、面积测量；(b) 高度测量；(c) 坡度测量
（扫描书前二维码看彩图）

10.5.2.3　岩体力学参数三维可视化

基于大范围精细化的岩体表面模型及影像，可实现全坑岩体结构面的人工识别、描绘与测量，进而统计不同区域岩体结构面的分布特征与体积节理密度，并结合 Hoek-Brown 准则估计节理化岩体的力学参数。据此建立以空间坐标为主键的岩体力学参数数据库，作为数值模拟的基本输入参数及岩体力学参数三维可视化的基础数据[20-25]。本研究基于岩体力学参数数据库，利用 SuperMap 中的体元栅格将矿山岩体力学参数的空间分布在云平台中表达出来，实现了岩体力学参数三维可视化（见图 10-22）。

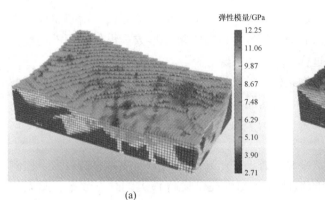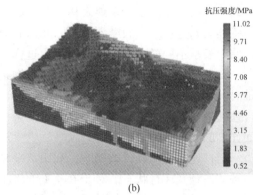

图 10-22 岩体力学参数的三维可视化

(a) 弹性模量；(b) 抗压强度

（扫描书前二维码看彩图）

10.5.3 监测数据可视化查询模块

10.5.3.1 监测数据采集、传输与存储

为掌握开采扰动作用下露天边坡的破坏及变形情况，分别在大孤山铁矿安装了固定式测斜仪、自动测量机器人、GPS 地表沉降监测仪以及微震监测仪，建立了坡表位移、边坡深部位移以及边坡破裂的多维度协同监测系统。由于矿山位置偏远、环境复杂、监测设备及监测数据类型多样等特点，为实现矿山多源监测信息在统一平台下的可视化查询，有必要对高效、稳定的矿山多源监测数据实时远程传输与存储方法进行研究。

固定式测斜仪、自动测量机器人及 GPS 地表沉降监测仪的监测数据需首先通过数据传输单元（DTU，Data Transfer Unit）无线传输至监测设备提供方进行接收，而后通过监测设备提供方提供的数据接口进行获取。数据接口为 HTTP 超文本传输协议，返回 json 格式数据。本研究采用 GET 方式进行获取，将数据进行转化解析存入布置于阿里云上的 MySQL 数据库作为原始数据，同时基于箱型图原理确定异常阈值对获得的数据进行判断处理，若为正常值方可写入用于查询和计算的数据库。在获取过程中配有异常提示功能，以便负责人员及时处理。

微震监测仪产生的数据以文件格式实时存入现场布置的服务器。鉴于该服务器为 Ubuntu 系统且仅拥有私有 IP 地址，外网无法通过 IP 地址对其进行访问。本研究选用 Rsync+Inotify 组合并以"推"的方式将微震数据文件实时同步至云端服务器。Rsync 负责增量备份现场服务器与云端服务器间的微震文件数据，Inotify 负责监控现场服务器微震数据文件的写入、创建等工作，从而触发 Rsync 运行以达到实时同步的目的。本地计算机通过"拉"的方式从公网云服务器获得微震文件数据。

10.5.3.2 数据可视化查询

对于固定式测斜仪、自动测量机器人及 GPS 地表沉降监测仪，由于测量对象为测点位置处对应的位移等物理量，因此以时间为横轴、以位移等物理量为纵轴，用不用颜色区分不同测点的二维曲线清楚地表达出监测数据的变化过程。对于微震监测仪，由于需要多个传感器共同定位一个微震事件，因此以时间为横轴、以微震事件参数为纵轴，用不同颜色的曲线表示不同微震事件参数的变化过程。

该云平台提供了以设备及测点为查询条件的监测数据实时显示二维曲线面板，面板横轴时长固定并采用动态加载方式以 10s 为时间间隔动态加载实时监测数据信息。此外，平台还提供了按时段、设备及测点为查询条件的历史监测数据回溯二维曲线面板，为用户返回详细的历史监测数据。

通过建立监测设备数据库，利用该平台可查询矿山开采生命周期中所有岩石力学监测设备的信息及运行状态。对于在运行的监测设备，可提供设备种类、测点数量、测点位置、监测对象、起始运行时间、运行状态、有效预警次数的查询，其中运行状态是根据实时监测数据是否中断来判断，有效预警次数是根据矿山岩体是否出现破坏来判断。对于曾经运行的监测设备，可提供设备种类、测点数量、测点位置、监测对象、起始运行时间、终止运行时间、有效预警次数的查询[26-28]。

10.5.4 岩体破坏失稳监测预警模块

10.5.4.1 警情判断

首先，通过在云平台[29,30]中集成前文建立的基于监测时间序列曲线、力学机理分析、案例推理的边坡稳定性预警指标体系对应的阈值；然后，通过开发的警情判断程序将监测数据、理论计算结果与建立的预警阈值进行实时比对，实时判断边坡所处的状态及预警等级。

10.5.4.2 预警信息发布

一旦边坡预警等级达到红色等级，云平台就会通过微信公众号、短信的形式将该预警数据包含的预警测点、传感器、预警等级、发生时间等关键信息推送给有关用户，达到提前告知、及早预防的目的。

10.5.5 云平台的实现

依据云平台的设计架构，整合矿山地质力学观测模块、监测数据的可视化查询模块以及岩体破坏失稳的预警模块，基于 Java8 中全新开源的轻量级框架 Spring Boot 搭建矿山岩体破坏失稳预警云平台。云平台的前端基于 FreeMarke 模板引擎通过使用 FTL 标签使用指令来生成复杂的 HTML 页面，并配合 HTML5、JavaScript、JQuery、CSS3、Layui 等开发语言和 JavaScript 框架、UI 模块进行开发。通过 JQuery 实现数据与服务器通信、数据的动态刷新和交互，在数据图形展示上采用 Baidu 开源组件 Echarts。后端采用基于 JavaEE 规范的 Spring Framework 框架，系统安全认证采用开源的 kisso 组件[31-33]。

如图 10-23 所示，云平台主界面为左、中、右式布局。主界面左侧由上至下依次为项目列表、周预警统计表、月预警统计表、在用设备统计表以及停用设备统计表共 5 个面板，其中周预警统计表、月预警统计表中的预警信息源于岩体破坏失稳预警模块中对监测数据的实时动态分析结果。主界面中部由上至下依次为时间窗及矿山地质力学观测窗，其

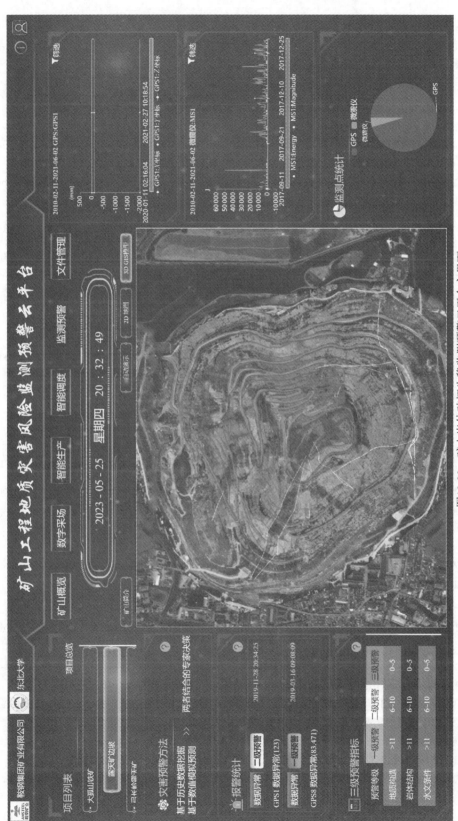

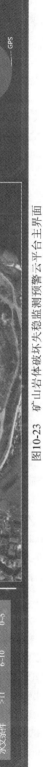

图10-23 矿山岩体破坏失稳监测预警云平台主界面

中矿山地质力学观测窗基于 SuperMap 软件开发并进行网络发布，具备地质模型、地质测量及岩体力学参数的可视化功能[34]。主界面右侧由 3 个监测数据可视化查询面板组成，具备监测数据动态可视化查询的功能。

参 考 文 献

[1] 杨天鸿，王赫，董鑫，等. 露天矿边坡稳定性智能评价研究现状、存在问题及对策 [J]. 煤炭学报，2020，45（6）：1-18.

[2] 蔡美峰. 岩石力学与工程 [M]. 北京：科学出版社，2002.

[3] SONMEZ H, ULUSAY R. Modifications to the geological strength index（GSI）and their applicability to stability of slopes [J]. International Journal of Rock Mechanics & Mining Sciences, 1999, 36（6）：743-760.

[4] ROERING J J, STIMELY L L, MACKEY B H, et al. Using DInSAR, airborne LiDAR, and archival air photos to quantify landsliding and sediment transport [J]. Geophysical Research Letters, 2009, 36（19）：L19402.

[5] BARONI, BEČKOVSKÝ D, MÍČA L. Application of infrared thermography for mapping open fractures in deep-seated rockslides and unstable cliffs [J]. Landslides, 2014, 11（1）：15-27.

[6] 王青，史维祥. 采矿学 [M]. 北京：冶金工业出版社，2001.

[7] 许强，曾裕平，钱江澎，等. 一种改进的切线角及对应的滑坡预警判据 [J]. 地质通报，2009，28（4）：501-505.

[8] LIU F, YANG T, ZHOU J, et al. Spatial Variability and Time Decay of Rock Mass Mechanical Parameters：A Landslide Study in the Dagushan Open-Pit Mine [J]. Rock Mechanics and Rock Engineering, 2020, 53：3031-3053.

[9] WYLLIE D C, MAH C W, HOEK E, et al. Rock slope engineering：Civil and mining [M]. London：Spon Press, 2004.

[10] CHEN S K, YANG T H, ZHANG H X. The slope stability under underground mining of Anjialing open-pit mine in Pingshuo [J]. Journal of China Coal Society, 2008, 33（2）：148-152.

[11] 李聪，朱杰兵，汪斌，等. 滑坡不同变形阶段演化规律与变形速率预警判据研究 [J]. 岩石力学与工程学报，2016，35（7）：1407-1414.

[12] LI Z, WANG J A, LI L, et al. A case study integrating numerical simulation and GB-InSAR monitoring to analyze flexural toppling of an anti-dip slope in Fushun open pit [J]. Engineering geology, 2015, 197：20-32.

[13] CARLA T, FARINA P, INTRIERI E, et al. Integration of ground-based radar and satellite InSAR data for the analysis of an unexpected slope failure in an open-pit mine [J]. Engineering Geology, 2018, 235：39-52.

[14] 章林. 我国金属矿山露天采矿技术进展及发展趋势 [J]. 金属矿山，2016（7）：20-25.

[15] 江飞飞，周辉，刘畅，等. 地下金属矿山岩爆研究进展及预测与防治 [J]. 岩石力学与工程学报，2019，38（5）：956-972.

[16] 刘强，高明忠，王满，等. 千米深井采动工作面矿压显现规律及覆岩位移特征研究 [J]. 岩石力学与工程学报，2019（A01）：3070-3079.

[17] LIAB T, CAI M F, CAI M. A review of mining-induced seismicity in China - ScienceDirect [J]. International Journal of Rock Mechanics Mining Sciences, 2007, 44（8）：1149-1171.

[18] 陈宇龙，内村太郎. 基于弹性波波速的降雨型滑坡预警系统 [J]. 岩土力学，2019，40（9）：

3373-3386.

[19] 王卫东，朱万成，张鹏海，等. 基于微震参数的岩体稳定性评价方法及其在 Spark 平台的实现 [J]. 金属矿山，2019 (8)：147-156.

[20] 姚建铨，丁恩杰，张申，等. 感知矿山物联网愿景与发展趋势 [J]. 工矿自动化，2016，42 (9)：1-5.

[21] 宋志伟，戴玉刚，杨柳新，等. 物联网在矿区的应用 [J]. 信息化建设，2015 (5)：36-38.

[22] 马小平，胡延军，缪燕子. 物联网、大数据及云计算技术在煤矿安全生产中的应用研究 [J]. 工矿自动化，2014，40 (4)：5-9.

[23] 王海军，武先利. "互联网+" 时代煤矿大数据应用分析 [J]. 煤炭科学技术，2016，44 (2)：139-143.

[24] 李树刚，马莉，杨守国. 互联网+煤矿安全信息化关键技术及应用构架 [J]. 煤炭科学技术，2016，44 (7)：34-40.

[25] 李文峰，冯永明，唐善成. 互联网+矿山应急救援技术研究 [J]. 煤炭科学技术，2016，44 (7)：59-63.

[26] 杨娟，郭江涛. 基于云计算模式的矿压分析平台设计 [J]. 中州煤炭，2016 (7)：75-77.

[27] 朱栋梁. 虚拟云平台在东曲矿无人值守建设中的应用 [J]. 山西焦煤科技，2015，39 (A01)：117-119.

[28] 刘坤，李国娟，侯双双. Wonderware 系统软件在矿综合自动化系统中的设计和实现 [J]. 电子技术与软件工程，2016 (22)：62-63.

[29] 范晓明，任凤玉，肖冬，等. 大孤山铁矿露天转地下过渡期开采境界细部优化 [J]. 金属矿山，2018 (8)：19-22.

[30] 贾曙光，金爱兵，赵怡晴. 无人机摄影测量在高陡边坡地质调查中的应用 [J]. 岩土力学，2018，39 (3)：1130-1136.

[31] 黄青青，杨天鸿，于庆磊，等. 基于 Unity 3D 平台的露天铁矿三维可视化及云端数据传输研究 [J]. 金属矿山，2019，514 (4)：144-147.

[32] 宋磊. 边坡变形预测与位移速率预警阈值方法研究 [D]. 成都：西南交通大学，2015.

[33] 许磊. 锦州市山洪灾害风险评价 [J]. 水利技术监督，2019，5：250-254.

[34] 洪志国，李焱，范植华，等. 层次分析法中高阶平均随机一致性指标 (RI) 的计算 [J]. 计算机工程与应用，2002，38 (12)：45-47.

11 小纪汗煤矿开采覆岩破断过程动态监测及预警指标体系研究

11.1 小纪汗煤矿及 11203 工作面概况

11.1.1 小纪汗煤矿概况

小纪汗煤矿为国家规划的"陕北侏罗纪煤田榆横矿区"（北区）第一个千万吨级现代化矿井，地处榆林市城西 12km 的小纪汗乡，位于陕西省榆林城市西北方向，行政区划隶属榆林市榆阳区小纪汗乡、芹河乡、岔河则乡、巴拉素镇。神（木）-延（安）铁路、210国道及榆（林）-神（木）-府（谷）二级公路从井田东侧通过，包（头）-茂（名）沙漠高速公路横穿井田东南部，榆（林）-乌（审旗）公路从井田中部通过，各大村镇之间均有简易公路连通，对外交通和内部运输条件均较便利。

小纪汗煤矿地质储量 31.7 亿吨，可采储量 18.9 亿吨。共有 9 层可采煤层，其中 2、4-2号煤层为主采煤层。井田地质构造简单，煤层倾角小于 1°，属水平煤层，低瓦斯矿井。矿井采用斜井开拓，盘区条带式开采，设计生产能力 10Mt/a[1]。该项目是落实国家"推进大型煤炭基地建设，调整煤炭产业结构，促进煤电一体化和地方经济建设"政策的具体举措，是陕北能源化工基地建设的重要组成部分。煤矿项目是陕西华电榆横煤电有限责任公司煤电一体化的配套项目。项目包括年产 1000 万吨的矿井、洗煤厂、污水处理厂和铁路专用线，总投资约 73 亿元，建设工期 31 个月。矿井设计生产能力 1000 万吨/年，服务年限 120 年。

矿井工业场地布置在井田中部。井田开拓方式为斜井开拓，工业场地集中布置在主斜井、副斜井；在主井场地以北 1.5km 处的风井场地内布置中央进、回风立井。全井田共划分 3 个开采水平。首采 2 号煤层平均厚度 3.43m，设计采用走向长壁综合机械化一次采全高采煤法，全部垮落法管理工作面顶板。矿井移交投产时，在 11 盘区首采 2 号煤层内装备一个厚煤层综采一次采全高综采工作面和一个中厚煤层综采一次采全高工作面，以两个综采工作面达到矿井 10.0Mt/a 生产能力。同时配备三个连续采煤机掘进工作面和一个综掘工作面，保证矿井正常接续。井下煤炭运输采用带式输送机连续运输。其运输系统为：回采工作面出煤→工作面运输巷→带式输送机大巷→主斜井→地面。井下辅助运输采用无轨胶轮车连续运输系统。同时为满足配套电厂用煤，在矿井工业场地建设与矿井生产能力相配套的选煤厂。

井田地处国家规划的"陕北侏罗纪煤田榆横矿区"（北区）的东北部，其北以榆横矿区北界为界，南与西红墩井田及红石峡井田相邻，西与可可盖勘查区相接，东以榆溪河为界。地理坐标为：东经 109°25′25.72″~109°41′35.47″，北纬 38°22′17.99″~38°30′06.15″。

井田东西长 13.05~23.43km，南北宽 7.88~14.33km，面积约 251.75km²，表 11-1 为井田拐点坐标。

表 11-1 小纪汗井田拐点坐标

拐点编号	X	Y	北 纬	东 经
A	4264346	19362500	38°30′03.06″	109°25′25.72″
B	4264138	19381530	38°30′06.15″	109°38′30.94″
C	4261432	19382451	38°28′38.86″	109°39′10.58″
D	4260686	19382858	38°28′14.87″	109°39′27.81″
E	4259454	19382990	38°27′34.99″	109°39′33.99″
F	4256919	19385573	38°26′14.00″	109°41′21.99″
G	4255862	19385885	38°25′39.88″	109°41′35.47″
H	4256109	19381016	38°25′45.60″	109°38′14.64″
I	4255668	19381019	38°25′31.30″	109°38′15.03″
J	4255688	19375598	38°25′29.29″	109°34′31.60″
K	4250000	19375559	38°22′24.87″	109°34′33.61″
L	4250000	19362500	38°22′17.99″	109°25′35.82″

11.1.2　11203 工作面概况

11203 综采工作面是小纪汗煤矿的首采面，位于 2⁻² 煤 11 盘区。11203 工作面煤层底板标高为 826~890m，地面标高为 1208~1225m。工作面回撤前推进长度 2651.2m、工作面长 240m。11203 工作面煤层倾角 0~1°，平均倾角 0.7°；煤层厚度 1.6~2.95m，平均厚度 2.67m。直接顶为灰白色中厚层状中粒砂岩及薄层状粉砂岩，含白云母碎片及暗色矿物，分选性较差，次棱角状，硬度中等。老顶下部位为灰绿色中粒砂岩，上部为灰绿色薄层状粉砂岩，夹有 2.7m 厚的灰白色厚层状粗粒砂岩，缓坡状层理。直接底为灰白色薄层状细粒砂岩，夹多层粉砂岩薄层，硬度中等，老底为灰白色巨厚层状中粒砂岩，次圆状，硬度中等。煤层顶底板情况见表 11-2。回采区地形总体较为平坦，相对高差小于 20m。区内大面积被风积沙覆盖，松散层厚度 12.1~50.62m，大部分地段厚度为 25m 左右，相对稳定；基岩厚度 290~321m；煤层底板高程在 860~895m；煤层稳定，无大的起伏，倾向 NWW。

表 11-2　煤层顶底板特征表

顶、底板	岩石名称	厚度/m	岩 性 特 征
老顶	细砂岩	7.51	灰色，泥质胶结，波状、块状层理
直接顶	粉砂岩	3.49	灰色，中厚层，泥质胶结，水平层理
伪顶	泥岩	0.5	灰色，遇水易泥化
直接底	炭质泥岩	4.39	灰色，泥质胶结，遇水易软化

11203 工作面两顺槽沿煤层倾向布置，工作面沿煤层走向布置，11203 工作面布置了一条胶运顺槽，一条辅运顺槽，一条回风顺槽，切眼距离主回撤通道 2651.2m，如图 11-1

所示。切眼宽 7.5m、高 3.1m，巷道详细参数见表 11-3。

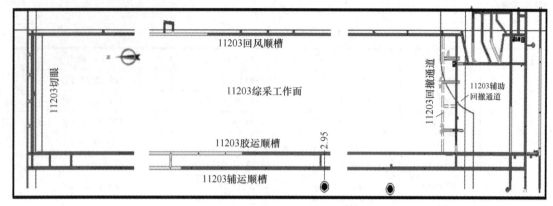

图 11-1 11203 工作面布置图

表 11-3 11203 工作面巷道情况列表

巷道名称	巷道尺寸 （长×宽×高）/m×m×m	顶板支护形式	用　途
11203 工作面切眼	250.7×7.5×3.1	锚杆+锚索+钢筋网	工作面设备安装
11203 工作面胶运顺槽	2651.2×5.4×2.8	锚杆+锚索+钢筋网	煤炭运输、进风
11203 工作面回风顺槽	2651.2×5.3×2.8	锚杆+锚索+钢筋网	回风、行人
11203 工作面辅运顺槽	2651.2×5.3×2.8	锚杆+锚索+钢筋网	回风、行人、供料

11203 综采工作面采用倾斜长壁后退式全部垮落综合机械化采煤方法。采空区采用全部垮落法处理方式。实行"三八"制的作业形式，即两个生产班和一个检修班，即早班保证割煤 2 刀，其余时间检修，中、夜班全班生产，每个生产班割煤 5 刀，采煤机的实际截深为 865mm，采高为 2.67m，推进速度可达到每天 10m。

根据文献表述，煤炭开采强度主要考核指标包括平面开采比、采高及工作面规格。平面开采比为开采区面积与规划区面积之比。根据目前实际，如果采煤工作面按照大规格工作面（工作面长度 200m 及以上、推进长度 2000m 以上）确定，则煤炭资源开采强度可划分为极高、高、中和低强度开采，见表 11-4。

表 11-4 煤炭资源开采强度划分指标

采高/m	平面开采比 ≥60%	平面开采比 60%~30%	平面开采比 30%~10%	平面开采比 ≤10%
4.50 及以上	极高	高	中	低
1.30~4.50	高	中	中	低
1.30 以下	中	低	低	低

11203 工作面长度 240m，推进长度 2651.2m，属于大规格工作面。小纪汗煤矿首采 2 号煤层，开采区面积为 179.27km²，规划区面积 251.75km²，平面开采比为 71.2%，11203 工作面采高 2.67m，根据表 11-4 的划分指标，小纪汗煤矿 11203 工作面属于高强度开采，

而且小纪汗煤矿位于西部榆横矿区，故选取其作为西部煤炭高强度开采的研究对象具有一定的代表意义。

11.2　高强度开采工作面微震活动时空演化规律及岩层破断预警指标研究

11.2.1　微震监测系统布置

针对高强度开采工作面的特点，从各方面综合比较分析选择实时性好、敏感性强的南非 IMS 微震监测系统作为监测手段。该系统的硬件主要分为 3 个部分，即传感器、数据采集器和数据通信部分（见图 11-2）。传感器将地面运动（地面速度或加速度）转换成一个可衡量的电子信号。数据采集器负责将来自传感器的模拟信号转换成数字格式。数据可以被连续记录采集，或采用触发模式，通过特殊算法来确定是否记录微震事件发生的数据。地震数据同时被传输到一个中央计算机或本地磁盘以待储存或处理。系统可以采用多种数据通信手段，以适应不同的系统环境需要。IMS 微震监测系统的连接及数据采集方式如图 11-3 所示。

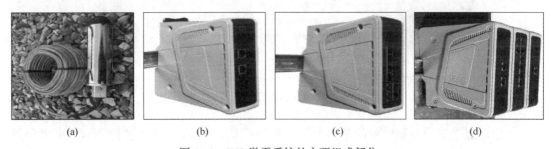

(a)　　　　　　　(b)　　　　　　　(c)　　　　　　　(d)

图 11-2　IMS 微震系统的主要组成部分

（a）智能型微震传感器；（b）NetADC；（c）NetSP；（d）微震处理仪

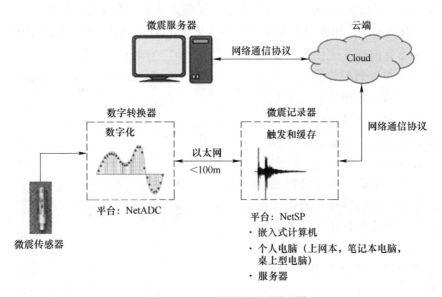

图 11-3　IMS 微震监测系统网络

小纪汗煤矿 11203 工作面微震监测系统（见图 11-4）可对工作面回采产生的微破裂事件实施 24h 连续监测，获取大量的微震波形数据，并对采集的数据进行滤波处理，可通过波形特征有效地识别岩体破裂事件，滤除生产爆破及机械震动等事件的干扰，同时能实现地震学参数的定量计算，为微震活动时空分布的定量分析提供条件。

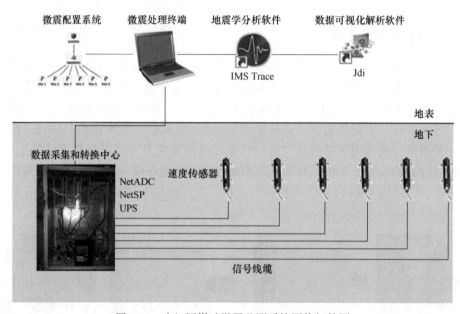

图 11-4 小纪汗煤矿微震监测系统网络拓扑图

小纪汗煤矿微震监测购置的是一个数据采集模块，8 通道，6 个传感器（5 个单分量传感器和 1 个三分量传感器）。鉴于微震监测系统通道数目和传感器数目的限制，将其布置在距工作面切眼较近的区域，保证能够记录到从工作面开始回采后的尽量多的数据。对于小纪汗煤矿而言，11203 工作面为其首采面，只有其一个工作面进行采矿作业，已有的巷道有限，有胶运顺槽、回风顺槽和辅运顺槽（见图 11-5），而由于空间上的限制和传感器通信线缆的布置问题，无法在胶运顺槽和回风顺槽中布置微震传感器，只能将传感器布置在辅运顺槽中。为了使传感器尽量不在一条直线和一个平面上，在施工传感器钻孔时，保证钻孔不在一个高程上，而且钻孔的倾角也不尽相同，尽最大努力以获取工作面微震监测的精度。最终，选取的传感器布置方案如图 11-5 所示，第 1 个传感器距工作面切眼 100m，6 个传感器的间距为 40m，其中第 4 个传感器为三分量传感器。传感器三维空间坐标详见表 11-5。

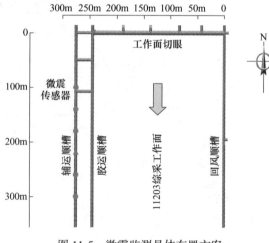

图 11-5 微震监测具体布置方案

表 11-5　传感器参数

传感器编号	坐　标		
	X 方向	Y 方向	Z 方向
ID-1	4261410.52	37368721.02	867.21
ID-2	4261370.24	37368721.20	866.63
ID-3	4261332.22	37368721.02	866.50
ID-4（三轴）	4261297.29	37368721.20	866.01
ID-5	4261264.83	37368721.02	865.94
ID-6	4261233.33	37368721.20	865.59

11.2.2　高强度开采条件下工作面微震活动分布规律

11.2.2.1　工作面推进过程微震活动与岩层运动空间演化规律

A　距工作面距离的微震事件分布

煤矿工作面由于煤体的采出，会打破原来岩体的应力平衡状态，造成应力重新分布。在工作面的位置，煤体采出的卸荷作用，出现应力释放，而上覆岩层中出现块体咬合的结构，导致工作面前方支承压力急剧增加，采空区后方则大幅度减小。回采工作面前后的支承压力状态一般可绘成图 11-6 的形式[7]。并且可将其分为应力降低区 b（减压区）、应力增高区 a（增压区）及应力不变区 c（稳压区）。在工作面前方支承压力的峰值到煤壁为极限平衡区，向煤体内则为弹性区。在这里面重点关注应力增高区的变化和特征，它对工作面的支护工作有重要的指导意义。

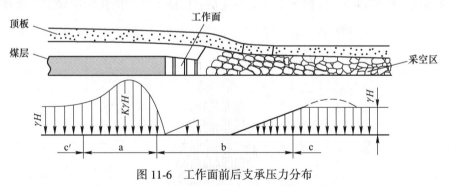

图 11-6　工作面前后支承压力分布

图 11-7 为微震事件距工作面距离的分布情况，图中负值表示工作面后方，正值表示工作面前方，由于开采引起的微震活动在工作面前方和后方均有分布，且分布范围较大，在工作面前方最大可达到约 400m，在工作面后方最大可达到 500m。距工作面越近，微震事件越多，在距工作面 0m 左右，微震事件数达到最大值，随着距工作面距离的增加而逐渐减少。在距工作面前方 100m 和后方 190m，微震事件数陡然增大，故重点关注工作面前方和后方各 200m 范围内区域的微震事件分布情况。

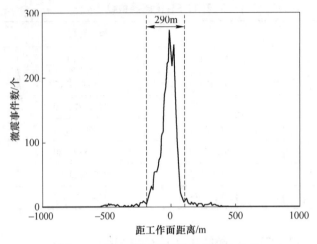

图 11-7 距工作面距离的微震事件分布

绘制工作面前方和后方各200m范围内区域的微震事件分布曲线，如图11-8所示，从图中可以看出，距工作面0m处为峰值，左右两侧逐渐降低且大致对称，总体上曲线呈钟型分布，符合正态分布的特征，其概率密度函数定义为：

$$f(x) = \frac{1}{\sqrt{2\pi}\,\sigma} e^{-\frac{(x-\mu)^2}{2\sigma^2}} \tag{11-1}$$

通过计算得到，期望值 μ 为 -10.86，标准差 σ 为 46.56。取（$\mu-\sigma$，$\mu+\sigma$）即（-57.42,35.70）为微震事件的主要活动范围，约为工作面后方60m、前方35m的区域，按照工作面每天推进10m计算，分别为工作面日进尺的6倍和3.5倍。微震事件的主要活动范围可以作为工作面超前支护的参考依据，即为工作面的应力增高区。对于工作面前方35m的范围内，应该利用单体液压支柱加强支护，保证工作面的正常回采工作顺利进行。

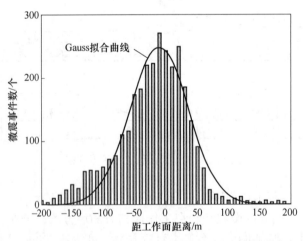

图 11-8 距工作面距离 200m 范围内的微震事件分布

B 距煤层距离的微震事件分布及"三带"划分

大量的观测表明，采用全部垮落法管理采空区情况下，根据采空区覆岩移动破坏程度，可以分为"三带"，即垮落带、裂缝带和弯曲带。破断后的岩块成不规则垮落，排列也不整齐，松散系数比较大的区域为垮落带。而岩层破断后，岩块仍然排列整齐的区域即为裂缝带。自裂缝带顶界到地表的所有岩层称为弯曲带[7]。回采工作面前后岩体形态如图 11-9 所示。其中，Ⅰ为垮落带，Ⅱ为裂缝带，Ⅲ为弯曲带，A 为煤壁支承区，B 为离层区，C 为重新压实区。通过"三带"的划分可以掌握岩层移动的基本规律。

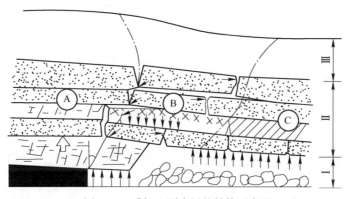

图 11-9　采场上覆岩层的结构示意图

工作面沿走向方向的微震事件定位结果如图 11-10 所示，图中黑色点代表微震事件的定位，可以看出微震事件主要分布在煤层上方，主要是由于煤层开挖而引起的顶板岩层破断。从微震事件的定位结果来看，微震事件主要分布在工作面顶板 80m 左右的范围内，即煤层开采的顶板影响范围为 80m 左右。利用微震事件定位结果，统计其距煤层距离的微震分布，通过统计结果可绘制出图 11-11。微震事件数距煤层 0m 处为峰值，左右两侧逐渐降低。在图 11-10 中，可以更为清晰地看出微震事件位于工作面顶板 80m，底板 50m 的范围内，则工作面开挖的影响范围为距煤层上方 80m 和下方 50m。在顶板 80m 范围内微震事件数统计曲线，有两个较为明显的拐点，将曲线分为 3 个阶段，若利用微震事件数的多少划分"三带"分布，则这 3 个阶段恰好分别对应垮落带、裂缝带和弯曲带。从图 11-10 中微震事件在顶板中分布的疏密程度也可大致划分出"三带"的范围。"三带"高度详见表 11-6。

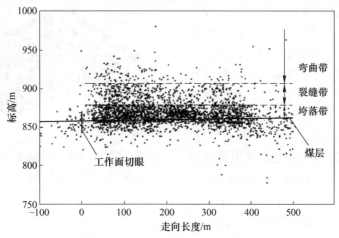

图 11-10　沿走向方向的微震事件定位

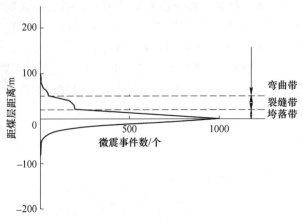

图 11-11 距煤层距离的微震事件分布

表 11-6 采场覆岩"三带"高度

"三带"	高度/m
跨落带	15
裂缝带	32
弯曲带	—

在"三带"中, 垮落带和裂缝带合称"两带", 又称为"导水裂隙带", 意指上覆岩层含水层位于"两带"范围内, 将会导致岩体水通过岩体破断裂缝流入采空区和回采工作面, 对工作面防治水工作有重要指导作用。"两带"的高度和岩性与煤层采高有关, 覆岩岩性越坚硬, "两带"高度越大。小纪汗煤矿顶板属于中硬岩层, 其"两带"高度应为采高的 12~18 倍[7], 即 32.04~48.06m。微震监测结果得到的"两带"高度为 47m, 与理论结果相一致。

C 沿工作面倾向的微震事件分布

煤层开采以后, 采空区上部岩层重量将向采空区周围新的支承点转移, 从而在采空区四周形成支承压力带 (见图 11-12)。工作面前方形成超前支承压力, 它随着工作面推进而向前移动, 称为移动性支承压力或临时支承压力。工作面沿倾斜和仰斜方向及开切眼一侧煤体上形成的支承压力, 在工作面采过一段时间后, 不再发生明显变化, 称为固定支承压力或残余支承压力。回采工作面推过一定距离后, 采空区上覆岩层活动将趋于稳定, 采空区内某些地带冒落矸石被逐渐压实, 使上部

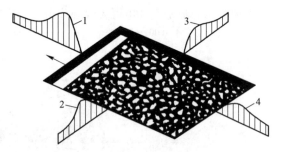

图 11-12 采空区应力重新分布概貌
1—工作面前方超前支承压力;
2, 3—工作面倾斜、仰斜方向残余支承压力;
4—工作面后方采空区支承压力

未冒落岩层在不同程度上重新得到支撑。因此, 在距工作面一定距离的采空区内, 也可能

出现较小的支承压力，称为采空区支承压力。其中，残余支承压力的确定对附近下一个工作面的布置和煤柱的留设具有指导作用[7]。

工作面沿倾向方向的微震事件定位结果如图 11-13 所示，煤层沿倾向近似水平分布，则微震事件不受煤层倾角的影响。从图中可以看出微震事件主要分布在工作面 240m 范围内。在回风顺槽的外侧，微震事件则分布较少。而胶运顺槽的外侧，由于留设有 25m 宽的煤柱，以及布置了辅运顺槽，微震事件相对较多，分布范围较大。统计沿工作面倾向微震事件数（见图 11-14），可以看出以工作面中心为轴，微震事件大致呈对称分布，但峰值没有出现在工作面的中心，而是在工作面中心左右两侧 50～70m 处各出现一个峰值，呈双峰状。超过工作面 240m 的范围，微震事件数急剧下降，但是有煤柱一侧的曲线下降较为缓慢。通过曲线可以看出，以工作面中心为 0 点，沿工作面倾向的影响范围是，辅运顺槽一侧为 200m 左右，回风顺槽一侧为 150m 左右，即残余支承压力的影响范围为 55m（辅运顺槽一侧）和 30m（回风顺槽一侧）。

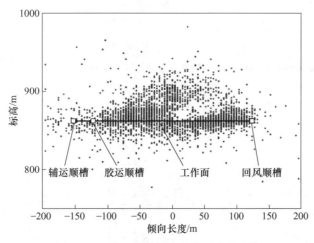

图 11-13　沿工作面倾向的微震事件定位

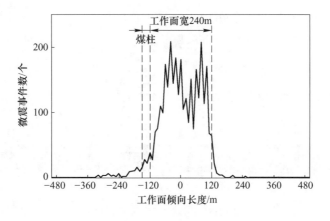

图 11-14　沿工作面倾向的微震事件分布

11.2.2.2　岩层运动过程微震事件空间演化规律

A　微震事件的动态发展规律

图 11-15 和图 11-16 为 8 月 31 日至 9 月 10 日的微震监测定位结果（其中 9 月 2 日设备故障中断）。如图 11-17 所示，微震事件分布的不同位置对应了顶板岩层不同的断裂位置。8 月 31 日至 9 月 1 日产生的微震事件均不多，零星分布在工作面周围，微震事件距煤层的最大高度为 40m 左右。9 月 3 日至 4 日微震事件的数量出现急剧增加，说明此期间发生了工作面顶板的初次来压，且微震事件的最大高度可达 92m。这与现场矿压显现和矿压监测结果较为一致。9 月 6 日，微震事件数量产生一定回落，微震事件的最大高度也减小为54m，初次来压结束。9 月 7 日，微震事件数量上升，破裂高度达到 85m，则为顶板发生

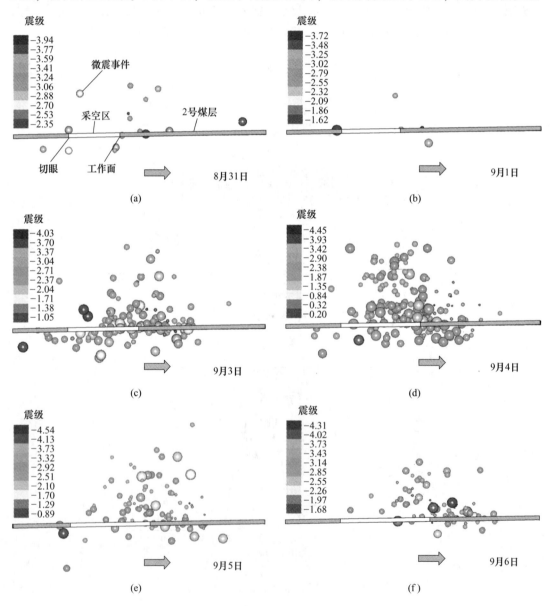

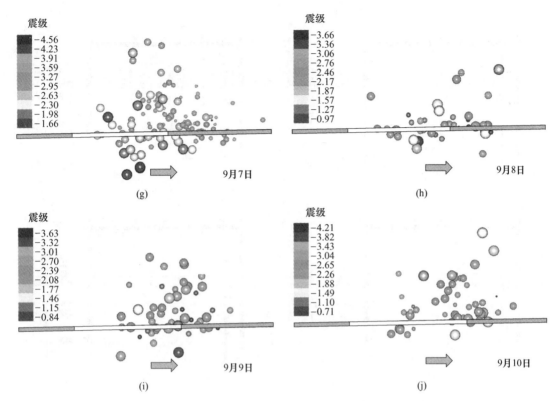

图 11-15 8月31日至9月10日微震事件沿走向动态分布

（相邻两条平行线间距为50m，黑色箭头为工作面推进方向）

（扫描书前二维码看彩图）

第一次周期来压。9月8日至9日，微震事件在数量上和破裂高度上又产生周期性回落。9月10日，破裂高度又上升至83m，此为顶板的第二次周期来压。

由图 11-16 所示，微震事件分布的不同位置对应了工作面前后围岩不同的破坏位置。8月31日至9月1日，在工作面初次来压之前，微震事件较少，分布范围也较小。9月3日至5日，初次来压期间，微震事件数激增，开采的影响范围也明显增大，工作面前方的微震事件主要集中在40m左右的范围内。9月6日至10日，微震事件数量和影响范围出现周期性变化，主要集中在工作面前方25~40m。

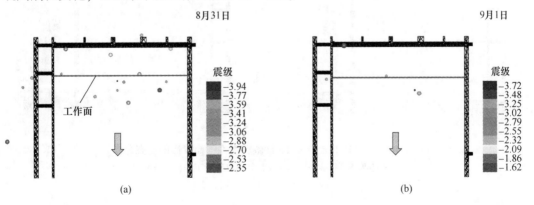

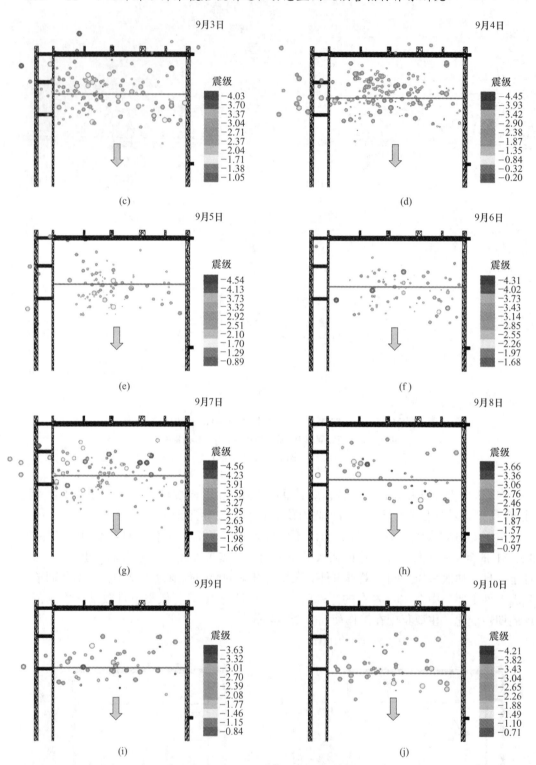

图 11-16 8 月 31 日至 9 月 10 日微震事件平面投影的动态分布

（相邻两条平行线间距为 50m，红色直线为工作面位置）

（扫描书前二维码看彩图）

B 基于微震监测的矿压显现规律

每天产生的微震事件是由采矿活动引起的，所以微震活动与矿压特征一样，也应该具有周期变化的规律。以8月20日至9月20日为例，图11-17绘制了每天微震事件的最大破裂高度，即为工作面上覆岩层的破坏范围，通过其研究工作面周期来压的特征。9月3日发生初次来压，来压步距为65.6m。从9月3日至20日，共发生了6次周期来压，来压步距为16~25.6m，平均约为23m，与矿压监测结果较为吻合。

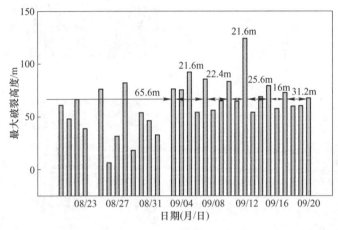

图11-17　工作面周期来压规律

C 开采扰动围岩应力变形演化规律

工作面煤体采出会对围岩产生扰动，导致应力重分布，部分区域出现较大变形和应力集中。图11-18表示了8月20日至9月18日和8月20日至10月18日的能量指数与位移云图分布。能量指数能够表示微震事件发生时震源的驱动应力大小，位移则能够表示震源的岩体变形大小。从图11-18中可看出，随着工作面的开采，从切眼到工作面位置范围内的驱动应力变化较小，而位移量变化较大，且随着开采不断发展，但大变形基本都在顶板冒落范围内，属于正常采矿活动引起的，即围岩整体稳定性较好，只是在胶运顺槽和辅运顺槽的局部区域受冒落影响可能产生小范围的冒顶片帮。运用能量指数和位移云图，可通过识别和圈定岩体破坏范围，用于分析岩体的稳定性。

11.2.2.3 高强度开采工作面微震活动与关键层破断相关性研究

A 关键层破断的微震事件分布规律

岩体内部移动由下向上成组运动，岩层移动的动态过程受控于关键层的破断运动。假设采场覆岩由下向上有3层关键层，则岩层移动将呈现如图11-19所示的运动过程，即当亚关键层1破断时，它所控制的上覆岩层组与之同步破断运动，并在亚关键层2下出现离层（见图11-19（a））；当亚关键层2破断时，它所控制的上覆岩层组与之同步破断运动，并在主关键层下出现离层（见图11-19（b））；一旦主关键层破断，将导致上覆直至地表所有岩层的同步破断下沉（见图11-19（c））[8]。

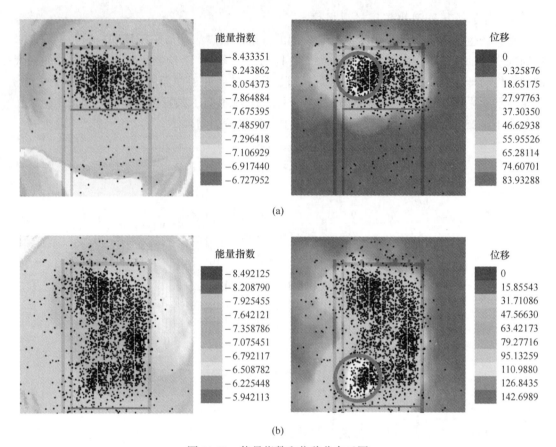

(a)

(b)

图 11-18 能量指数和位移分布云图

（红色直线为工作面位置）

(a) 8 月 20 日至 9 月 18 日；(b) 8 月 20 日至 10 月 18 日

（扫描书前二维码看彩图）

B 11203 工作面关键层的判别

根据关键层的定义与变形特征，若有 n 层岩层同步协调变形，则其最下部岩层为关键层。再由关键层的支承特征可知：

$$q_1 > q_i \quad (i = 2, 3, \cdots, n) \tag{11-2}$$

由第 $n+1$ 层岩层的变形小于第 n 层的变形特征可知，第 $n+1$ 层以上岩层已不再需要其下部岩层去承担它所承受的任何载荷，则必定有[8]：

$$q_1\big|_{n+1} > q_1\big|_n \tag{11-3}$$

其中

$$q_1\big|_{n+1} = \frac{E_1 h_1^3 \left(\sum_{i=1}^{n} \gamma_i h_i + q_{n+1} \right)}{\sum_{i=1}^{n+1} E_i h_i^3} \tag{11-4}$$

在式（11-4）中，若 $n+1=m$，则 $q_{n+1}=\gamma_m h_m+q$；若 $n+1<m$，则 q_{n+1} 应用式（11-5）中求解 q_1 的方法求得。假如第 $n+1$ 层岩层控制到第 m 层，则 q_{n+1} 为：

$$q_{n+1}\big|_{m-n} = \frac{E_{n+1}h_{n+1}^3\left(\displaystyle\sum_{i=n+1}^{m}\gamma_i h_i + q\right)}{\displaystyle\sum_{i=n+1}^{m}E_i h_i^3} \tag{11-5}$$

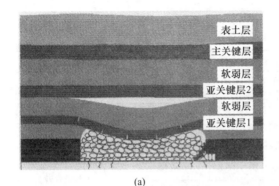

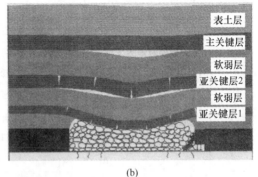

(a) (b)

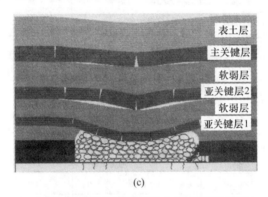

(c)

图 11-19　采场覆岩移动动态过程示意图

（a）亚关键层 1 破断；（b）亚关键层 2 破断；（c）主关键层破断

假如第 $n+1$ 层岩层不能控制到第 m 层，则对 q_{n+1} 仍需采用式（11-5）中 q_1 的形式对 $n+1$ 层的载荷进行计算，直到其解能控制到第 m 层为止。

式（11-3）形式为载荷的比较，实为关键层的刚度（变形）判别条件。其几何意义为：第 $n+1$ 层岩层的挠度小于下部岩层的挠度。当 $n+1<m$ 时，第 $n+1$ 层并非边界层，因此还必须了解 $n+1$ 层的载荷及其强度条件。此时，$n+1$ 层有可能成为关键层，但还必须满足关键层的强度条件。假如第 $n+1$ 层为关键层，它的破断距为 l_{n+1}，第 1 层的破断距为 l_1，则关键层的强度判别条件[7]为：

$$l_{n+1} > l_1 \tag{11-6}$$

此时第 1 层为亚关键层。如果 l_{n+1} 不能满足式（11-6）的判别条件，则应将第 $n+1$ 层岩层所控制的全部岩层作为载荷作用到第 n 层岩层上部，计算第 n 层岩层的变形与破断距。

在式（11-3）和式（11-6）均成立的前提下，就可以判别出关键层 1 所能控制的岩层厚度或层数。如 $n=m$，则关键层 1 为主关键层；如 $n<m$，则关键层 1 为亚关键层。

根据关键层的判别方法，11203 工作面关键层的判别结果如表 11-7 所示。由表可以看出 11203 工作面共有 4 个亚关键层和 1 个主关键层，其中亚关键层 3 和主关键层为两层硬岩合并的关键层。根据微震事件的定位和分布特征，岩层的破裂应该在煤层上方 80m 的范围内，故发生破断或者产生裂隙的关键层为亚关键层 1 和亚关键层 2，也就是说影响工作面矿压显现的是这两个下位关键层，所以本章重点研究亚关键层 1 和亚关键层 2 的破断与微震活动之间的关系。

表 11-7　11203 工作面关键层判别

层号	厚度/m	埋深/m	岩　性	硬岩位置	关键层
38	7.00	7.00	粉细砂		
37	28.72	35.72	细粉砂		
36	13.69	49.41	亚砂土		
35	15.24	64.65	中粒长石砂岩	硬岩	主关键层（两层合并）
34	5.50	70.15	泥岩		
33	26.67	96.82	细粒长石砂岩	硬岩	
32	6.87	103.69	泥岩		
31	14.87	118.56	粉砂岩		
30	8.49	127.05	粉砂质泥岩		
29	7.89	134.94	细粒长石砂岩		
28	6.43	141.37	泥岩		
27	29.67	171.04	细粒长石砂岩	硬岩	亚关键层 4
26	9.54	180.58	粉砂岩		
25	10.87	191.45	泥岩		
24	6.77	198.22	细粒长石砂岩		
23	3.99	202.21	泥岩		
22	3.33	205.54	细粒长石砂岩		
21	3.30	208.84	泥岩		
20	6.89	215.73	细粒长石砂岩		
19	7.29	223.02	粉砂质泥岩		
18	3.44	226.46	泥岩		
17	8.90	235.36	粉砂质泥岩		
16	9.49	244.85	细粒长石砂岩	硬岩	亚关键层 3（两层合并）
15	6.68	251.53	粉砂质泥岩		
14	9.39	260.92	泥质粉砂岩		
13	10.05	270.97	细粒长石砂岩	硬岩	
12	5.30	276.27	泥岩		
11	7.63	283.90	粉砂质泥岩		
10	11.29	295.19	泥岩		

层号	厚度/m	埋深/m	岩　性	硬岩位置	关键层
9	11.53	306.72	中粒长石砂岩	硬岩	亚关键层 2
8	11.80	318.52	粉砂质泥岩		
7	6.20	324.72	粗粒长石砂岩		
6	3.99	328.71	粉砂质泥岩		
5	1.64	330.35	细粒长石砂岩		
4	7.17	337.52	粉砂质泥岩		
3	7.51	345.03	细粒长石砂岩	硬岩	亚关键层 1
2	3.99	349.02	粉砂质泥岩		
1	2.95	351.97	2 号煤层		

C　关键层破断的微震事件演化过程

老顶是对采场矿山压力显现产生影响的下位亚关键层[8]，如表 11-7 所示，故老顶来压断裂即为亚关键层的破断。选取 2013 年 8 月 20 日至 9 月 11 日的微震数据，分析其关键层破断的演化过程，图 11-20 为 8 月 31 日至 9 月 10 日的微震事件定位结果。

8 月 31 日产生的微震事件较少（见图 11-20（a）），也很少有微震事件出现在亚关键层 1 和亚关键层 2 的层位中，说明此时两个亚关键层没有发生破断，只有少量的微裂纹产生。

9 月 1 日，微震事件数维持在较低水平（见图 11-20（b）），几个微震事件零星分布，关键层仍然没有发生破坏。由于现场设备故障，造成了 9 月 2 日微震数据的缺失。

9 月 3 日，微震事件数急剧增加，分布范围也较之前明显变大（见图 11-20（c）），在工作面上方亚关键层 1 的层位出现了大量且集中的微震事件，即亚关键层 1（老顶）发生破断，工作面发生初次来压，与现场工人描述的初次来压时间十分吻合。亚关键层 1 和亚关键层 2 之间的软弱岩层中，微震事件分布较少，此时破坏并不严重，还没有因为老顶的破断产生大量裂隙。因为软弱夹层并没有产生大量破坏，故亚关键层 2 也不会发生整体破断，在亚关键层 2 中的微震事件定位可以得到印证，只有几个微震事件分布其中，说明其只产生了局部裂隙或断裂。由于工作面长度 240m，关键层的破断在空间上不可能保持同步，不同位置的老顶来压会有时间上的先后次序，故老顶来压会持续一定的时间。

9 月 4 日，微震事件数持续增加，分布范围也进一步扩大（见图 11-20（d）），老顶附近微震事件高度集中，老顶持续来压，而且在两层关键层之间的软弱岩层中，也产生了较多的微震事件，表明随着工作面来压，老顶不断破断，造成其上方岩层的裂纹不断贯通，形成裂隙比较发育的区域，即裂缝带。而由于软弱夹层的不断破坏，会在亚关键层 2 下方出现离层，当离层足够大时，会致使其发生破断。从微震事件的分布来看，亚关键层 2 中微震事件出现小范围聚集，说明其也发生了局部的破断，但破坏程度不及亚关键层 1。由于亚关键层 2 的控制作用，还引起了其上方岩层的破裂。

9 月 5 日，工作面来压结束，微震事件数迅速回落（见图 11-20（e）），但是由于工作面的不断开采，岩层中的微裂纹和裂隙也在不断产生。亚关键层 1 中的微震事件骤然减少，但是由于直接顶随采随冒而离层引起的局部裂隙还在不断发展，微震事件没有聚集，说明裂隙没有贯通，亚关键层1没有发生破断。亚关键层2中亦有几个微震事件分布，只是产生少量裂隙。

9月6日，有震级较大的微震事件出现在亚关键层1中（见图11-20（f）），数量很少，说明其产生了一些较大尺度的裂纹，可能是关键层将要发生破断的前兆。微震事件的发展高度较之前降低不少，在亚关键层2的层位中依然分布有微震事件，则其中的裂纹还在不断发展。

9月7日，微震事件数小幅回升，在亚关键层1中又出现了贯穿亚关键层1的微震事件集中区域（见图11-20（g）），则老顶发生断裂，工作面发生第一次周期来压。由于老顶断裂垮落，其上方软弱夹层也发生破坏。在亚关键层2上方产生了局部破坏，则亚关键层2也已经出现裂隙或者破断。

9月8日，微震事件数又一次回落（见图11-20（h）），第一次周期来压结束，但随着工作面的不断开挖，亚关键层1和亚关键层2中均有少量微震事件分布，说明其中的裂纹又开始不断发展。

9月9日，与9月8日相比，微震事件数小幅度上升（见图11-20（i）），但工作面上方的亚关键层1和亚关键层2的中微震事件依然分布较少，其并没有发生破断。

9月10日，在亚关键层1中出现小范围集中的微震事件（见图11-20（j）），岩体中的裂纹发展贯通，老顶再次发生破断，工作面发生第二次周期来压。虽然亚关键层2中的微震事件很少，但在其上方出现了岩体破裂，则亚关键层2可能也已出现裂纹或者小范围的破断。

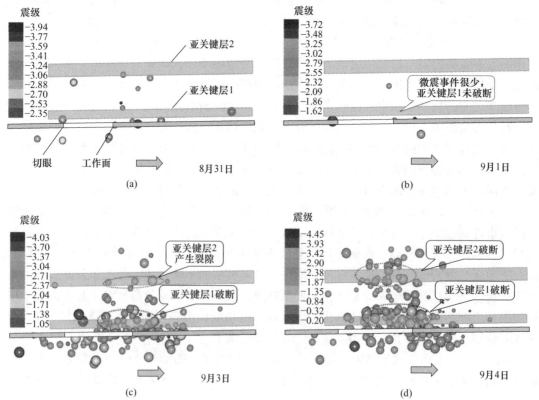

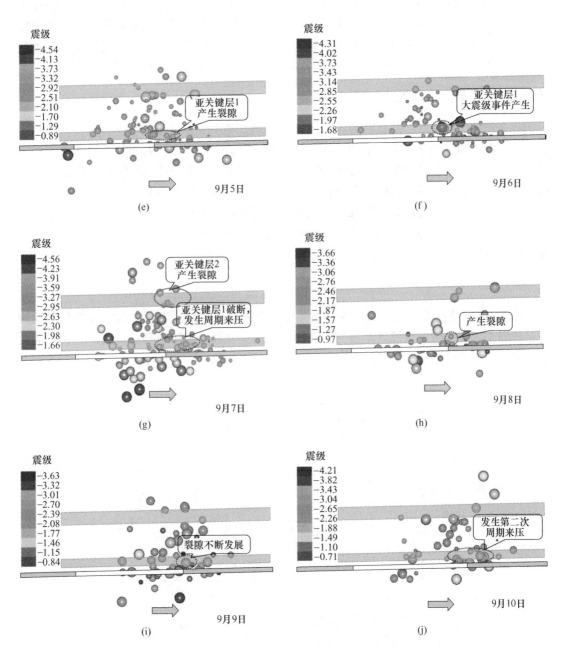

图 11-20 亚关键层破断的微震事件演化过程

(相邻两条平行线间距为 50m，黑色箭头为工作面推进方向)

(扫描书前二维码看彩图)

根据图 11-20 的分析结果，11203 工作面的高强度开采，在初次来压时，由于悬顶面积较大，引起了亚关键层 1 和亚关键层 2 的破断，而周期来压则为亚关键层 1 的破断以及亚关键层 2 的小范围裂隙或破断，甚至只是亚关键层 1 的破断，对亚关键层 2 的影响较小。通过对比初次来压时的微震事件数量和定位分布，周期来压的来压强度明显小于初次来压，根据现场矿压监测结果和工人描述，工作面的周期来压确实不明显。来压强度不大，也是因为亚关键层 2 只是产生小范围的裂隙或破断，单一关键层破坏的矿压显现强度不如两个关键层破坏的强度大，初次来压时两个关键层同时破坏，造成了矿压显现强度的增加。

11.2.3 基于微震参数的关键层破断判别方法

亚关键层 1（老顶）的破断为正常的矿压显现，它的破断不会出现较大的岩体破坏，而亚关键层 2 则会引起更多岩层的破坏，导致岩体的稳定性较差。若层位更高的关键层或是主关键层发生破断，可能会引起地质灾害的发生。对关键层破断的判别显得尤为重要。根据 4.3.2 节的分析结果，可以看出在岩体发生较大破坏时微震参数会出现一定的前兆特征，故通过关键层破断前微震参数的变化意图得到其预警破断的判别方法。以初次来压和两次周期来压为例，通过分析以下微震参数在高强度开采下关键层破断前的变化特征，判断岩层的稳定性。

11.2.3.1 微震事件数

图 11-21 为在初次来压、第一次和第二次周期来压时的微震事件数的变化趋势。在两次工作面来压时，微震事件数都骤然上升，而非来压时刻，则微震事件数较少，说明关键层破断与微震事件数有很好的对应关系。

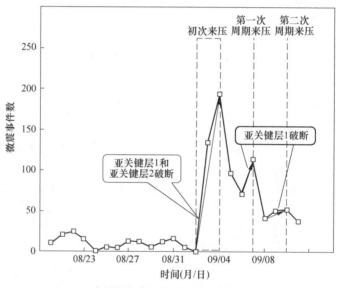

图 11-21 微震事件数变化趋势

11.2.3.2 能量释放量

微震事件发生时释放出来的能量，也能够反映围岩破坏的强弱程度。图 11-22 为能量释放量的变化曲线，初次来压时，可以明显地看到能量释放量急剧增加，达到一个极大值，而周期来压时能量释放量有少量增加但并不明显，是因为周期来压强度比初次来压小，能量释放量也较小。和微震事件数类似，能量释放量与关键层破断也有很强的相关性。

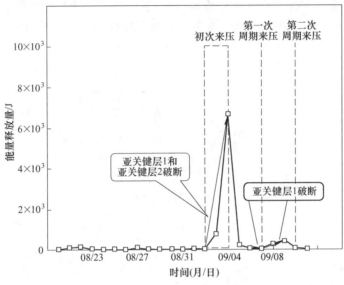

图 11-22 能量释放量变化趋势

11.2.3.3 能量指数

能量指数和累积视体积的变化趋势如图 11-23 所示。在初次来压和两次周期来压前，均出现了能量指数突然下降而累积视体积突然上升的情况，即围岩应力下降迅速，而变形增长很快，说明关键层已经临近破坏。

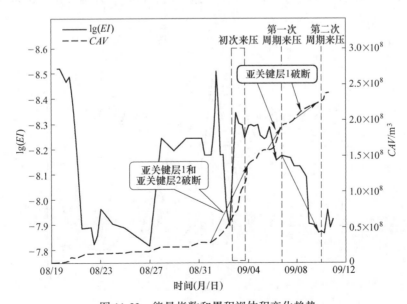

图 11-23 能量指数和累积视体积变化趋势

11.2.3.4 *Schmidt* 数

Schmidt 数和累积视体积的变化趋势如图 11-24 所示。与能量指数相似，在 3 次来压的关键层破断前，*Schmidt* 数陡然下降，而累积视体积持续上升，表现出一定的前兆特征。

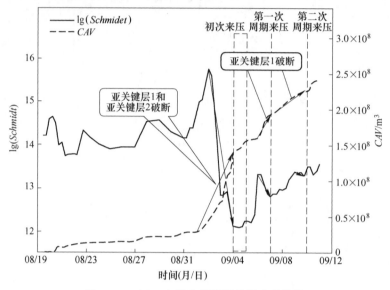

图 11-24 *Schmidt* 数和累积视体积变化趋势

11.2.3.5 微震响应系数（*CSR*）

图 11-25 为微震响应系数的变化曲线。初次来压时，*CSR* 迅速上升，增长幅度较大，说明关键层不稳定状态程度较高。第一次周期来压时，*CSR* 上升幅度比初次来压小，则此

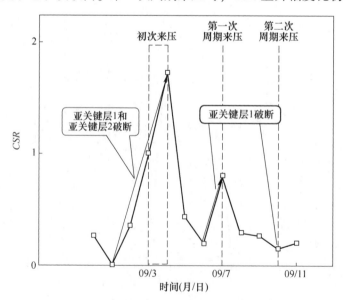

图 11-25 微震效应系数 *CSR* 变化趋势

时关键层的不稳定程度比初次来压好，也是由于初次来压的来压强度比周期来压大造成的。而第二次周期来压时，CSR 并没有像前两次来压时出现上升，说明关键层的稳定性并不差，可能和现场来压不明显有关。

11.2.3.6　b 值

本文采用最小二乘法进行 b 值计算。在 b 值计算过程中，选取震级间隔 0.275 进行计算。采用滑动窗口方式回归计算 b 值，窗口长度和滑动长度分别为 100 和 50。图 11-26 给出了 b 值的变化曲线，在初次来压和两次周期来压前，b 值都出现了大幅度的下降，表明大尺度裂纹在不断增加，关键层处于不稳定状态。

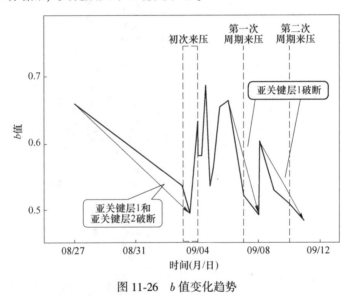

图 11-26　b 值变化趋势

11.2.3.7　微震多参数关键层破断预警指标体系建立

从单一微震参数来判别关键层的破断是有局限性的，难以全面准确地预测和判断关键层的破断。而通过多个能够反映围岩破裂特征的微震参数的综合判断，则能够较为全面和科学地判别关键层的破断。根据前面微震参数的变化特征，可以得到在初次来压和周期来压前微震参数的不同预警（突然地上升或下降）时间。

图 11-27 给出了初次来压和两次周期来压时微震参数的预警时间，每个微震参数的预警时间都不尽相同，且同一个微震参数在来压预警中的前后次序也不相同。但是以初次来压为例，不难发现这些微震参数在来压之前较远的距离，只有少数几个微震参数出现预警，而临近来压时，几乎所有微震参数都出现了预警，所以，可以根据出现预警微震参数的数量来判别关键层的稳定性，初步提出一种关键层破断的判别方法。这里引入突发事件的预警等级[9]来划分关键层稳定性的等级：一级、二级、三级、四级，分别用红色、橙色、黄色、蓝色标示，一级为最高级别。只有 1 个微震参数出现预警，划分为蓝色预警，判定为关键层稳定性较好；有 2~3 个微震参数出现预警，划分为黄色预警，判定为关键层稳定性一般；有 4~5 个微震参数出现预警，划分为橙色预警，判定为关键层稳定性较

差；有 6~7 个微震参数出现预警，划分为红色预警，判定为关键层稳定性很差。当处于红色预警期时，关键层稳定性很差，将会发生破断，所以可以将其作为关键层破断的判据。

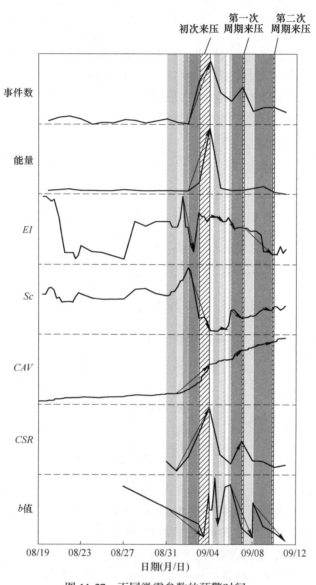

图 11-27 不同微震参数的预警时间

图 11-28 表达了关键层破断判别的方法。由于微震参数变化的复杂性，并不是 4 个预警期都会出现在每次判别中，也不是 4 个预警期会顺次出现。但在关键层破断前，都会出现红色预警期。例如，第一次周期来压前，出现了 3 次蓝色预警和 1 次黄色预警，在第三次蓝色预警之后出现了红色预警，关键层即将发生破断。而第二次周期来压的红色预警期之前，只出现了黄色预警。这里只列出了两次周期来压的预警判断，后面的周期来压也都可以类似地划分预警等级来判别稳定性，这里就不一一列举。

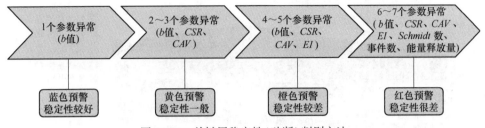

图 11-28 关键层稳定性(破断)判别方法

定义事件数、能量释放量、能量指数、施密特数、累积视体积、CSR 和 b 值随时间变化的函数分别为 $N(t)$、$E(t)$、$EI(t)$、$Sc(t)$、$CAV(t)$、$CSR(t)$ 和 $b(t)$。由图 11-27 中事件数的变化趋势可以看出,当关键层破断之前,事件数会上升,则曲线切线的斜率大于 0,即 $N'(t) > 0$。同理得到各个函数的表达式,对于 $CAV(t)$ 为 $CAV''(t) > 0$,则可以得到式(11-7),即可作为关键层破断的判别公式。

$$\begin{cases} N'(t) > 0 \\ E'(t) > 0 \\ EI'(t) < 0 \\ Sc'(t) < 0 \\ CAV''(t) > 0 \\ CSR'(t) > 0 \\ b'(t) < 0 \end{cases} \tag{11-7}$$

由于是通过预警时间做出,故这种方法是从时间上做出关键层破断的判别,但具体是哪一个或哪几个关键层发生破断,则需要结合微震事件的定位结果综合判断。

当主关键层破断时,往往会引起工作面发生切顶或冲击等严重的地质灾害,所以运用这种关键层破断的判别方法,也可以类似地预警高强度开采工作面的地质灾害,为现场灾害防治提供指导,这还需要结合微震事件定位结果和各个微震参数的具体数值。

11.3 考虑微震效应的煤层采动覆岩断裂机理研究

本节结合现场结构面调查获取的原生裂纹节理体密度 J_{v1} 和矩张量反演获取的次生裂纹节理体密度 J_{v2},得到一个不仅考虑原生裂纹,而且还考虑岩体开挖次生裂纹的岩体节理体密度 J_v,进而量化 GSI 值,运用 Hoek-Brown 方法计算得到岩体力学参数。通过 J_v 的动态变化,获取到具有动态变化特征的岩体力学参数,并将其用于数值模拟研究。

11.3.1 数值模型建立

小纪汗煤矿 11203 工作面计算模型是根据钻孔资料,并简化合并了一些地层而建立的,为层状构造,所有岩层近乎水平。模型沿工作面推进方向(走向方向)建立,走向方向长 700m,倾向方向宽 440m,高 200m。模型顶部施加 6.25MPa 应力等效上覆 250m 岩体自重,并考虑模型本身自重应力场。边界条件为:模型顶端为自由表面,四周边界施加水平约束,底部施加垂直约束。模型层位及网格划分如图 11-29 所示,共划分计算单元 314160 个。

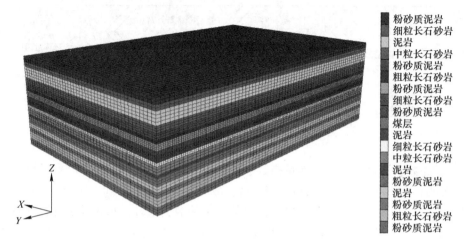

图例（从上到下）：
粉砂质泥岩
细粒长石砂岩
泥岩
中粒长石砂岩
粉砂质泥岩
粗粒长石砂岩
粉砂质泥岩
细粒长石砂岩
粉砂质泥岩
煤层
泥岩
细粒长石砂岩
中粒长石砂岩
泥岩
粉砂质泥岩
泥岩
粉砂质泥岩
粗粒长石砂岩
粉砂质泥岩

图 11-29　数值模型网格划分
（扫描书前二维码看彩图）

11.3.2　基于微震数据反演的岩体力学参数确定

11.3.2.1　微震反演岩体参数的思路

在岩体开挖的数值模拟研究中，岩体力学参数的选取是至关重要的，准确合理的岩体力学参数能够保证数值模拟的研究更符合工程实际，对工程起到真正的指导作用。岩体开挖引起破裂后，岩体质量会出现不同程度的劣化，但具体如何对岩体力学参数进行弱化及弱化程度标定，以获取准确的岩体力学参数，却是十分困难的。而且采矿活动在时间和空间上都是不断进行的，所以岩体质量也会随着采矿活动不断变化，即岩体力学参数具有动态性，是在不断变化的，给予岩体固定的力学参数无法对岩体的损伤演化进行合理描述，由于这种参数的动态性，想要获取准确的岩体力学参数及其动态变化规律，也是十分困难的。

为了获取准确的岩体力学参数，就要对现场岩体的变化进行密切的关注，尽可能地实现不间断的实时监测以及获取岩体的内部信息，传统的监测手段和方法难以达到，而微震监测能够满足这种要求。每一个微震信号都包含着岩体内部状态变化的丰富信息，所以可以利用微震数据的"时空强"特征对岩体力学参数进行标定。微震数据在时间上的演化和空间上的定位，能够符合岩体力学参数动态性的特点，而且微震的强度特征恰好可以用来标定岩体的弱化程度。本节利用小纪汗煤矿 11203 工作面的微震监测数据，提出一种基于微震数据反演岩体参数的方法，试图对工作面岩层的岩体力学参数进行动态刻画，具体思路如图 11-30 所示。

首先，引入表征单元体的概念，定义为参数单元，是计算岩体参数损伤演化的最小单元。通过现场的结构面调查，得到岩体的原生裂纹，获取岩体原生裂纹节理体密度 J_{v1}。

然后，由丰富的岩体破裂微震数据通过矩张量理论反演得到微震事件的震源尺寸及破裂面的走向和倾角。将每一个微震事件看作是一条裂纹，是岩体开采后所产生的次生裂

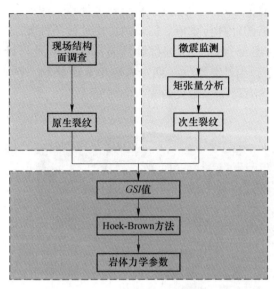

图 11-30 微震反演岩体参数的思路

纹，则震源尺寸可以看作是裂纹的长度，走向和倾角确定裂纹的扩展方向，经过统计和换算得到在每个参数单元中次生裂纹岩体节理体密度 J_{v2}。

最后，在每个参数单元中的岩体节理体密度 $J_v = J_{v1} + J_{v2}$，利用 J_v 量化 GSI 值，并运用 Hoek-Brown 方法计算岩体力学参数。

为了获取基于微震数据反演的岩体参数，在计算过程中考虑如下假设。

（1）微震事件和次生裂纹具有对应关系，且次生裂纹为圆盘状，不考虑裂纹起伏度和粗糙度等特征。

（2）利用矩张量反演次生裂纹计算岩体参数时，次生裂纹与原生裂纹的 SCR 保持不变。

11.3.2.2 参数网格的划分

为了参数赋值和计算的便利性，这里引入表征单元体的概念[10]，将其设置为计算岩体参数损伤演化的最小单元，称为参数单元，用参数单元将模型重新划分网格，进行参数的计算和赋值。根据表征单元体的相关研究，考虑计算机的计算能力，并结合 11203 工作面数值模型的具体层位情况，选取参数单元尺寸为 20m×20m，参数单元的高度即为每个层位的厚度。参数网格和计算网格之间的关系如图 11-31 所示，浅灰色为数值计算网格，深灰色为参数赋予网格，参数单元需要包裹数值计算网格。

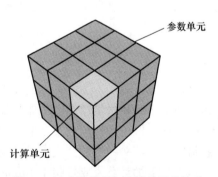

图 11-31 参数单元与计算单元的关系

利用参数单元将模型划分的参数网格如图 11-32 所示，共划分 14630 个单元。由于小纪汗煤矿地质条件相对简单，剖分的计算网格也较为规整，保证参数网格能够充分地包裹计算网格，便于参数网格的计算与赋值。但多数矿山地质条件复杂，建立的计算模型即使进行了简化，复杂程度还是很高。在进行计算时，参数单元与计算单元就无法保证如图 11-31 所示的相对关系，当计算单元被两个参数单元所分割，就需要考虑更为复杂的算法来判断其具体赋值，这有待于今后更为深入的研究。

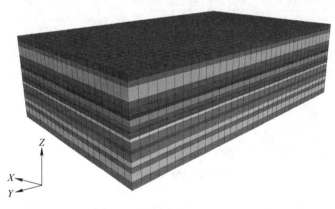

粉砂质泥岩
细粒长石砂岩
泥岩
中粒长石砂岩
粉砂质泥岩
粗粒长石砂岩
粉砂质泥岩
细粒长石砂岩
粉砂质泥岩
煤层
泥岩
细粒长石砂岩
中粒长石砂岩
泥岩
粉砂质泥岩
泥岩
粉砂质泥岩
粗粒长石砂岩
粉砂质泥岩

图 11-32　参数网格划分结果

（扫描书前二维码看彩图）

11.3.2.3　现场结构面调查获取原生裂纹

岩体结构面信息的获取对于岩体稳定性的分析评价具有重要意义。通过采集的结构面信息对岩体中节理、裂隙等的发育程度进行分析，获得岩体损伤的初始表征，计算出接近实际的岩体力学参数，进而评价岩体的稳定性。国内外众多专家学者对于结构面信息的获取方法进行了大量研究，常用的方法有：钻探法、人工现场接触法、三维激光扫描法和数字摄影测量法等[11]。此项研究工作并不是本章的重点研究内容，具体方法不再赘述。本章通过钻孔数据对小纪汗煤矿的结构面进行测量，获取不同岩层的节理体密度 J_{v1}，如表 11-9 所示。

11.3.2.4　矩张量反演次生裂纹

选取小纪汗煤矿 11203 工作面 2013 年 8 月 20 日至 10 月 18 日（推进距离为 495.6m）的微震数据进行矩张量反演，矩张量反演的破裂类型如图 11-33 所示，每一个圆盘代表一个微震事件，红色为拉伸破裂，蓝色为剪切破裂，绿色为混合破裂，圆盘所在平面代表裂纹扩展方向，箭头的指向代表滑动角的方向，如图 11-34 所示。

震源尺度的计算主要依赖于 Brune 模型，由式（11-8）给出：

$$r_0 = \frac{K_c \beta_0}{2\pi f_c} \tag{11-8}$$

式中　K_c——依赖于震源模型的常数，对于最简单的 Brune 模型，即具有瞬态应力释放的圆位错，常数 $K_c = 2.34$；

β_0——震源区的 S 波波速；

f_c——拐角频率。

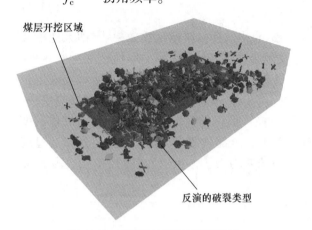

煤层开挖区域

反演的破裂类型

图 11-33　矩张量反演的破裂类型

（扫描书前二维码看彩图）

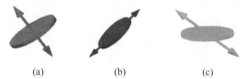

(a)　　　　　(b)　　　　　(c)

图 11-34　不同破裂类型示意图

（a）拉伸破裂；（b）剪切破裂；（c）混合破裂

（扫描书前二维码看彩图）

　　本文利用 Brune 模型计算得到的震源尺度，作为开采扰动后岩体产生的次生裂纹尺寸。矩张量反演的次生裂纹尺寸结果如图 11-35 所示，圆盘的大小表示反演裂纹的尺寸，这些大小不同的圆盘就看作是分布在岩体内由开采引起的次生裂纹。参数单元为岩体力学参数计算的最小单元，利用 MATLAB 编程判断每一个参数单元中圆盘穿过的个数，然后再除以参数单元的体积，就可得到基于矩张量反演的岩体次生裂纹节理体密度 J_{v3}。

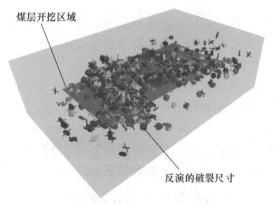

煤层开挖区域

反演的破裂尺寸

图 11-35　矩张量反演的裂纹尺寸

（扫描书前二维码看彩图）

　　在微震活动中，由于现场条件和监测设备的制约，监测系统记录到的数据只是岩体破坏所产生弹性波很小的一部分，矩张量反演得到的次生裂纹也只是岩体中次生裂纹的一小部分，为了统计获得岩体中真实的次生裂纹节理体密度 J_{v2}，需要引入一个系数，定义为次生裂纹比 ζ，表示该微震监测系统所得到的次生裂纹节理体密度与真实的岩体次生裂纹节理体密度的比值。则 ζ 与微震监测系统的性能有关，不同的微震监测系统具有不同的 ζ。

通过其换算即可得到 J_{v2}，如式（11-9）所示。

$$J_{v2} = \frac{1}{\zeta} J_{v3} \qquad (11-9)$$

次生裂纹比 ζ 和地震学中的地震效率有一定的相似性，所谓地震效率[12]即系地震波弹性辐射能与地震释放总能量之比值。根据文献［12］，地震效率的取值范围为 0.008～0.050。因为在微震监测获取的所有数据中，只有一部分能够实现定位，在所有实现定位的事件中，又只有一部分能够进行矩张量反演，所以，本文次生裂纹比 ζ 的取值应更小，这里取 $\zeta=0.003$。这样，利用式（11-9）就可以换算得到真实的岩体次生裂纹节理体密度 J_{v2}。因为 J_{v2} 描述的是每个参数单元的节理体密度，全部具体列出篇幅过长，所以通过统计表述 J_{v2} 的计算结果，如图 11-36 所示，图中结果均为 $J_{v2}>0$，所占参数单元数为 5932个，其余的 8698 个参数单元的 J_{v2} 为 0。

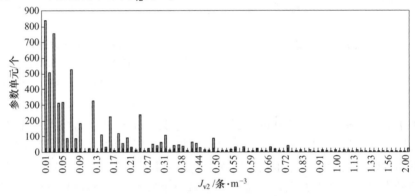

图 11-36　J_{v2} 计算结果统计

通过现场调查可获取岩体的原生裂纹节理体密度 J_{v1}，利用微震矩张量反演可获得次生裂纹节理体密度 J_{v2}，J_{v1} 和 J_{v2} 之和表示岩体总的节理体密度 J_v，如式（11-10）所示。

$$J_v = J_{v1} + J_{v2} \qquad (11-10)$$

这是本章通过微震数据反演岩体力学参数的核心思想，得到一个不仅考虑原生裂纹，而且还考虑岩体开挖次生裂纹的岩体节理体密度 J_v。通过其动态变化，获取到具有动态变化特征的岩体力学参数。

为获取岩体力学参数，需要先在实验室中获得岩石试样的力学参数，它是确定岩体力学参数的基础，不同岩性的煤岩物理力学参数如表 11-8 所示[1]。

表 11-8　不同岩性岩石物理力学参数

岩　性	密度 /kg·m⁻³	单轴抗压强度/MPa	抗拉强度/MPa	弹性模量/GPa	泊松比	内聚力/MPa	内摩擦角/(°)
煤层	1290	12.06	0.25	1.15	0.37	0.38	36.3
泥岩	2740	31.90	1.53	2.36	0.27	0.99	39.2
粉砂质泥岩	2640	25.74	1.38	1.95	0.30	0.73	37.7
细粒长石砂岩	2680	78.31	2.87	6.02	0.19	3.44	38.7
中粒长石砂岩	2550	53.45	1.53	4.16	0.20	1.23	38.3
粗粒长石砂岩	2350	37.24	1.07	1.91	0.24	0.98	38.3

然后，利用原生裂纹的节理体密度 J_{v1}，根据式（11-10）计算出 SR，查表量化 GSI。通过 Hoek-Brown 方法，每个层位的 Hoek-Brown 参数取值如表 11-9 所示，即可计算出对各个岩层进行初次折减的岩体力学参数，称为初始岩体力学参数，计算结果如图表 11-10 所示。

表 11-9 岩体 Hoek-Brown 参数

岩 性	厚度 /m	J_{v1} /条·m⁻³	SR	n_i	单轴抗压 强度/MPa	密度 /kg·m⁻³	埋深 /m	泊松比
粉砂质泥岩	12	0.97	15	9	25.74	2640	253.5	0.3
细粒长石砂岩	10	1.12	18	11	78.31	2680	268.5	0.19
泥岩	24	1.05	16	4	31.90	2740	284.5	0.27
中粒长石砂岩	12	0.82	18	15	53.45	2550	294.5	0.2
粉砂质泥岩	12	1.03	16	9	25.74	2640	304.5	0.3
粗粒长石砂岩	6	1.19	18	19	37.24	2350	318.5	0.24
粉砂质泥岩	12	1.14	16	9	25.74	2640	324.5	0.3
细粒长石砂岩	8	1.03	18	11	78.31	2680	339.5	0.19
粉砂质泥岩	4	1.37	16	9	25.74	2640	345.5	0.3
煤层	3	0.98	15	13	12.06	1290	350.5	0.37
泥岩	5	1.17	16	4	31.90	2740	354.5	0.27
细粒长石砂岩	6	0.93	18	11	78.31	2680	362.5	0.19
中粒长石砂岩	15	0.9	18	15	53.45	2550	374.5	0.2
泥岩	6	1.18	16	4	31.90	2740	380.5	0.27
粉砂质泥岩	14	0.86	16	9	25.74	2640	392.5	0.3
泥岩	10	1.09	15	4	31.90	2740	404.5	0.27
粉砂质泥岩	10	1.16	16	9	25.74	2640	428.5	0.3
粗粒长石砂岩	16	1.17	18	19	37.24	2350	438.5	0.24
粉砂质泥岩	15	1.02	16	9	25.74	2640	450.5	0.3

表 11-10 初始岩体力学参数

岩 性	体积模量 /GPa	剪切模量 /GPa	抗拉强度 /MPa	内摩擦角 /(°)	内聚力 /MPa	密度 /kg·m⁻³
粉砂质泥岩	11.51	5.31	0.24	37.18	1.43	2640
细粒长石砂岩	19.94	15.58	1.07	47.91	3.68	2680
泥岩	12.49	6.79	0.79	30.78	1.70	2740
中粒长石砂岩	20.21	15.16	0.67	48.54	3.21	2550
粉砂质泥岩	13.02	6.01	0.29	36.37	1.65	2640
粗粒长石砂岩	15.81	9.95	0.28	47.26	2.43	2350
粉砂质泥岩	12.42	5.73	0.27	35.69	1.67	2640
细粒长石砂岩	20.87	16.31	1.14	46.57	4.09	2680

岩　性	体积模量 /GPa	剪切模量 /GPa	抗拉强度 /MPa	内摩擦角 /(°)	内聚力 /MPa	密度 /kg·m⁻³
粉砂质泥岩	11.44	5.28	0.24	34.85	1.67	2640
煤层	12.06	3.43	0.08	37.58	0.88	1290
泥岩	11.89	6.46	0.74	29.15	1.77	2740
细粒长石砂岩	22.07	17.25	1.22	46.32	4.33	2680
中粒长石砂岩	19.19	14.39	0.63	46.72	3.45	2550
泥岩	11.84	6.43	0.74	28.66	1.81	2740
粉砂质泥岩	14.37	6.63	0.33	34.93	1.95	2640
泥岩	10.57	5.74	0.64	27.83	1.74	2740
粉砂质泥岩	12.33	5.69	0.27	33.59	1.91	2640
粗粒长石砂岩	15.97	10.05	0.29	44.99	2.88	2350
粉砂质泥岩	13.08	6.04	0.29	33.48	2.01	2640

　　最后，利用次生裂纹的节理体密度 J_{v2}，运用 Hoek-Brown 方法，对每个参数单元进行二次折减，得到基于微震数据反演的岩体力学参数。根据岩体力学参数绘制的色谱图如图 11-37 所示。图中，每一种颜色表示一种力学参数，每种颜色的最小赋值单位就是参数单元，通过这种表示方式，可以清晰地看出岩体力学参数的变化是十分复杂的。因为微震事件是随着采矿活动不断产生的，所以基于微震数据反演的次生裂纹节理体密度 J_{v2} 也是不断变化的，这就实现了岩体力学参数的动态性刻画。

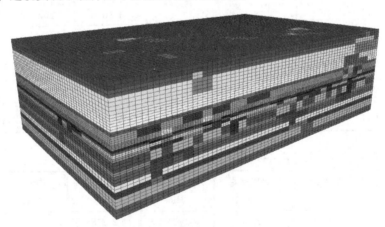

图 11-37　岩体力学参数色谱图
（扫描书前二维码看彩图）

　　图 11-38 为弹性模量损伤云图，（a）为沿倾向竖直剖面，（b）和（c）为沿走向竖直剖面，（d）为亚关键层 1 位置，（e）为亚关键层 2 位置。如图 11-38（a）和（b）所示，由于微震数据的损伤效果，在煤层顶底板的力学参数发生了不同程度的变化，更为精细地刻画了岩体由于开挖所造成岩体性质的弱化。如图 11-38（c）所示，图中工作面开采初期与中后期相比，岩体力学参数损伤范围更大，高度更高。由图 11-38（d）和（e）可以看

出，亚关键层1和亚关键层2的弹性模量出现了不同程度的损伤，导致即使在同一层位，岩体力学参数也不尽相同。通过这种岩体力学参数的动态描述，得到更贴合现场实际的参数取值，帮助数值模拟研究取得更为精确的计算结果，用于岩层破坏机理研究和稳定性评价等工作。

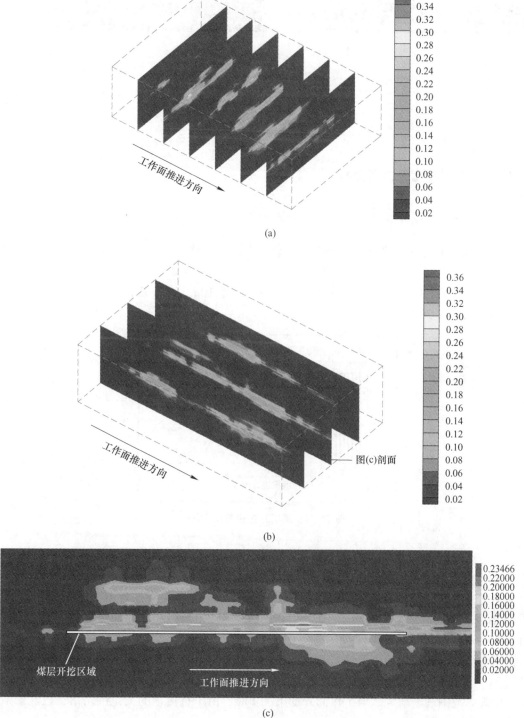

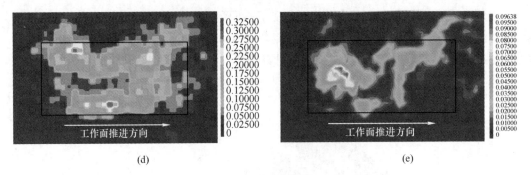

(d) (e)

图 11-38 弹性模量损伤云图

（a）沿倾向竖直剖面；（b）沿走向竖直剖面；（c）沿走向竖直剖面（模型正中 220m 处）；

（d）亚关键层 1 位置；（e）亚关键层 2 位置

（扫描书前二维码看彩图）

11.3.3 煤层采动覆岩破断分析

11.3.3.1 模型开挖情况

在 11.3.2 节建立的数值模型基础上，利用有限差分软件 FLAC^{3D} 开展高强度开采的数值模拟。选取推进距离 60m 的微震数据，进行岩体力学参数的计算。对煤层进行开挖，采场宽 240m，根据 11203 工作面的推进速度，每步开挖 10m，共 6 步，总共开挖 60m。具体开挖情况如图 11-39 所示。

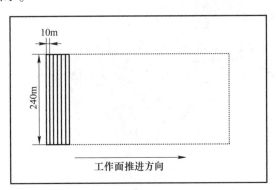

图 11-39 煤层开挖步骤平面图

11.3.3.2 结果分析

利用应力场和塑性区的计算结果进行 11203 工作面上覆岩层破坏过程的分析，如图 11-40~图 11-45 所示，选取的剖面为沿走向方向模型正中 220m 处的竖直剖面。当工作面开挖第一步 10m，顶板出现拉应力集中，上覆岩层的破坏范围很小，只在开挖区域上方，出现小范围破坏，为由于煤层开挖直接顶的局部冒落，没有影响到亚关键层 1 和亚关键层 2。工作面推进到 20m 时，顶板拉应力增大，范围进一步扩大，直接顶随采随冒，上覆岩层破坏范围逐渐增大。当工作面开挖第三步时，由于直接顶的大范围垮落，已经影响到亚关键层 1，致使老顶产生裂隙。工作面开挖到 40m，老顶悬露面积增大，应力扰动范围波及亚关键层 1 和亚关键层 2，老顶中的裂隙进一步增多并发展，但并未发生破断。工作面推进到 50m，老顶破坏范围明显增大，其上方岩层也有少量塑性区，则亚关键层 1 发生破断，但是有工作面长 240m，老顶破断不同步，工作面液压支架阻力并没有出现明显上升，从现场矿压显现来看，并不认为是初次来压的到来。当工作面开挖第六步，亚关键层 1 和亚关键层 2 之间的软弱夹层出现大范围破坏，导致工作面上方亚关键层 2 的破断，而由于亚关键层 2 的影响，引起矿压显现强度的增加，现场矿压显现明显，认为工作面发生初次来压。从分析结果可以看出，主要是亚关键层 2 影响工作面的矿压显现，只有亚关键层 1 破断时，来压不明显。所以，若亚关键层 2 发生破断，顶板压力突然增大，应该提高支架初撑力，防止压架或冲击等事故的发生。

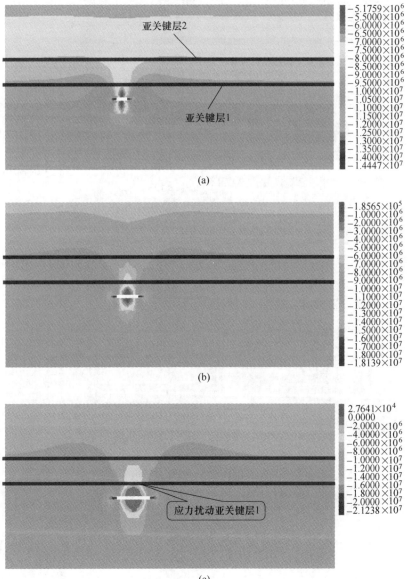

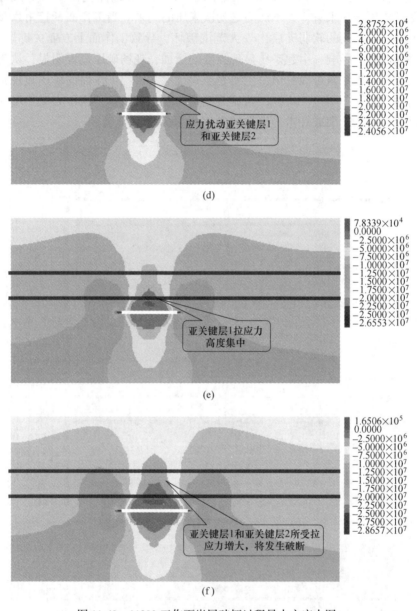

图 11-40 11203 工作面岩层破坏过程最大主应力图

(a) 开挖 10m；(b) 开挖 20m；(c) 开挖 30m；

(d) 开挖 40m；(e) 开挖 50m；(f) 开挖 60m

（扫描书前二维码看彩图）

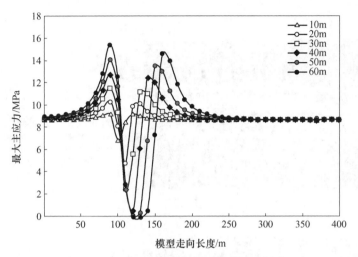

图 11-41 亚关键层 1 最大主应力变化趋势

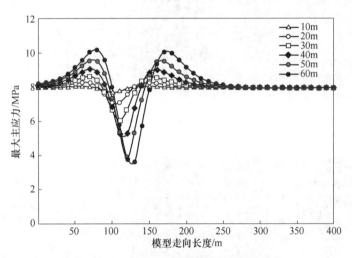

图 11-42 亚关键层 2 最大主应力变化趋势

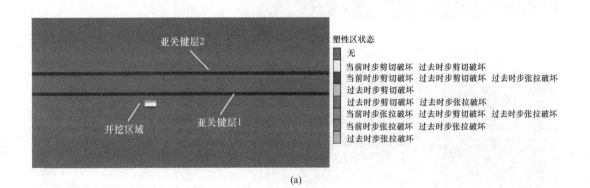

(a)

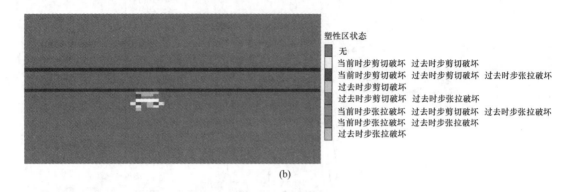

(b)

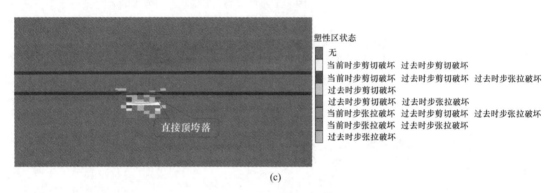

直接顶垮落

(c)

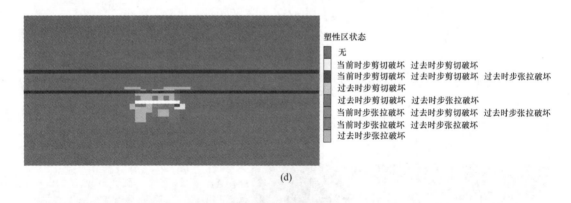

(d)

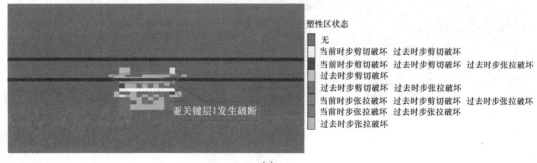

亚关键层1发生破断

(e)

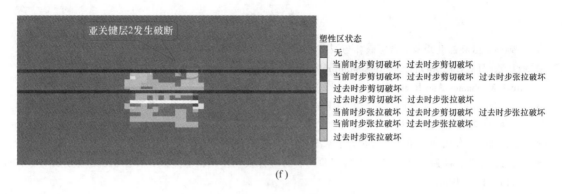

(f)

图 11-43 11203 工作面岩层破坏过程塑性区图

（a）开挖 10m；（b）开挖 20m；（c）开挖 30m；（d）开挖 40m；（e）开挖 50m；（f）开挖 60m

（扫描书前二维码看彩图）

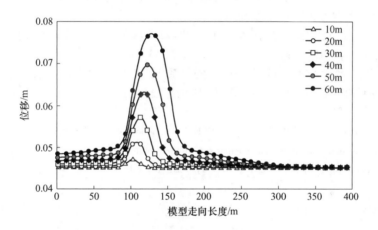

图 11-44 亚关键层 1 位移变化趋势

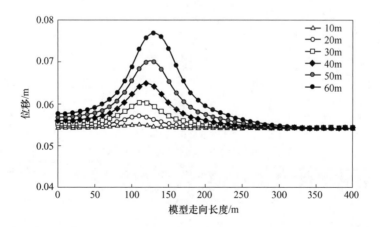

图 11-45 亚关键层 2 位移变化趋势

参 考 文 献

[1] "典型矿区高强度开采下岩层破坏与裂隙渗流规律" 2013 年年度报告 . 2013.

[2] YU Z, HAI L H. An elastic stress-strain relationship for porous rock render anisotropic stress conditions [J]. Rock Mechanics And Rock Engineering, 2012 (45): 389-399.

[3] 杨圣奇，徐卫亚，韦立德，等 . 单轴压缩下岩石损伤统计本构模型与试验研究 [J]. 河海大学学报 (自然科学版)，2004，32 (2): 200-203.

[4] J. C. 耶格，N. G. W. 库克 . 岩石力学基础 [M]. 北京：科学出版社，1983.

[5] 张明，王菲，杨强 . 基于三轴压缩实验的岩石统计损伤本构模型 [J]. 岩土工程学报，2013，35 (11): 1965-1971.

[6] FANG Z, HARRISON J P. Development of a local degradation approach to the modelling of brittle fracture in heterogeneous rocks [J]. Int. J. Rock Mech. Min. Sci, 2002, 4 (36): 443-457.

[7] 钱鸣高，缪协兴，许家林，等 . 岩层控制的关键层理论 [M]. 北京：中国矿业大学出版社，2003.

[8] 钱鸣高，石平五，许家林 . 矿山压力与岩层控制 [M]. 北京：中国矿业大学出版社，2010.

[9] 《中华人民共和国突发事件应对法》第四十二条 .

[10] 周创兵，於三大 . 论岩体表征单元体积 REV—岩体力学参数取值的一个基本问题 [J]. 工程地质学报，1999，7 (4): 332-336.

[11] 谢群勇 . 基于三维激光扫描的节理岩体自动分级系统研究 [D]. 沈阳：东北大学，2013.

[12] 王绳祖 . 估计地震能量和地震效率的构造物理方法 [J]. 地震地质，1992，14 (4): 325-332.

[13] 李克钢 . 水岩物理作用下岩石力学特性研究 [M]. 北京：冶金工业出版社，2016.

[14] YESILOGLU G N, GOKCEOGLU C, SEZER E A. Prediction of uniaxial compressive strength of granitic rocks by various nonlinear tools and comparison of their performances [J]. International Journal of Rock Mechanics and Mining Sciences, 2013, 62 (9): 113-122.

索　引

C

传感器阵列　44

D

到时拾取　34-35

F

辐射花样　92

G

高强度开采　250
工程岩体裂隙　7
关键层破断　270
关键层稳定性　275

H

耗散能　124
红外探测　229
滑坡案例库　233
滑坡监测　227-228
滑坡权重系数　239
滑坡预警阈值　241
混合矩张量反演　83-85

J

结构面调查　136
矩张量理论　61

L

力学参数可视化　245
裂隙渗流　113-114
裂隙渗流网络　108-110
裂隙识别　104

M

Mathews 稳定图　202

N

能量指数　264

P

破裂尺度量化　97-99

Q

奇异谱分解　78-80
强度折减　232
去噪与滤波　31-33

S

"三带"划分　257
渗流通道　218
渗透张量　146-147
渗透主轴　151
视应力　139
数字信号　20
Schmidt 数　272

W

微震参数　41-43
微震参数演化　141
微震定位算法　52-54
微震监测　3-5
微震监测系统　137
微震能量量化　95-96
微震派生裂隙　130
围岩破裂机制　143
围岩稳定性监测　2
帷幕突水　207-208
稳定性评价　166

X

信号运算　25-27

Y

岩体破裂类型　68-70
岩体失稳预警　9-11

岩体损伤模型　125-127
预警模块　246
云平台　242

Z

主渗流通道　115
主应力反演　106-107